MSP(MSP430/432)系列
单片机设计进阶与工程实践

魏小龙　丁京柱　崔　萌　编著

北京航空航天大学出版社

内 容 简 介

本书从应用的角度，对 MSP 系列单片机(包含 MSP430 以及最新的 MSP432)进行了较为全面的介绍。通过几十个贯穿全书的有趣实践案例为读者提供了轻松的阅读氛围，众多 MSP 内部模块的讲解与应用融入了一个个的实验中。全书共 5 章，内容包括：单片机概论、MSP 软硬件开发环境与 C 语言基础、MSP 以及片内基础外设、MSP 综合应用实践、基于 MSP 的系统设计应用实践。

本书可作为嵌入式系统初学者、高等院校电类专业学生的参考书，也可作为电子设计人员的参考书。

图书在版编目(CIP)数据

MSP(MSP430/432)系列单片机设计进阶与工程实践 / 魏小龙，丁京柱，崔萌编著. -- 北京 ：北京航空航天大学出版社，2017.11

ISBN 978 - 7 - 5124 - 2585 - 9

Ⅰ. ①M… Ⅱ. ①魏… ②丁… ③崔… Ⅲ. ①单片微型计算机－系统设计 Ⅳ. ①TP368.1

中国版本图书馆 CIP 数据核字(2017)第 268971 号

版权所有，侵权必究。

MSP(MSP430/432)系列单片机设计进阶与工程实践

魏小龙　丁京柱　崔　萌　编著

责任编辑　孙兴芳

*

北京航空航天大学出版社出版发行

北京市海淀区学院路 37 号(邮编 100191)　http://www.buaapress.com.cn
发行部电话：(010)82317024　传真：(010)82328026
读者信箱：emsbook@buaacm.com.cn　邮购电话：(010)82316936

涿州市新华印刷有限公司印装　各地书店经销

*

开本：710×1 000　1/16　印张：23　字数：490 千字
2017 年 11 月第 1 版　2017 年 11 月第 1 次印刷　印数：3 000 册
ISBN 978 - 7 - 5124 - 2585 - 9　定价：59.00 元

若本书有倒页、脱页、缺页等印装质量问题，请与本社发行部联系调换。联系电话：(010)82317024

序 一

美国德州仪器(简称TI)公司的MSP产品线作为最早面向混合信号处理领域的超低功耗单片机,自20世纪90年代初问世以来,取得了巨大的成功。最近几年MSP需求稳定持续增长,用户群不断扩大,产品不断推陈出新,MSP系列已逐渐成为单片机领域的主流系列。MSP系列单片机围绕着低功耗、模拟和数字外设的高度集成、平台可扩展等核心价值,打造了一个特别适合传感和测量应用的单片机平台,形成了一个独具特色的单片机家族。在实际的工程实践中,充分利用MSP系列单片机的超低功耗特点,以及丰富且极具特色的外设,可以设计出许多有特色的应用产品。

多年来,广大的MSP单片机用户和有兴趣了解MSP单片机的工程师都希望有一本实用的、能够将MSP单片机的特色和工程实践结合在一起的工具书,为他们相关的工程实践提供进一步的指导。而本书正是从应用的角度,对MSP系列单片机进行了较为全面的介绍。其不仅涵盖了MSP的特点、CPU与基础外设和软硬件环境,而且结合作者多年的工程实践经验提供了几十个有趣的实践案例,内容丰富详实、实用性强;不仅对想进一步深入了解MSP单片机的用户提供了全面深入的介绍和实际应用分享,而且对MSP入门用户也提供了深入浅出的产品介绍和相关实践案例,实为一本不可多得的好书。如果您致力于MSP单片机的开发和学习,那么该书一定对您进入精彩纷呈的MSP应用天地大有益处。

刁 勇
MSP微控制器业务发展经理 德州仪器
2017年5月

序 二

德州仪器的 MSP 系列超低功耗单片机自问世以来一直深受广大工程师及高校师生的喜爱。其产品越来越丰富，同时兼顾技术发展趋势的创新外设极大地方便了产品设计，尤其是最新推出的 MSP432 系列高性能低功耗处理器，更是让 MSP 家族如虎添翼。

作者结合自身多年在 MSP 上的实践经验，历时一年编写了本书，力求通过本书让读者对 MSP 系列单片机有更为全面的了解和认识，同时对广大单片机爱好者甚至工程师在 MSP 学习和实践应用中给予一定的帮助。本书的作者之一魏小龙老师有着丰厚的实践教学经验，同时也可以说是国内第一批使用 MSP430 进行教学实践的高校教师之一。在相关内容及实践案例的介绍中，魏小龙老师深入浅出，总结多个实践案例，为读者提供了轻松的阅读氛围，并且引入了摇摇棒及智能小车作为实验环节的题材，简单生动。本书的另一位作者丁京柱，就职于德州仪器公司，曾任系统应用工程师，是资深 MSP 技术应用支持，有着多年产品定义、研发以及客户现场支持的丰富经验，因此读者能够在书中看到工程应用中可能碰到的实际问题，并且可以了解到如何用工程思维来解决这些问题。崔萌工程师，就职于德州仪器公司大学计划部，有着多年支持 MSP 大学教学的工作经验，尤其对学生的需求有着非常深入的了解，因此书中很多细节设计都是本着学生学习 MSP 的需求出发的。

技术的发展日新月异，我们希望通过本书能够让读者了解最新的技术（当然，通过访问 http://www.ti.com.cn 可以更加实时地了解德州仪器公司推出的最新技术产品），了解微控制器技术的发展历史，展望其发展的未来趋势。同时，通过本书能够让读者感受到工程思维培养的重要性，以及好的工程习惯对于一名工程师的重要性，这也是本书作者希望能够传达给读者的信息。

夏树荣
MSP430 产品线经理　德州仪器
2017 年 5 月

前　言

德州仪器公司的 MSP430 系列单片机逐渐发展衍生为 MSP 系列单片机，其包含两大系列，即 MSP430 与 MSP432。前者是德州仪器公司经典的自有内核 16 位低功耗单片机，后者是近年研发的基于 ARM 内核 32 位低功耗单片机。尽管它们的内核不同，但它们均是基于相同的设计理念，所以德州仪器公司仍将这两者都归类到超低功耗单片机系列。这两者有相同的时钟、外设以及集成开发环境等，比如定时器、通信模块，德州仪器公司让开发者对两者的体验保持一致。

本书内容采用实验的方式展开讲解，全书由若干个具体的实验构成，由浅入深、循序渐进，主要内容如下：

第 1 章主要介绍单片机相关知识以及 MSP 单片机；

第 2 章主要介绍与单片机相关的软硬件，特别是德州仪器公司出品的特色软件，比如 MSPWare、Energia、CCS Cloud 等；

第 3 章主要介绍 MSP 基础单元：CPU、LCD、端口、定时器、ADC 等；

第 4 章通过一些趣味应用进一步讲解系统设计；

第 5 章主要介绍与系统可靠性相关的知识。

本书引用资料主要来自芯片手册、芯片用户向导等，在讲述的过程中，所引用的资料大部分未做翻译，为的是让读者感受原文资料，培养阅读英文资料的习惯，而且还给出了相关出处，以便读者进一步查阅。

本书的 3 位作者分别是南京航空航天大学的魏小龙，德州仪器公司的科技委员会委员、现仟培训部经理的丁京柱，德州仪器公司大学计划部的崔萌。崔萌编写了与 MSP 相关的众多软件与硬件实验板介绍部分；丁京柱编写了与系统可靠性等相关的部分；魏小龙编写了本书的大部分内容，并将自己多年从教学中总结的实践经验写入本书。

感谢德州仪器公司的夏树荣经理、刁勇经理与卢鹏升工程师，德州仪器公司大学计划部的王成宁、潘亚涛与王沁，以及北京航空航天大学出版社对本书创作的支持与帮助。

前 言

本书可作为嵌入式系统初学者、高等院校电类专业学生的参考书,也可作为电子设计人员的参考书。

由于作者水平有限,书中难免有疏漏之处,真诚欢迎广大读者及同行提出宝贵意见和建议。

编　者

2017 年 5 月

目 录

第1章 单片机概论 ··· 1
1.1 单片机的应用 ··· 2
1.2 MSP单片机内部有什么 ··· 3
1.3 MSP系列单片机概述 ··· 9
1.4 MSP432与MSP430的技术对比 ··· 14
1.4.1 系统级参数对比 ··· 14
1.4.2 CPU和内核 ··· 14
1.4.3 电源设计 ··· 15
1.4.4 复位电路 ··· 16
1.4.5 低功耗系统 ··· 16
1.4.6 时钟系统 ··· 17
1.4.7 外 设 ··· 17

第2章 MSP软硬件开发环境与C语言基础 ··· 19
2.1 TI的MSP软硬件开发环境 ··· 19
2.1.1 Launchpad最小系统板 ··· 20
2.1.2 BoosterPack接口 ··· 22
2.1.3 使用Launchpad与BoosterPack开发 ··· 24
2.1.4 多种软件开发工具支持 ··· 25
2.1.5 MSP432 Launchpad开箱实验 ··· 36
2.2 笔者设计的硬件环境 ··· 38
2.2.1 摇摇棒硬件平台及可实现的实验项目 ··· 39
2.2.2 小车硬件平台及可实现的实验项目 ··· 43
2.2.3 四旋翼小飞机设计 ··· 49
2.3 软件开发环境IAR EW430 V6.3 ··· 49
2.3.1 IAR EW430 V6.3的下载和安装 ··· 49
2.3.2 利用IAR EW430 V6.3新建工程 ··· 52
2.3.3 利用IAR EW430 V6.3调试工程 ··· 55

目 录

2.4 使用 CCS 以及 MSPWare 进行 MSP 系列的开发与调试 ·············· 60
  2.4.1 TI Resource Explorer 及 MSPWare ·············· 61
  2.4.2 使用 MSPWare 中的参考例程 ·············· 63
  2.4.3 函数驱动库 ·············· 64
  2.4.4 使用 CCS 进行程序调试 ·············· 66
2.5 C 语言程序设计基础 ·············· 69
  2.5.1 MSP C 语言的常用数据类型 ·············· 69
  2.5.2 表达式语句(结构) ·············· 70
  2.5.3 函数的定义与调用 ·············· 73
  2.5.4 MSP430 C 语言标准库函数 ·············· 75

第 3 章 MSP 以及片内基础外设 ·············· 80

3.1 MSP 系列芯片的 CPU ·············· 80
  3.1.1 CPU 的结构 ·············· 81
  3.1.2 MSP 寻址方式 ·············· 86
  3.1.3 指令系统 ·············· 88
  3.1.4 MSP 的 CPU 体会 ·············· 91
3.2 MSP 液晶驱动模块 ·············· 93
  3.2.1 驱动液晶的 MUX 电路 ·············· 100
  3.2.2 时序控制电路和液晶电压发生电路 ·············· 101
  3.2.3 液晶缓存电路 ·············· 104
  3.2.4 液晶模块寄存器 ·············· 110
3.3 MSP 输入/输出端口 ·············· 123
  3.3.1 MSP 系列单片机各种端口简介 ·············· 124
  3.3.2 端口输出举例 1——LED 应用 ·············· 129
  3.3.3 端口输出举例 2——音频应用 ·············· 139
  3.3.4 端口输入应用 ·············· 143
  3.3.5 端口中断与 MCU 程序的执行细节剖析 ·············· 148
  3.3.6 MSP 单片机端口其他功能的应用 ·············· 168
  3.3.7 课外实践 ·············· 171
3.4 定时器 ·············· 172
  3.4.1 看门狗定时器 ·············· 172
  3.4.2 基本定时器 Basic Timer1 ·············· 177
  3.4.3 16 位定时器 A ·············· 179
  3.4.4 定时器 Timer_A 的应用 ·············· 194
3.5 MSP 模/数转换模块 ·············· 206

3.5.1　ADC10 模/数转换模块 ……………………………………………… 206
　　3.5.2　ADC10 应用举例 ………………………………………………… 225

第 4 章　MSP 综合应用实践 …………………………………………………… 236

4.1　基于 MSP432P401R Launchpad 的炫彩灯设计 ………………………… 236
4.2　LED 摇摇棒设计 …………………………………………………………… 241
　　4.2.1　8 点字符型摇摇棒设计 …………………………………………… 241
　　4.2.2　16 点字符型摇摇棒设计 ………………………………………… 243
　　4.2.3　为摇摇棒加入电容触摸按钮 ……………………………………… 246
4.3　汽车雷达设计 ……………………………………………………………… 248
　　4.3.1　ADC12 的原理与应用 …………………………………………… 249
　　4.3.2　使用 ADC12 得到雷达基本数据 ………………………………… 256
　　4.3.3　点阵液晶显示器驱动 ……………………………………………… 259
　　4.3.4　小车雷达显示 ……………………………………………………… 266
　　4.3.5　小车雷达声音提示 ………………………………………………… 270
　　4.3.6　抗干扰小车雷达设计 ……………………………………………… 270
4.4　自循迹小车设计 …………………………………………………………… 272
　　4.4.1　基本跑道识别 ……………………………………………………… 272
　　4.4.2　车轮驱动设计 ……………………………………………………… 274
　　4.4.3　车灯设计 …………………………………………………………… 283
　　4.4.4　循迹算法设计 ……………………………………………………… 286
　　4.4.5　小车行车电脑设计 ………………………………………………… 289
　　4.4.6　自动循迹小车的实现 ……………………………………………… 289
　　4.4.7　小车对抗游戏设计 ………………………………………………… 291
　　4.4.8　走迷宫小车设计 …………………………………………………… 291
　　4.4.9　遥控小车设计 ……………………………………………………… 292
4.5　恒温设计 …………………………………………………………………… 308
　　4.5.1　硬件设计 …………………………………………………………… 309
　　4.5.2　I^2C 与 TMP275 温度测量 ………………………………………… 311
　　4.5.3　温度值以及曲线显示 ……………………………………………… 320
　　4.5.4　温度控制算法设计 ………………………………………………… 324
4.6　简易电子秤设计 …………………………………………………………… 324
4.7　血压与心率检测设计 ……………………………………………………… 331
　　4.7.1　硬件设计 …………………………………………………………… 333
　　4.7.2　软件设计 …………………………………………………………… 335

目 录

第 5 章 基于 MSP 的系统设计应用实践 ·· 336

5.1 MSP 系统电源设计 ··· 336
   5.1.1 电源基础 ·· 336
   5.1.2 设计 MSP 供电系统 ·· 340
   5.1.3 超低功耗单电池供电 LED 照明系统设计 ······························ 345

5.2 MSP 低功耗系统的抗干扰以及可靠性设计 ····································· 348
   5.2.1 低频振荡器系统简介 ·· 348
   5.2.2 振荡电路的设计技巧 ·· 349
   5.2.3 振荡器软件设计的相关技巧 ··· 351

参考文献 ··· 353

第 1 章

单片机概论

实验 1-1 闪烁灯的实现

在 Launchpad(TI 公司出品的开发板)上都有发光二极管,一般连接在 P1.0 上。编写如下程序,可让发光二极管闪烁起来。

```c
#include <msp430.h>
void main(void)
{
    int   i;
    WDTCTL = WDTHOLD + WDTPW;        //关闭看门狗
    P1DIR = BIT0;                    //设置 P1.0 为输出
    while(1)
    {                                //循环体
        P1OUT ^= BIT0;               //对 P1.0 输出置反
        for(i = 0;i<30000;i++);      //延时
    }
}
```

如果学习过 C 语言,那么就能读懂上面的语句。其中,WDTCTL(看门狗控制寄存器)、WDTHOLD、WDTPW(看门狗控制寄存器中的位,暂不管)、P1OUT(P1 口输出寄存器)、P1DIR(P1 口方向寄存器)为编译环境预先定义好的变量,用于单片机内部寄存器的定义(后面将会讲到),将上面的程序写入芯片并运行,可以看到发光二极管在闪烁。

下面来分析上段程序。

语句"#include <msp430.h>"为 C 语言中的头文件,其定义了一些 MSP430 相关寄存器,后面的语句就使用了在这个文件中定义的符号(保留字),比如 P1DIR 等。

语句"WDTCTL = WDTHOLD + WDTPW"为主程序中的第一条语句,关闭看门狗。因为 MSP430 单片机中都有看门狗,默认为开启,不用则关闭。

语句"P1DIR = BIT0"设置端口 P1.0(端口 1 的第 0 位)为输出。

语句"while(1)"为死循环,也是程序的最后一条语句。可能读者会问:"C 语言

里怎么可以有死循环呢?"下面将分析该循环体中的两种语句:
- 语句"P1OUT ^= BIT0"表示将 P1.0 的输出改为与原来的相反。
- 语句"for(i=0;i<30000;i++);"是一个 for 循环,循环次数为 30 000 次。循环体为语句";"(空语句)。其目的是通过让 MCU 执行 30 000 次什么也不做的循环来花费 MCU 一定的时间,实质上就是做一个延时(即循环所花费的时间)。

现在"while(1)"死循环语句的意图就很明显了:反复做"P1.0 输出求反,延时"这一件事。而在 P1.0 上连接了一只发光二极管,所以发光二极管也跟着 P1.0 不断"求反,延时"。当 P1.0 输出 1(高)时,发光二极管亮,延时一会儿;当 P1.0 输出 0(低)时,发光二极管不亮,再延时一会儿。延时的目的是使人眼能够看清楚发光二极管亮灭的变化。最后的效果就是发光二极管闪烁,这样闪烁灯就做好了。

课堂练习实验 1
请读者稍微更改上述程序,使得发光二极管的闪烁速度变为原来的 1/2。

课堂练习实验 2
请读者稍微更改上述程序,使得发光二极管亮的时间是熄灭时间的 2 倍。

实验 1-1 是使发光二极管闪烁,试想:如果 P1.0 不连接发光二极管,而是连接一台电动机的开关控制信号,而这台电动机又拖动电梯的轿箱,那么,当 P1.0 输出高电平时,电动机转动拖动轿箱上升或下降;当 P1.0 输出低电平时,电动机不转动,轿箱停止运动。如果 P1.0 用于控制洗衣机的电动机,则可以控制洗衣机的脱水或洗涤等操作。同理,P1.0 还可以控制其他的设备。

1.1 单片机的应用

计算机应用很广,大家都知道计算机内部有个叫作 CPU 的处理器。买计算机时销售员会问:"你要 Intel 的 CPU,还是要 ADM 的 CPU?"也就是说,计算机里的 CPU 要么用 Intel 的,要么用 ADM 的。大家在进行判断、权衡后,挑选好 CPU 以及相关设备,就可以将计算机搬回家了,可以上网、编程、学习软件等。

其实,计算机除了有个昂贵的 CPU 外,还有很多由单片机构成的其他设备,比如键盘、鼠标、光驱、硬盘、显示器等。那么什么是单片机呢?笔者认为:单片机也叫微控制器、微处理器(MCU),单片机就是单片计算机,一个芯片就是一台计算机。

看似买了一台计算机,实质上却买了很多台"计算机"。这么多台"计算机"都在哪里呢?除了一个大的 CPU 外,还顺便买了很多小的单片机。

例如键盘,由外观看,整个键盘由两部分组成:一部分是键盘上的很多按键,另一部分是一条连接主机的线。但是,如果打开它就会发现,里面还有芯片——单片机,如图 1.1 所示。按键的下面有很多线(塑料片上,由导电胶画成),这些线都连接到芯片上。按键后,通过纵横交错的线的连接情况告诉相应的芯片(或者叫单片机),

单片机通过处理、判断，就会知道按下了哪个按键，然后给该键一个编码，再通过连接主机的那条线将这个编码送达主机：告知哪个按键被按下了。由此可见，键盘里面真的有一台"单片计算机"。

图 1.1 键盘以及键盘内部电路

单片机种类繁多，几乎国际上大的半导体供应商都在开发、研究、生产、销售单片机，比如德州仪器公司(TI，简称德州仪器)就生产 8 位的 51 系列(MSC12xx 系列)、16 位或 32 位的 MSP 系列(目前型号已经发展到 550 个左右)、32 位的 TMS470 系列、DSP 内核的 28xx 系列，还有基于 ARM 系列的单片机。另外，还有意法半导体(ST)、爱特梅尔(ATMEL)、微芯(MICROCHIP)、FREESCALE、飞利浦以及中国台湾地区的很多单片机厂家(华邦等)。单片机的应用非常广泛，随处可见。

另外，我们的日常生活也离不开单片机，现在大部分的家用电器中都有单片机(所谓的智能家电)，比如，微波炉(机械的除外)、电磁炉、智能电饭锅、消毒碗柜、电冰箱、洗衣机、电视机、空调等；又如，公交车刷卡机、公交车语音报站器、交通灯(有的是一台计算机(工业控制计算机)，有的是单片机)、交通信息提示牌等；到了银行，有排队信息显示牌、外汇报价牌(也有很多直接用一台 PC 控制)等；乘坐的汽车，一般的汽车里都有几十颗单片机在协同工作；到了单位，考勤打卡机里有单片机；到了食堂，刷卡消费终端里有单片机；现在时尚的手环、智能手表、电动牙刷……总之，单片机是我们随手"摸得着"的、与我们的现代生活息息相关的东西，我们离不开。

本书将讲述德州仪器的 MSP 单片机原理、应用、设计等，同时会引导大家做很多有趣的实验。下面将简单举例说明 MSP 单片机的内部结构。

1.2 MSP 单片机内部有什么

MSP430F6xx 是资源较多的系列，这些芯片里面究竟有什么呢？图 1.2 所示是 MSP430F6xx 的内部结构示意图(源自 TI 网站资料)，由图可以看出，该系列芯片内部资源非常丰富。图 1.3 所示为 MSP430F67xx 的内部结构。图 1.4 所示为 MSP432P401R/M 的内部结构。

下面以 MSP430F6779A 为例，与通常意义的计算机进行比较，看看单片机为何就是一台计算机，计算机中有的 MSP 是不是单片机中也有。

第1章 单片机概论

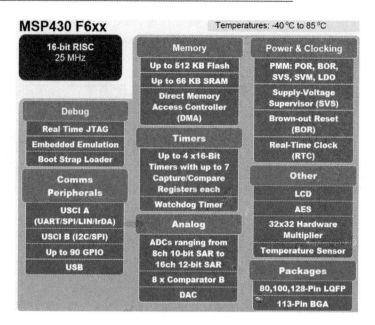

图1.2 MSP430F6xx的内部结构示意图

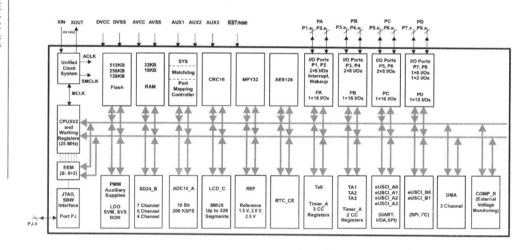

图1.3 MSP430F67xx的内部结构(摘自 MSP430F6779A datasheet 第64页)

图1.3中最左边的"CPUXV2"、图1.2中左上方框内部的"16-bit RISC"、图1.4中的"ARM Cortex-M4F"就是我们常说的计算机中的CPU,可以看出,CPU只是单片机的一部分,单片机除了拥有核心的CPU部件外,还有非常多的其他部件。

图1.3中的"Clock System"是时钟系统。在购买计算机时,销售商会说CPU的频率是多少GHz,而该模块就是为MSP430F6779A提供时钟的;图1.4中的CS模块是为MSP432提供时钟信号的。时钟系统相当于计算机中常说的计算机速度。

第 1 章 单片机概论

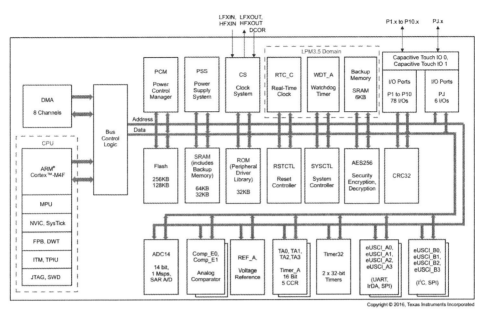

图 1.4 MSP432P401R/M 的内部结构(摘自 slas826e.pdf 第 3 页)

当然单片机的速度不快,比如,当下计算机大致可以运行在 3 GHz,而这里的单片机 MSP432 最快可到 48 MHz,MSP430 目前最快可到 25 MHz。尽管单片机比计算机慢很多,但实质上还是不慢的,后面有专门的实验供读者体会。

图 1.3 中 512 KB 的 Flash 就是硬盘。当然,这个容量大小不能与计算机的硬盘相比,计算机的硬盘动辄就是 320 GB、500 GB、1 TB,而 MSP430F6779A 只有 512 KB。但是对于单片机而言,这已经非常多了。在实验 1-1 中,程序代码估计只有十几个字节。而在图 1.4 所示的 MSP432P401R/M 除了拥有 Flash 外,系统还提供了 ROM(已经固化的程序代码),该 ROM 固化了常用外围模块的相关代码,为程序设计提供方便。

32 KB 的 RAM 是该单片机的内存,这个数据与计算机的内存是没法比的,现在一台计算机的内存就有 4 GB、8 GB、16 GB。MSP430F6779A 最多也只有 32 KB 内存,当然对单片机而言这已经非常多了。试想实验 1-1 中的程序,只使用了一个变量,就是 for 语句中的循环次数变量,只需要使用 1 字节或几个字节,因此 32 KB 的内存对于我们的需要来说还是太多了。

紧接着是一个 200 kHz 的 10 位高速数据采集模块 ADC10_A 以及多达 7 通道的 24 位数据采集模块 SD24_B,这个相当于计算机中的"数据采集卡"。计算机中一块昂贵的板卡在这里就是芯片内部的一个功能部件,通过这个部件可以将单片机外部的模拟量转换为数字量供单片机运算、处理。而 MSP432 中的数据采集模块为 14 位的、采样速度高达 1 MHz 的 ADC14。

"I/O Ports"即为 I/O(输入/输出)口,相当于计算机的输入/输出,通过 I/O 口线,可以扩展键盘、图形液晶显示器、数码管显示器,或者其他接口芯片。其中,还有 16 条有中断能力的 I/O 口线,也可以称之为"有快速反应能力"的口线。MSP430F6779A 有 90 条 I/O 线,而在计算机中该口线是通过若干 8255 或 8155 芯片扩展构成的(源自"微机原理"课程)。

"UART"就是单片机的串口,有 4 个。有了它就可以方便地通过串行的方式与 MSP430F6779A 以外的其他串行设备交换数据。串口在现在的计算机中已经消失了,取而代之的是 USB 等其他类型的接口;而 MSP430F55 系列芯片也拥有 USB 接口。

"LCD_C"为液晶驱动器,主要为 MSP430F6779A 的液晶显示器提供接口,相当于计算机的显卡,液晶显示器(段码)可以直接挂接在这里。同时这个显卡内部还有显存,与计算机的显卡相比一点不差,只是计算机用的显卡会追求存取速度与显存的大小,这里就没法比较了。而 MSP430F6779A 最多能提供 320 个液晶符号的显示,当然显存就更少了,只有几十字节,但也可以提供简单的显示特效,比如闪烁、亮暗调节等。

"Watchdog"俗称看门狗,这个在计算机里不多见。但是,这个模块在单片机系统中的作用很大,可以在单片机程序跑飞、死机之后让单片机重新启动,在单片机系统安全方面有重要作用。而单片机死机之后,使用者只能拔电源或按复位键。

"Timer_A"为 MSP430F6779A 内部功能强大的定时器模块,作用相当于"8253" (源自"微机原理"课程)。定时器可以为设计者提供灵活的时间信息、时序控制等。

"RTC_CE"相当于计算机的日历时钟,能够进行年、月、日、时、分、秒的推算,以及闰年、闰月、月大、月小的推算,可以像计算机一样用后备电池一直工作。

"DMA"相当于在"微机原理"中讲述的"8237"芯片。

而"CRC16""MPY32""AES128""COMP_B""JTAG/SBW"等则想不出在计算机中用什么来比拟。MPY32 相当于老式计算机中的协处理器,用于数学运算;AES128 是加密算法的硬件执行单元;CRC16 是 CRC 校验的硬件计算单元;COMP_B 是模拟比较器,用于模拟电压的比较,可以形象地将其看作是跷跷板,两头分别是模拟电压,哪头的电压低,哪头将被翘起来;JTAG/SBW 是用于调试单片机的通道,可通过其方便地探究单片机的内部情况。

MSP430F6 系列片内资源很多,而 MSP430G 系列片内资源相对较少,对初学者来说相对简单一些(其实质都一样)。图 1.5 所示是 MSP430G2553 的功能框图,与 MSP430F6 系列相比少了不少资源,但依旧是一个完整的单片机系统:处理器 CPU、时钟、程序存储器、数据存储器、输入/输出、模/数转换器、串口通信部件、定时器、看门狗、调试仿真等一个都不少。同时,器件引脚也少了很多。将 MSP430F6 系列的引脚与 MSP430G 系列的引脚做个对比:图 1.6 所示为 MSP430G2553 的引脚图,图 1.7 所示为 MSP430F6779 的引脚图,图 1.8 所示是

MSP432P401 的引脚图。

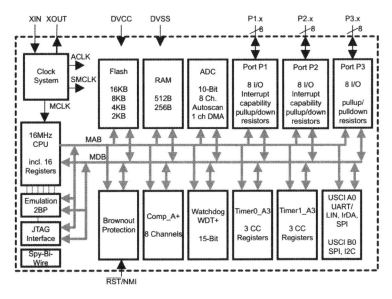

图 1.5　MSP430G2553 的功能框图

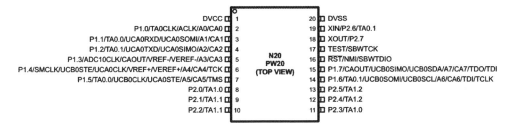

图 1.6　MSP430G2553 的引脚图

为方便起见,以 MSP430G2553 为例进行讲解。图 1.6 中方框内的数字为芯片引脚序号,圆圈处为 PIN1,其定义为 DVCC,表示数字电源正端;而第 2 引脚定义为 P1.0/TA0CLK/ACLK/A0/CA0,其功能(用"/"分开)包括:

- P1.0 表示端口 1 的第 0 位;
- TA0CLK 表示内部定时器 TA0 的时钟输入端;
- ACLK 表示时钟系统中的 ACLK 可以在这里输出(能用示波器测量到,详见实验 3-16);
- A0 表示 ADC10 模块的外部模拟第 0 个输入端子;
- CA0 表示片内比较器的一个输入端。

其他引脚可以参考 http://www.ti.com.cn/cn/lit/ds/symlink/msp430g2553.pdf 网址中的文件。同样,可以通过 http://www.ti.com.cn/cn/lit/ds/symlink/

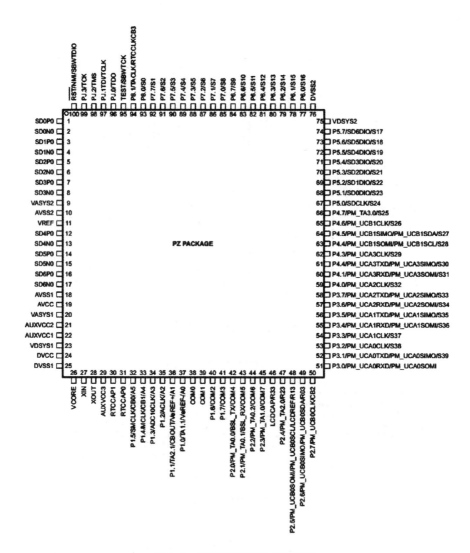

图 1.7 MSP430F6779 的引脚图

msp430f6779.pdf 网址中的文件查阅 MSP430F6779 引脚的具体定义。

综上所述,单片机之所以被称为单片机,是因为其本身就是一个计算机系统,同时由一个芯片级的封装实现。尽管 MSP430G2553 有较多的资源(相对 MSP430F6779、MSP432 而言较少),但是仅由一个 20 引脚的芯片就可以实现众多功能。目前,最少引脚的 MSP 单片机仅有 8 个引脚。

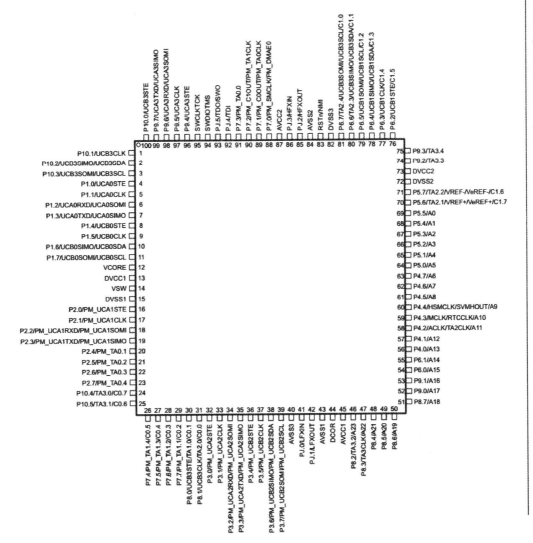

图 1.8　MSP432P401 的引脚图

1.3　MSP 系列单片机概述

TI 的 MSP 低功耗微控制器(MCU)基于 RISC 的混合信号处理器,其包含智能模拟和数字外设,而且可提供许多其他选项(如低功耗嵌入式射频)和安全保障(如看门狗、AES 加密)。MSP 低功耗微控制器为各种低功耗和便携式应用提供了最终解决方案。TI 为 MSP 系列 MCU 提供了强大的设计支持,其中包括技术文档、培训、工具和软件。灵活的时钟源可以使器件达到最低功率消耗。该系列器件可从低功耗模式迅速唤醒,在小于 1 μs 的时间内由低功耗模式切换到活跃模式。

第1章 单片机概论

MSP系列单片机具有以下特点：

① 低电压、超低功耗。MSP系列单片机在1.8～3.6 V电压以及1 MHz时钟条件下运行，耗电电流会因不同的工作模式而不同，在0.1～400 μA之间。MSP系列具有16个或更多中断源，并且可以任意嵌套，使用灵活方便，而用中断请求将CPU唤醒最快只要1 μs，所以可以让CPU置于省电模式以减少功率消耗，用中断方式执行具体程序，实现所需功能。

② 强大的处理能力。MSP单片机为16位或32位RISC结构，具有丰富的寻址方式；大量的寄存器以及片内数据存储器都可以参加多种运算；还有高效的查表处理方法，以及较快的处理速度，高达48 MHz。

③ 丰富的片内外设。如看门狗(WDT)、定时器A(Timer_A)、定时器B(Timer_B)、比较器、串口0、1(UART0、1)、硬件乘法器、液晶驱动器、10位/12位ADC、14位ADC(ADC14)、DMA(直接存储控制器)、16位ADC(SD16)、CRC、RTC(实时时钟)、24位ADC(SD24)、SPI、I²C、PMM(电源管理单元)、RF(射频模块)、USB、AES(加密算法)、端口1～11(P1～P11)、基本定时器(Base Timer)、REF(电压参考)。

以上的外围模块再加上多种存储器结构(不同的存储器容量组合)就构成了不同型号的器件。其中，看门狗可以使系统免受干扰；比较器用于模拟电压的比较，配合定时器可以设计成A/D转换器；定时器具有捕获/比较功能，可以用于事件计数、时序发生、PWM输出等；有的器件具有4个串口，可方便地实现多机通信等应用；具有较多的并行端口，最多可达90条I/O口线，而且多达16条I/O口线有中断能力；10/12/14/16/24位硬件A/D转换器有较高的转换速率，最高可达200 ksps，能满足大多数数据采集应用；能直接驱动液晶多达320段。

目前TI的MSP430单片机产品线可以提供550颗左右不同的芯片，详见链接http://www.ti.com.cn/lsds/ti_zh/microcontrollers_16-bit_32-bit/msp/overview.page。在该网址中TI将MSP430分为3种类型：超低功耗、低功耗高性能、安全通信。图1.9所示为TI网站中MSP430的分类情况(部分)。在高性能分类中，除了5系列、6系列外，最重要的就是32位的MSP系列的MSP432P4x系列，该系列充分体现了高性能与低功耗的特点。

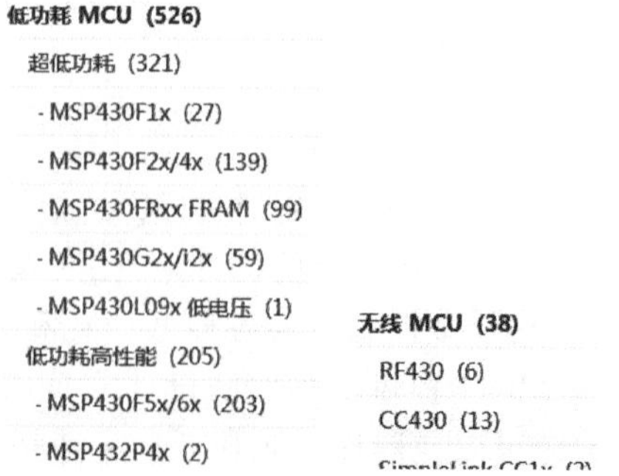

```
低功耗 MCU (526)
  超低功耗 (321)
  - MSP430F1x (27)
  - MSP430F2x/4x (139)
  - MSP430FRxx FRAM (99)
  - MSP430G2x/i2x (59)
  - MSP430L09x 低电压 (1)
  低功耗高性能 (205)
  - MSP430F5x/6x (203)
  - MSP432P4x (2)

无线 MCU (38)
  RF430 (6)
  CC430 (13)
  SimpleLink CC1x (2)
```

图1.9 TI网站中MSP430的分类情况(摘自TI网站)

第1章 单片机概论

由图1.9可知,在这3大类中还有细分。比如,超低功耗类别中还分了MSP430F1x、MSP430F2x/4x、MSP430FRxx FRAM(铁电类)系列、MSP430G2x/I2x廉价系列、MSP430L09x低电压系列等子类。在每个子类后面括号中的数字表示这类器件的数量,比如,MSP430FRxx FRAM(99)表示MSP430FRxx FRAM(铁电类)目前可以提供99颗不同型号的器件。前面已介绍,不同的型号其实就是由不同的Flash、不同的RAM、不同的片内外设组合而成的。图1.10中左边为资源名,有"•"的表示有这个资源。

Series	Ultra-Low Power					Low Power + Performance	Security + Communications	
Part Number	L09x Low Voltage	G2x/I2x	F1x	F2x/F4x	FRxx FRAM	F5x/6x	RF-430	CC430
Max speed (MHz)	4	16	16	16	24	25	4	20
NVM (max KB)	0	56	120	120	128	512	ROM Fixed Function	32
SRAM (max KB)	2	4	10	8	2	67	4	4
GPIO	11	4–32	10–48	14–80	17–40	29–90	Up to 8	30–44
Comparator	•	•	•	•	•	•		•
Timer	•	•	•	•	•	•	•	•
ADC		•	•	•	•	•	On select	•
DAC			•	•		•		•
UART		•	•	•	•	•	•	•
I²C		•	•	•	•	•	•	•
SPI		•	•	•	•	•	•	•
Capacitive touch		•	•	•	•	•		•
Multiplier			•	•		•		•
DMA			•	•	•	•		•
Op amps				•				
LCD			•	•		•		•
RTC				•	•	•		•
PMM						•		•
1.8-V I/O						•		
CRC					•	•		•
High-resolution timer						•		
USB						•		
Hardware encryption (AES)					•	•		•
FRAM					•		On select	
RF							13.56 MHz (ISO 15693 or ISO 14443B interface)	Sub-1GHz

图1.10 MSP430资源列表

举例说明:图1.10中G2x/I2x描述了这样的情况,速度最快16 MHz,程序存储器最大56 KB,SRAM最大4 KB,GPIO(I/O口)有4~32条,有模拟比较器、定时器、ADC、UART(串口)、I²C、SPI、Capacitive touch(电容触摸)、DMA。由图1.10可以看出,该系列相对其他系列资源较少。那么每个具体器件内的资源是怎样的呢?在选择芯片时需要考虑这个问题。这在文件slab034z.pdf的后面有相应的说明,另外TI网站上也有。图1.11所示为MSP430F5xx系列部分芯片资源。

由图1.11中的表格可知,MSP430F5xx系列器件最高可以运行到25 MHz,第一行是可选资源列表,下面就是各个器件的资源详情。比如MSP430F5131,程序存

第1章 单片机概论

MSP430F5xx Series – Up to 25 MHz

Part Number	Program (KB)	SRAM (KB)	I/O (max)	Timers			Watchdog and RTC	PMM: BOR, SVS, SVM, LDO	USCI		DMA	MPY	Comp B	Temp Sensor	ADC Ch/Res	DAC	Additional Features	Package(s)	1 ku Price (U.S. $)
				Total	A*	B*			Ch A: UART/ LIN/IrDA/SPI	Ch B: I2C/SPI									
F51xx																			
MSP430F5131	8	1	29 27	3	3,3		●	●	1		3 ch	32×32⁴	16 ch	—	—	—	HiRes PWM, 5V I/Os	40QFN, 38TSSOP, 40DSBGA	1.20
MSP430F5132	8	1	29 27	3	3,3		●	●	1		3 ch	32×32⁴	16 ch	●	8 ch ADC10_A	—	HiRes PWM, 5V I/Os	40QFN, 38TSSOP, 40DSBGA	1.25
MSP430F5151	16	2	29 27	3	3,3		●	●	1		3 ch	32×32⁴	16 ch	—	—	—	HiRes PWM, 5V I/Os	40QFN, 38TSSOP, 40DSBGA	1.35
MSP430F5152	16	2	29 27	3	3,3		●	●	1		3 ch	32×32⁴	16 ch	●	8 ch ADC10_A	—	HiRes PWM, 5V I/Os	40QFN, 38TSSOP, 40DSBGA	1.50
MSP430F5171	32	2	29 27	3	3,3		●	●	1		3 ch	32×32⁴	16 ch	—	—	—	HiRes PWM, 5V I/Os	40QFN, 38TSSOP, 40DSBGA	1.60
MSP430F5172	32	2	29 27	3	3,3		●	●	1		3 ch	32×32⁴	16 ch	●	8 ch ADC10_A	—	HiRes PWM, 5V I/Os	40QFN, 38TSSOP, 40DSBGA	1.70
F52xx																			
MSP430F5212	64	8	37	4	5,3,3	7	●	●	2	2	3 ch	32×32⁴	●	—	—	—	1.8V I/O	48QFN	2.05
MSP430F5213	96	8	37	4	5,3,3	7	●	●	2	2	3 ch	32×32⁴	●	—	—	—	1.8V I/O	48QFN	—
MSP430F5214	128	8	37	4	5,3,3	7	●	●	2	2	3 ch	32×32⁴	●	—	—	—	1.8V I/O	48QFN	2.45
MSP430F5217	64	8	53	4	5,3,3	7	●	●	2	2	3 ch	32×32⁴	●	—	—	—	1.8V I/O	64DSBGA, 64QFN, 80BGA	2.10

图 1.11 MSP430F5 系列部分芯片资源（摘自文件 slab034z.pdf 第 18 页）

储器为 8 KB，SRAM 为 1 KB，最多 27 或 29 个 I/O（这个与封装有关），定时器有 3 个，有看门狗、RTC、USCI、3 通道 DMA、硬件乘法器（为 32 位×32 位）、比较器，没有温度传感器、ADC、DAC，有 3 种不同的封装形式，以及参考价格。

其余芯片的资源详情可以参考该文件的其余部分或 TI 网站。

在使用单片机进行设计时，除了考虑功能是否够用外，还需要考虑封装是否合适。比如，需要安装在狭小场所的应用必须使用小的封装；对于初学者来说，如果打算在面包板上搭接电路，则可能需要双列直插封装等。MSP 系列器件提供了非常多的不同的封装形式，如图 1.12 所示。

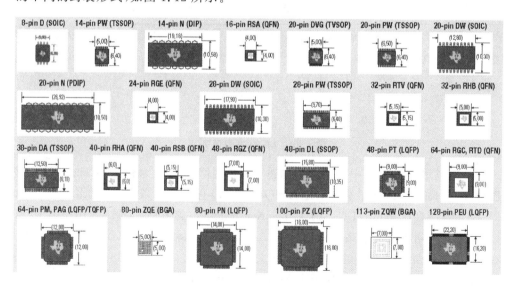

图 1.12 MSP 常用封装

下面将介绍器件型号的具体含义。比如 MSP430F5131,这是一个具体的器件,在该型号代码中的字母或数字都是有具体含义的,解读如下:

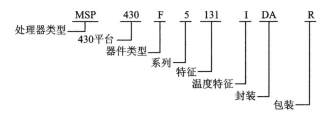

上面只是用 MSP430F5131 举例说明,如果看到其他器件呢? 表 1.1 给出了详细解释。

表 1.1 MSP430 型号说明

处理器类型	CC 增强型射频芯片(MSP430 片内有无线模块); MSP 混合信号处理器
430 平台	TI 的低功耗处理器平台
器件类型	存储器类型: C ROM 类型; F Flash 类型; FR 铁电类型; G 超值系列(Flash 类型); L 没有非易失存储器 其他专门应用: AFE 模拟前端; BT 蓝牙应用; BQ 非接触电源应用; FE 电表类应用; FG 医疗类应用; FW 旋转测量应用
系列	1 系列 最高运行 8 MHz; 2 系列 最高运行 16 MHz; 3 系列 OTP(一次编程); 4 系列 有 LCD; 5 系列 最高运行 25 MHz; 6 系列 最高运行 25 MHz,有 LCD
特征	涉及芯片的存储器容量,容量与数字有直接关系
温度特征	S 0~50 ℃; C 0~70 ℃; I −40~85 ℃; T −40~105 ℃
封装	详见图 1.12
包装	T 小卷盘(7 英寸); R 大卷盘(11 英寸)

1.4 MSP432 与 MSP430 的技术对比

MSP430 是一款非常成功的 16 位超低功耗单片机,在相当长的一段时间里,MSP430 的低功耗特性都是业界其他单片机公司用作比较和评估的基准。随着时间的演进以及技术的进步,ARM 内核的单片机逐渐被市场所接受,TI 也进一步扩展其 MSP430 低功耗系列产品,并推出 MSP432 低功耗系列微控制器产品。MSP432 采用了 32 位的 ARM Cortex-M4F 内核,融合了超低功耗 MSP430 微控制器的基因,保持了 MSP430 的超低功耗特性和基本相同的高集成度的低功耗外设,同时与 MSP430 产品共享强大的软件开发工具以及丰富完善的生态系统。

这样,新发布的 MSP432 产品加上原来的 MSP430 系列产品,就形成了 500 多颗 MSP 低功耗单片机系列产品。该系列产品涵盖了引脚从 8~133、存储器从 512 B~512 KB、中央处理的 16 位 MSP430 单片机和 32 位 MSP432 单片机两个系列微控制器产品。当用户构建一个满足不同应用设计的产品组合时,其为用户提供了极大的灵活性。尽管设计低功耗应用时通常选择 MSP430 系列产品,其中包括最新的 F5xx、F6xx 以及 FRAM 系列产品,但满足低功耗应用且能够提供更高性能的 32 位的 MSP432 系列单片机也是一个不错的选择。

下面将对 MSP432 和 MSP430 进行对比,以便在进行低功耗设计时能够更好地帮助我们选择 MSP430 和 MSP432。

1.4.1 系统级参数对比

如果对 MSP430 和 MSP432 的产品进行高度概括,则可以看到两者的系统级参数和存储器空间也有较大的不同,如表 1.2 所列。

表 1.2 MSP430 和 MSP432 系统级参数的比较

参　数	MSP430	MSP432
电源电压范围/V	1.8~3.6	1.62~3.7
模拟电源电压/V	1.8(或 2.2)~3.6	1.8~3.7
最大的系统频率/MHz	8、16、20 或 25	48
非易失性(Flash 或 FRAM)内存	512 B~512 KB	最高 256 KB
RAM 内存	128 B~64 KB	最高 64 KB

1.4.2 CPU 和内核

MSP430 的 CPU 是 16 位 RISC 架构,针对高效编程且易于设计,其具有特别设计的正交架构、单周期寄存器指令系统、统一存储器映射。MSP432 系列产品的 CPU 基于业界流行的 ARM Cortex-M4F 32 位内核,受益于 ARM 处理器相关产品所拥有的开发工具、软件解决方案等,可以构成完整的生态系统。如表 1.3 所列,尽管 MSP430 和 MSP432 的 CPU 不同,但这两款处理器也存在许多共性。

表 1.3 MSP430 和 MSP432 内核比较

名　称	MSP430	MSP432
数据大小	16 位	32 位
程序总线宽度	16 位(CPU)或 20 位(CPUX)地址总线	32 位
总线类型	16 位 MSP430	AHB 总线
架构	冯·诺依曼(普林斯顿):数据运算和指令读取共用同一总线	哈佛独立的数据和指令总线
指令集	RISC,MSP430 专有指令集	RISC Thumb 和 Thumb-2 指令集
指令长度	16 位	16 位和 32 位
指令周期(典型值)	1～4 个循环周期	1～2 个循环周期
流水线	无	三级流水线
预取缓冲	128 位	128 位
功耗模式	LPM0～LPM4,LPMx.5	活动,低频,LPM0,LPM3,LPMx.5
调试接口	MSP430 4 线 JTAG 和 2 线 SBW	ARM 4 线和 2 线 JTAG 模式
数学支持	硬件乘法器(MPY)	硬件乘法器和除法器,DSP 扩展,集成 FPU

1.4.3 电源设计

MSP432 系列单片机器件的电源采用全新的设计,引入了双稳压器(LDO 和 DC/DC),用于产生两个 VCORE 以满足内部逻辑和给外设供电。

内核电压 VCORE 由内部专用稳压器产生并维持。一般情况下,VCORE 供电给 CPU、存储器(包括 Flash 和 RAM)以及各种数字外设等,而 VCC(连接到 DVCC 和 AVCC 引脚)则主要用于给 I/O 和所有模拟外设(包括振荡器)等部件供电。另外,VCORE 是可编程的,具有两个预设电平电压,以根据需要满足 CPU 的运行速度,提供尽可能多的功率。

为了从 DVCC 产生内核电压 VCORE,MSP432 系列采用了两个稳压模块:一个是 LDO,作为默认的电源调节器;另一个是电感型降压变换电路,作为备选调节器。LDO 和 DC/DC 采用并联方式连接,两个模块共用一个输出 VCORE 和一个参考电压。这样,通过可编程设置使 VCORE 具备两个预定电压,以满足 CPU 的性能,从而实现快速控制,这也进一步提高了系统的工作效率。

1.4.4 复位电路

MSP432复位电路设计非常类似于MSP430复位电路。复位引脚有多种功能，可以是默认的复位功能，也可以通过配置特殊功能寄存器SFRRPCR，使其成为一个不可屏蔽中断(NMI)功能的引脚。在复位模式下，RST/NMI引脚为低电平有效，施加于该引脚并满足复位时序的脉冲产生BOR使MSP432复位。设置SYSNMI会使RST/NMI引脚被配置为外部NMI中断源。设置NMIIE会使能外部NMI中断。通过设置SYSNMIIES来选择上升沿还是下降沿触发外部NMI。当一个外部NMI事件发生时，NMIIFG置位。在RST/NMI引脚内置上下拉电阻，可以通过配置启用上拉或下拉电阻，或不启用上下拉电阻。

如果设计时RST/NMI引脚未用作复位或NMI引脚，那么在初始化过程中，需要选择使能内部上拉或者连接一个外部上拉电阻到RST/NMI引脚，并且连接一个去耦电容到VSS。

1.4.5 低功耗系统

MSP432保留了MSP430的常见的不同超低功耗模式，使其和MSP430一样可以很便捷地开发各种低功耗应用。除了在Active模式下以外，MSP432和MSP430单片机平台都提供了各自不完全相同的低功耗模式，不同的时钟和外设的可控制性提供了极大的灵活性，以优化并满足在不同的应用中低功耗的要求。在MSP430平台上，这些低功耗模式的编号从LPM0到LPM4，一些最新产品扩展到LPM3.5和LPM4.5。每个级别都提供了不同的时钟匹配和各种不同可用性的外设匹配。MSP432单片机平台在低功耗模式下继续使用类似的结构和方式，保留各种最有用的低功耗模式，并在低速时钟下扩展了低速执行的两种新模式。表1.4所列为MSP430和MSP432单片机的各种低功耗模式。

表1.4 MSP430和MSP432单片机的各种低功耗模式

MSP430	MSP432	通用描述	注 释
Active	Active	Active模式	CPU和外设
	低频Active模式	低频运行模式	CPU和外设工作频率<128 kHz
LPM0	LPM0	ARM:睡眠模式	CPU关闭，外设打开
	低频LPM0		休眠+CLK频率<128 kHz
LPM1	没有LPM1模式	MSP430特有模式	—
LPM2	没有LMP2模式	MSP430特有模式	—

续表1.4

MSP430	MSP432	通用描述	注 释
LPM3	LPM3	ARM:深度睡眠; 待机模式,RAM 保持和 RTC 工作	A/BCLK,小于 32 kHz,部分外设可用
LPM4	没有 LMP4 模式	RAM 保持	没有时钟,部分外设可用
LPM3.5	LPM3.5	ARM:关机	RTC,RAM 不保持
LPM4.5	LPM4.5	ARM:关机	关机

1.4.6 时钟系统

MSP432 与 MSP430 系列都集成了易用且强大的高度正交时钟系统。片上时钟模块最多提供 4 个时钟信号用于高速和低速时钟,能够满足性能要求和低功耗要求,实现灵活匹配。一系列时钟源输入用于提供各种时钟信号,既能满足各个内部和外部时钟对频率和准确性的要求,又能用于 CPU 时钟源(MCLK)。

MSP432 系列保留了类似 MSP430F5xx、MSP430FR5xx 和 MSP430FR6xx 的时钟系统,可以设定高速和高精度的 DCO 用于满足内部时钟源的应用,其最高频率可达 48 MHz;不使用调制就可以实现低抖动时钟源,同时可以使用外部电阻配置进一步提高时钟的精度。另外,MSP432 增加了更多的时钟源和更宽的频率范围,能够提供更多的时钟选项以更好地满足各种应用的设计需求。表 1.5 所列是可以用于考虑应用设计的系统频率匹配。

表 1.5 基于系统频率推荐的系统时钟配置

系统频率/MHz	VCORE 配置	推荐稳压器	Flash 等待周期
0~12	0	LDO	0
12~16	0	LDO	1
16~24	0	LDO	1
24~32	1	LDO,但在 MSP432 工作中激活状态处于 较高占空比时可选用 DC/DC	2
32~48	1	LDO,但在 MSP432 工作中激活状态处于 较高占空比时可选用 DC/DC	2

1.4.7 外 设

MSP432 系列单片机继承了 MSP430 推出的超低功耗外设,还集成了一些新的外设以进一步增强性能。除了 MSP432 新的嵌套向量中断控制器(NVIC)模块外,MSP432 和 MSP430 共享外设模块并具有相同的工作模式。

但是,有些 MSP432 外设在其原有的 MSP430 基础上进行了微小的改进,并且

第1章 单片机概论

对性能进行了进一步优化。一个典型的例子就是外设 ADC14,它是 ADC12_B 的改进版本。虽然它们具有共同的特征和操作方式,但 ADC14 还具有新的功能和进一步优化的功能,如更高的分辨率,从 12 位扩展到 14 位;增加了采样转换率,从 200 ksps 提高到 1 Msps。另外,一些 MSP432 片上的新外设是继承于 ARM 的,而非原来 MSP430 的外设模块,如 UDMA、Timer32、SysTick 等。

课堂练习实验提示

(1) 课堂练习实验 1 提示

实现功能:更改程序使 LED 灯的闪烁速度变为原来的 1/2。

第一种方法:直接将延时程序的参数加大一倍,代码如下:

```
while(1)
{                                    //循环体
    P1OUT ^= BIT0;                   //对输出置反
    for(i=0;i<60000;i++);            //延时
}
```

第二种方法:将延时程序复制一次,代码如下:

```
while(1)
{                                    //循环体
    P1OUT ^= BIT0;                   //对输出置反
    for(i=0;i<30000;i++);            //延时
    for(i=0;i<30000;i++);            //延时
}
```

运行程序后会发现,第一种方法的程序并不能满足延时的要求,LED 灯的闪烁速度不但没有变慢反而加快了!为什么呢?请注意变量 i 的类型(int 类型),数据类型决定其数据宽度,也就是数据的范围(C 语言知识)。这里将 i 的 int 类型改为 long 类型即可。

(2) 课堂练习实验 2 提示

实现功能:更改程序使 LED 灯亮的时间是熄灭时间的 2 倍。

先初始化 P1.0 的状态,然后分开两次求反,控制时间间隔,同时将 i 的类型改为 long 类型。

```
P1DIR = BIT0;  P1OUT = 0;            //设置 P1.0 为输出,同时初始化 P1.0 输出低电平
while(1)
{                                    //循环体
    P1OUT ^= BIT0; for(i=0;i<60000;i++);    //输出高,亮,延时
    P1OUT ^= BIT0; for(i=0;i<30000;i++);    //输出低,熄灭,延时一半
}
```

第 2 章

MSP 软硬件开发环境与 C 语言基础

电子系统是依赖硬件运行的,所以必须先有硬件,然后才能在此硬件基础上编写适当的程序,实现设计者的目的。本章将介绍 MSP 开发过程中所涉及的软硬件环境,其中常用的是 TI 设计的众多 Launchpad,另外还将介绍笔者设计的硬件平台,通过这些硬件可以学习单片机以及电子设计,让自己成长为电子工程师,甚至成为卓越的电子工程师。当然,最终的硬件需要根据设计者的目的进行设计,但是在学习之初还是需要借助已有的硬件,这样可以加快学习速度。

2.1 TI 的 MSP 软硬件开发环境

TI 提供了大量的 Launchpad 硬件平台,其被称为 TI Launchpad 生态系统。该生态系统除了提供 Launchpad 外,还提供与之配套的各种外围设备,可以满足用户快速建立各种应用的基本系统,如图 2.1 所示。

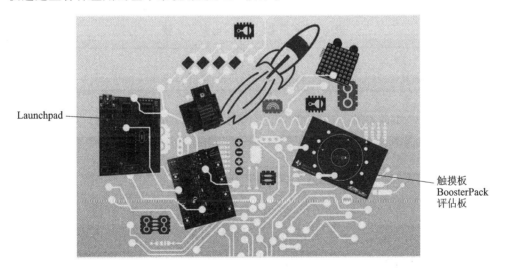

图 2.1　TI Launchpad 生态系统

在图 2.1 中,除了最左边的 Launchpad 外,其余的都是依赖 Launchpad 而建的应用系统评估板,比如右边的触摸板 BoosterPack 评估板,在使用时必须插入

Launchpad。更多的参考资料请查阅 TI 文件：http://www.ti.com.cn/cn/lit/sg/zhct254/zhct254.pdf。

什么是 Launchpad

在接触 MSP 系列单片机时，或许同时会听到一个新名词——Launchpad，那么什么是 Launchpad 呢？一言以蔽之，Launchpad 是 TI 推出的低成本、易用型微控制器开发板，其具有以下几个特点：

- 小巧易用。Launchpad 开发板的大小与名片相当，包括板载仿真器以及扩展引脚接口。
- 从硬件到软件完善的开发生态系统。TI 所有的 MCU 系列都具有结构相似的 Launchpad，同时 TI 官网还提供详尽的硬件设计、软件开发指南，以帮助用户尽快进行原型系统的开发。
- 成本低。Launchpad 开发板的起始价为 9.99 美元，TI 官网还会不定期地推出折扣优惠。登录 www.ti.com.cn/launchpad 可以查看最新最全的 Launchpad 信息。

本章将以 MSP 系列为例对 Launchpad 进行介绍。

2.1.1 Launchpad 最小系统板

目前 TI 推出的 Launchpad 涵盖 MSP Launchpad、C2000 Launchpad、Tiva C 系列 Launchpad 以及 Hercules Launchpad，分别使用 TI 不同的微控制器系列以满足不同的应用场景，如表 2.1 所列。

表 2.1 不同类型 Launchpad 的比较

系列	MSP Launchpad	C2000 Launchpad	Tiva C 系列 Launchpad	Hercules Launchpad
主要特点	超低功耗	实时控制	通用 ARM	安全
应用领域	能量收集、消费类及便携式电子产品、医疗、智能电网、传感器	替代能源、数字电源、白色家电、工业及电机控制	自动化与过程控制、消费类和便携式电子产品、人机界面、工业、照明及传感器集线器	自动化与过程控制、汽车与交通运输、医疗、工业及电机控制

其中，MSP Launchpad 共有 5 个成员，从最先推出的超高性价比 MSP430G2 系列到最新推出的集高性能与低功耗于一体的 Cortex-M4 内核的 MSP432P401 系列，用户可以根据实际需求选择最合适的一款进行原型机的开发和验证。

1. MSP-EXP430G2 Launchpad

主芯片为超高性价比系列 MSP430G2553，内部 DCO 主频可达 16 MHz，集成有一个 10 位 SAR 型 ADC，适合于入门级开发和学习。需特别指出的是，MSP430G2 系列的 I/O 口集成了电容触摸功能，适合于需要使用电容触摸按键的场景，可极大地节省软硬件开发成本。

MSP-EXP430G2 Launchpad(以下简称 G2 Launchpad)如图 2.2 所示,其中上方为板载仿真器,使用 USB 连接线可以与 PC 进行程序的下载及调试。同时,USB 口还提供虚拟串口功能,实现上位机与 MCU 的通信功能。核心板部分为 20 引脚的双列排插,MSP430G2553 的 20 个引脚全部被安排到板卡两侧,供扩展使用。

图 2.2　G2 Launchpad

2. MSP-EXP430F5529LP Launchpad

MSP-EXP430F5529LP Launchpad 的结构与 G2 Launchpad 类似,不同的是核心板上的主芯片为 MSP430F5529。除了主频提高到 25 MHz 外,MSP430F5529 还创新地提供集成 USB,方便实现 USB 通信功能。其实物图如图 2.3(a)所示。

3. MSP430FR5969 Launchpad 及 MSP430FR4133Launchpad

在通用市场的 MSP430 家族中除了前文提及的 G2 系列和 F 系列之外,还有 FR 系列,其相较于 F 系列最大的差别在于,存储介质为 FRAM 而非 Flash。FRAM 技术的采用使芯片的功耗进一步降低,同时能够提升芯片的性能。

FRAM 系列的 Launchpad 目前共有两款:一款基于 FR5969,一款基于 FR4133。其中,FR4133 继承了 F4 系列的段式 LCD 外设,适合于水电表类的应用。在 MSP430FR4133 Launchpad 开发板上也可以看到一块段式 LCD,方便用户进行原型的开发和验证。MSP430FR4133 Launchpad 如图 2.3(b)所示。

4. MSP-EXP432P401R Launchpad

自 2015 年起,MSP 家族新添加了 MSP432 系列,其定位为以超低功耗(相较于原 MSP430)提供高性能(32 位 Cortex-M4 内核)特性。其内核为 32 位 48 MHz 的 ARM Cortex-M4F 内核,集成有 14 位 1 Msps 的低功耗 ADC,适合于高性能应用。

第 2 章　MSP 软硬件开发环境与 C 语言基础

(a) MSP-EXP430F5529LP Launclupad　　(b) MSP430FR4113 Launchpad

图 2.3　MSP-EXP430F5529LP Launchpad 与 MSP430FR4133 Launchpad

MSP-EXP432P401R Launchpad 如图 2.4 所示。

图 2.4　MSP-EXP432P401R Launchpad

2.1.2　BoosterPack 接口

无论什么型号的 Launchpad 都会有一个标准定义的接口，其被称为 Booster-Pack。正是由于 BoosterPack 接口的存在，才使得用户可以方便地在不同的 MCU 平台之间切换。图 2.5 所示为 F5529 Launchpad 引脚定义，其中包括 BoosterPack

第 2 章　MSP 软硬件开发环境与 C 语言基础

接口引脚定义。每个引脚的功能可以结合实际选用 MCU 芯片引脚的定义，所有 Launchpad 的 BoosterPack 接口均遵循 BoosterPack 引脚标准定义。以 F5529Launchpad 的 P3.4 引脚为例，其可复用为 UART 模块的输入口、SPI 模块的

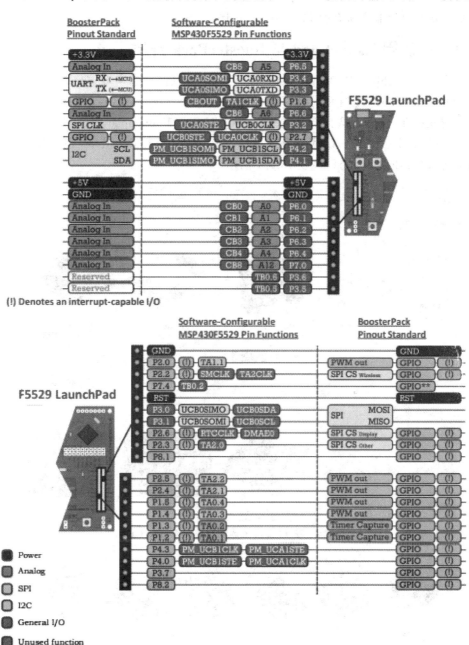

图 2.5　F5529 Launchpad 引脚定义

SOMI 口或 GPIO 口。如果兼容其他型号的 Launchpad，该引脚的功能应为 UART 模块的 RX 功能。

用户在设计外围扩展模块时应尽量遵循 BoosterPack 引脚标准定义，这样任一扩展模块都可以兼容所有的 Launchpad 板卡。

2.1.3 使用 Launchpad 与 BoosterPack 开发

在对 Launchpad 和 BoosterPack 有了大致了解后，一起来看如何利用 Launchpad 和 BoosterPack 进行系统级的设计。

首先在 TI 官网上选择合适的 Launchpad（关于 Launchpad 的类型可以参考前文，或 TI 官网提示信息）以及所需的 BoosterPack（见图 2.6）。其中，TI 及第三方提供的各式各样的 BoosterPack 如图 2.7 所示。

图 2.6　在 TI 官网上选取所需的 BoosterPack

图 2.7　TI 及第三方提供的 BoosterPack

然后将BoosterPack组装到Launchpad上,并下载程序进行运行与调试。如图2.8所示,演示了如何将Launchpad与一个甚至多个BoosterPack组装在一起。双列直插的BoosterPack结构提供了可以无限扩展的塔式结构,用户可以像搭积木一样向上扩展设计。

图2.8 利用Launchpad与BoosterPack搭建复杂系统

2.1.4 多种软件开发工具支持

目前,有多种软件开发环境支持TI MCU平台。除了经典的CCS(Code Composer Studio)开发环境之外,针对不同的Launchpad套件,TI提供了多种编程开发环境,如KEIL、IAR、GCC等,如图2.9所示。

1. Energia

我们知道,Energia是一个开源和社区驱动型集成开发环境(IDE)的软件框架。Energia能为微控制器编程提供直观的编码环境和由易于使用的功能API及库构成的可靠框架。TI Launchpad系统特别提供Eergia开源软件进行程序的快速开发。Energia的图标如图2.10所示。

Energia实现跨平台支持,包括Mac OS、Windows以及Linux。TI的集成开发环境CCS v6以上版本现已集成Energia,用户可以方便地实现快速开发和高级调试功能。

由于Energia基于Arduino的底层架构,使其更适合于初学者使用。网站www.energia.nu提供该软件的下载。由于Energia实时更新,所以其可适用于TI推出的所有Launchpad平台。

Energia提供跨操作系统平台的支持,如图2.11所示。下面将以Energia 16为例,说明如何使用Energia。

第 2 章 MSP 软硬件开发环境与 C 语言基础

(a) CCS

(b) KEIL、IAR和GCC

图 2.9 可用于 Launchpad 软件开发的多种开发环境

图 2.10 Energia 的图标

Download Energia 16

Energia 0101E0016 (7/8/2015)
Mac OS X: Binary release version 0101E0016 (7/8/2015)
Download here: energia-0101E0016-macosx.dmg

Windows: Binary release version 0101E0016 (7/8/2015)
Download here: energia-0101E0016-windows.zip

Linux 32-bit: Binary release version 0101E0016 (7/8/2015) Built and tested on Ubuntu 12.04 LTS (Precise Pangolin).
Download here: energia-0101E0016-linux.tgz

Linux 64-bit: Binary release version 0101E0016 (7/8/2015) Built and tested on Ubuntu 12.04 LTS (Precise Pangolin).
Download here: energia-0101E0016-linux64.tgz

图 2.11 Energia 提供跨操作系统平台的支持

在 www.energia.nu 网站上下载对应版本,解压后即可直接使用。以下举例说明如何使用 Energia 进行 MSP432P401 的开发。

双击 图标,运行 Energia 软件。若未安装 CCS,则到 http://energia.nu/files/xds110_drivers.zip 上下载所需驱动,驱动安装成功后,可以在设备管理器中看到两个虚拟串口,如图 2.12 所示。

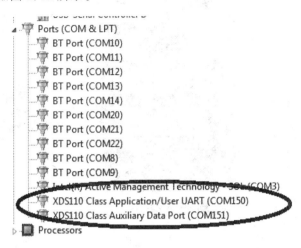

图 2.12 驱动安装成功后看到的两个虚拟串口

选择 Tools→Board→MSP432 Launchpad 菜单项,同时根据设备管理器中显示的分配串口号,选择对应的 Serial Port 用作调试过程中的数据通信端口。

在使用 Energia 编写程序之前,先了解 MSP432 Launchpad 的引脚分布。如前文所述,Launchpad 有一个标准定义的 BoosterPack 接口,Energia 对引脚的定义就是依据其定义的。习惯对照芯片数据手册对每个引脚进行配置的使用者要格外注意这一点。与 MSP430 Launchpad 相比,MSP432 Launchpad 将芯片的引脚也拉了出来(除 BoosterPack 定义之外),排列在板卡的下方,这样的设计可以使开发者最大限度地利用 MSP432 的片上资源,进行更复杂的项目设计和开发。

在 Energia 网站上可以查看每个 Launchpad 对应的引脚定义,如图 2.13 所示。

以 Energia 中自带的 LED 闪烁实验为例,来看如何使用 Energia 对 Launchpad 进行简单的快速开发。

实验 2-1 MSP432 Launchpad Blink 实验

为确保硬件已正确连接,须检查以下 3 点:

① MSP432 Launchpad 上所有跳线帽连接为出厂默认的连接;

② Launchpad 上绿色电源指示灯亮;

③ 打开计算机设备管理器,在 Ports 下出现两个 XDS110 仿真器的串口标识(见图 2.14,若驱动未成功安装,则可到 TI 官网或 Energia 网站上下载驱动安装)。

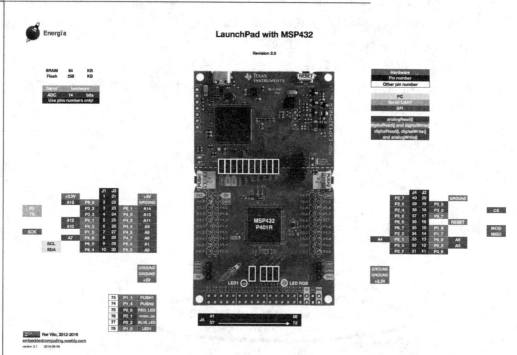

图 2.13 Launchpad 对应的引脚定义(以 MSP432P401R Launchpad 为例)

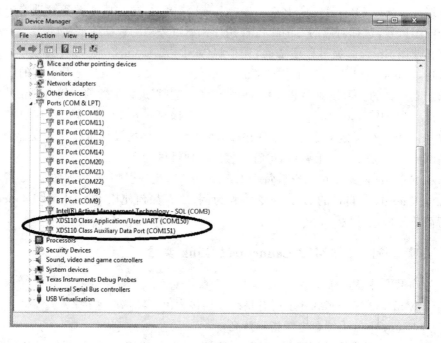

图 2.14 设备管理器中新增两个串口

第 2 章　MSP 软硬件开发环境与 C 语言基础

完成硬件准备工作后,打开 Energia 软件,选择 File→Examples→"01.Basics"→Blink 菜单项,如图 2.15 所示,这样就可以直接调出 MSP432 Luanchpad Blink 实验工程文件了。Energia 软件界面主要包括:一个可以进行文本(程序)输入编辑的区域;在文本编辑区域的上方有几个控制按键,可通过这些按键实现程序的编译、下载以及保存等操作;文本编辑区域的下方被分割为两块显示区域,分别显示当前状态和具体信息。

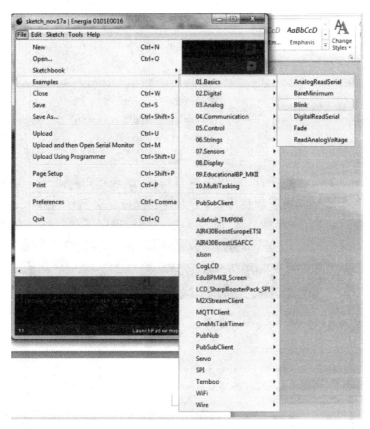

图 2.15　Energia 中集成了海量参考例程

如前文所述,相较于 CCS,Energia 的优势在于脱离了不同 MCU 内核配置的限制,也就是说,对于用户而言,在 Energia 中编写的所有程序,TI 的任何一款内核的 MCU Launchpad 均可不做修改就可以使用,只需要在编译前选择对应的 Launchpad 即可。这一方面源于 Energia 的底层封装,另一方面得益于 Launchpad 的标准定义引脚所带来的巨大优势。

鉴于此,再来看 Energia 的程序就会发现,其编程语言相较于 CCS 会更"高级"一些,常见的寄存器按位配置的语句几乎不会出现,但是,对于用户来说就需要熟悉 Energia 常用的高级语句。

```
//most launchpads have a red LED
#define LED RED_LED
⋮
//the setup routine runs once when you press reset:
void setup() {
//initialize the digital pin as an output.
  pinMode(LED,OUTPUT);
}

//the loop routine runs over and over again forever:
void loop() {
  digitalWrite(LED,HIGH);        //turn the LED on (HIGH is the voltage level)
  delay(1000);                   //wait for a second
  digitalWrite(LED,LOW);         //turn the LED off by making the voltage LOW
  delay(1000);                   //wait for a second
}
```

单击界面左上角的■图标,对程序进行编译,然后单击■图标,实现程序的下载,如图 2.16 所示。成功下载程序后,下方列表框标题会显示"Done uploading"字样,同时列表框内最后一行将显示"Success"。此时,程序下载完毕并自动运行。在

图 2.16　Eenrgia 编译下载界面

本例程中,可以观察到板上的红色 LED 灯会以 1 s 的时间间隔闪烁。

在 Energia 中,每个源文件都叫作 sketch。本例中,标题为"Blink"的标签页实际上就是一个 sketch,每个 sketch 都可以被保存为一个文件,或者被打开。在菜单栏中选择 Sketch→Show sketch folder 菜单项,可以打开当前 sketch 的存储路径,可以看到该 sketch 是一个后缀为.ino 的文件。

需要注意的是,在 Energia 中不支持断点调试功能,但可以使用串口工具来查看程序运行的进程。

选择 Tools→Serial Monitor 菜单项,打开一个串口监控显示窗口,在程序中添加相应行代码,即可查看程序运行状况。如图 2.17 所示,在 setup()子函数中添加串口的初始化语句"Serial.begin(9600)",其中调用的参数为串口的波特率。在之后的实际使用中,可调用 Serial 下的 print 函数,在串口监控显示窗口中显示对应的信息。

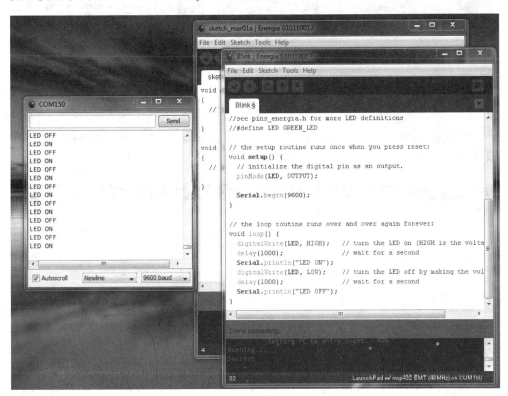

图 2.17　在程序中添加 Serial 代码进行串口通信

2. 基于云端的 CCS 编译工具——CCS Could

TI 提供基于云端的多种开发工具(见图 2.18),其中,利用 CCS Cloud,用户可以对 MSP430、C2000、MSP432、Tiva M4 以及无线产品进行多种在线调试和运行,而不需要在计算机上安装程序。登录 dev.ti.com 可以查看所有的在线开发工具。

第 2 章 MSP 软硬件开发环境与 C 语言基础

图 2.18 TI 提供多种云端开发工具

桌面版 CCS(CCS Desktop)、CCS Cloud 以及 Energia IDE 的功能如图 2.19 所示,由图可以看出,CCS Cloud 对于简单的调试任务完全可以胜任。

Feature	CCS Desktop	CCS Cloud	Energia IDE
Code Editing/Building	✓	✓	✓
Support for CCS Projects	✓	✓	
Support for Energia (Wiring) framework	✓		✓
Run program on local LaunchPad	✓		✓
Stepping, Breakpoints & Expressions	✓		
View Registers and Memory	✓		
Advanced Debug and trace	✓		
Support for high performance debug probes	✓		

图 2.19 桌面版 CCS、CCS Cloud 以及 Energia IDE 的功能对比

单击 CCS Cloud 图标,使用 myTI 账号可以进入 CCS Cloud 主界面。CCS Cloud 的界面和桌面版 CCS 的界面类似,根据功能的裁剪,其界面更为简洁。

新用户在使用 CCS Cloud 之前,和桌面版 CCS 一样,推荐使用 TI Resource Explorer 工具。在 dev.ti.com 网站中的工具列表中找到 TI Resource Explorer,然后单击进入,如图 2.20 所示,在左上侧的工具型号中可以找到最新的 Launchpad 和 BoosterPack,当然也包括其他 Cloud 端支持的器件型号、工具及软件,这里不妨选择"MSP-EXP432P401R"。如图 2.21 所示,在右侧列表框中可以看到官网提供的该工

具的大部分参考资料及参考例程,其中,在 Examples 中有一个 Out of Box Experience,在其右侧有一个下载图标和一个云图标,当鼠标移到云图标上时,可以看到浮动显示的"Import to CCS Cloud"字样,单击,编译软件将会把该例程直接导入 CCS Cloud workspace 中,如图 2.21 所示。

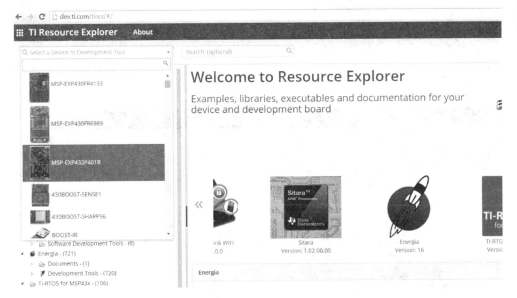

图 2.20　云端 Resource Explorer 提供丰富的参考例程

与桌面版 CCS 操作类似,用户可以查看工程下的所有文件并进行相应的修改等操作。单击工程上方的图标,可以完成程序的编译过程。Debug 为用户提供了在线程序下载及调试。通过调试窗口(与桌面版 CCS 类似),用户可以进行单步调试及查看变量。CCS Cloud 编译界面如图 2.22 所示。

综上所述,CCS Cloud 及辅助云端微控制器编程调试工具的出现彻底摆脱了传统基于微控制器开发的弊端:复杂的编译调试程序对操作系统的独特性要求以及版本维护的麻烦。与桌面版 CCS 一样,CCS Cloud 同样支持 Energia 的开发,这对基于 Launchpad 的快速原型开发用户来说,不啻为一个好消息。

3. EnergyTrace+技术

EnergyTrace 是 TI 的用于功耗测量的工具,能够检测并显示当前应用程序的功耗情况,并提供超低功耗设计的优化。需要注意的是,EnergyTrace 的功能依赖于硬件,即不同的目标芯片与仿真器会支持不同级别的 EnergyTrace 功能,详情请参考 TI 官网。

MSP432 器件内部支持 EnergyTrace+,除了功耗检测外,用户可以在程序执行期间对 MCU 的各部分执行状态进行实时监测。CCS v6 版本就集成了 EnergyTrace 的功能。

第 2 章 MSP 软硬件开发环境与 C 语言基础

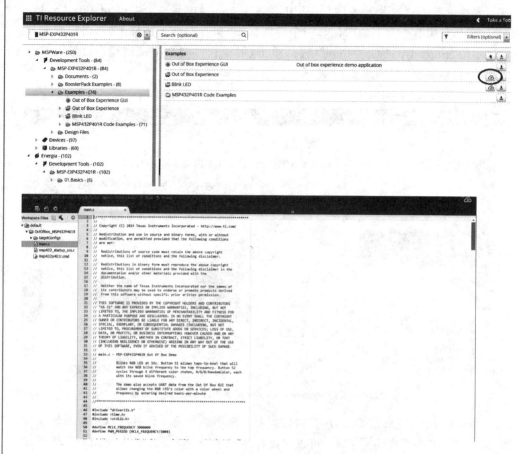

图 2.21 CCS Cloud 用户界面

图 2.22 CCS Cloud 编译界面

打开 CCS 软件,选择 Window→Preferences 菜单项,然后在左侧列表框中选择 Code Composer Studio → EnergyTrace™ Technology,在对应的 EnergyTrace™ Technology 列表框中选中 Enable Auto-Launch on target connect 复选框,这样在使用 CCS 进行程序调试时就可以使用 EnergyTrace 的功能,如图 2.23 所示。

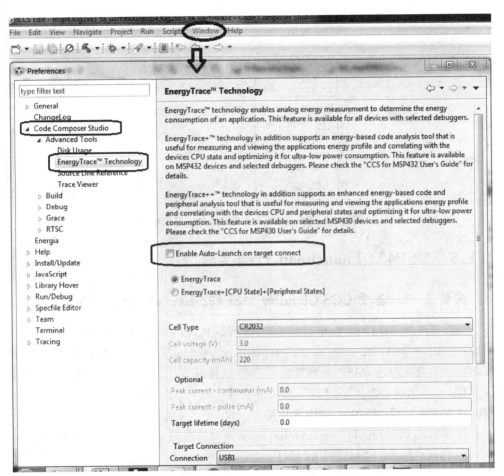

图 2.23 EnergyTrace 界面

CCS 进入调试状态后,可以看到窗口中将会显示 Energy、power、profile 以及其他能量相关的参数查看窗口,用户可以通过这些参数获取应用程序相关的能量消耗状态。此时,进入 CCS Debug 界面时会出现 EnergyTrace™ Technology 的显示窗口,如图 2.24 所示。

第 2 章 MSP 软硬件开发环境与 C 语言基础

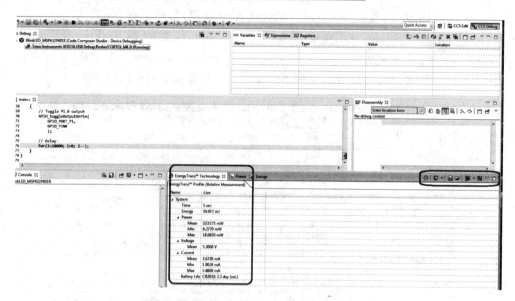

图 2.24 EnergyTrace™ Technology 显示窗口

2.1.5 MSP432 Launchpad 开箱实验

实验 2-2 基于 CCS Cloud 的 MSP432 Launchpad 开箱实验

只需要一个 MSP432 Launchpad 套件（可以从 TI 在线商城（TI Store）上购买，网址：https://store.ti.com/msp-exp432p401r.aspx），即可开始 MSP432 的编程开发之旅。如前文所述，MSP 系列提供了多种软件开发工具，为方便读者，这里选用 CCS Cloud。借助 CCS Cloud 这一强大的在线工具，读者可以不用纠结软件安装问题即可方便地进行 MSP432 的快速开发。

如图 2.25 所示，在 TI Resource Explorer 界面的左侧列表框中选择 MSP Ware→Development Tools→"MSP-EXP432P401R"→Out of Box Experience，然后在相应的右侧区域中单击 Out of Box Experience 右侧的云图标，将工程导入 CCS Cloud。

使用 myTI 登录后即进入 CCS Cloud 的主界面，在该界面下可进行与桌面版 CCS 类似的操作，如图 2.26 所示。

单击编译按钮进行编译，编译成功后，单击页面上方的 Debug 按钮，IDE 将把 HEX 文件烧录到连接的板卡中。第一次使用 CCS Cloud 会提示安装必需的控件，此时按提示操作即可。

注意：如果读者发现编译错误，则可采用以下两种方法之一进行修复（该问题出现的原因可能为官方例程版本更新）：

方法一：在 TI Resource Explorer 中打开 driverlib emptyProject（选择 MSP-Ware→Libraries→Driver Library→MSP432P4xx→emptyProject→Import to CCS

图 2.25 选择 Out of Box Experience 示例程序

图 2.26 与桌面版 CCS 相似的主界面

Cloud),然后将 Out of Box Experience 程序中的 main.c 文件内容复制到该工程中,再进行编译。

方法二:同方法一,打开 driverlib emptyProject,将工程中的 driver lib 文件夹复制到 out of Box Experience 工程中,同时覆盖 targetconfig 中的 ccxml 文件,再进行编译。

第 2 章　MSP 软硬件开发环境与 C 语言基础

进入 Debug 页面后单击右侧的开始按钮,程序开始运行。此时可观察到 MSP432 Launchpad 上下方的 LED 在闪烁,控制按键 S2 可以改变该 LED 的颜色,控制按键 S1 可以调节 LED 闪烁的频率。

另外,TI 官方例程还提供 GUI 控制。在 TI Resource Explorer 的左侧列表框中选择 MSPWare→Development Tools→"MSP-EXP432P401R"→Demos→Out of Box Experience GUI,将出现如图 2.27 所示的界面,单击 Connect 按钮,确认串口号无误后,单击 Open 按钮。

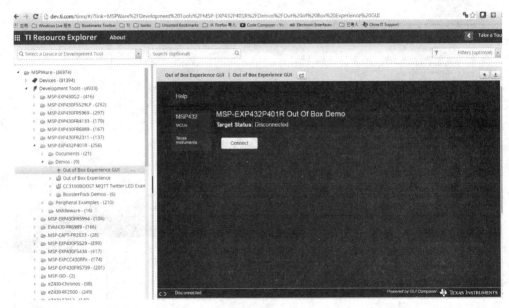

图 2.27　MSP432 Launchpad 开箱程序图形界面控制入口

在出现的界面中,可以通过鼠标拖拽的方式分别调节 RGB 值,对应地会观察到 Launchpad 上 RGB LED 的颜色会随着设定的颜色发生相应的改变。同样,用户可以使用右侧的圆形色谱图,通过单击不同的颜色区域,快速设置 LED 的颜色。同时,用户可以在下方的对话框中输入不同的数字来改变 LED 的闪烁频率。

在桌面版 CCS 中同样可以使用 TI Resource Explorer,通过安装的 MSPWare 找到 MSP432 Launchpad 的 Out of Box Expericence 实验例程,实现上述过程。

2.2　笔者设计的硬件环境

前面介绍了 TI 的硬件环境以及工具软件,而笔者在多年的教学实践中也摸索设计了几个有代表性的硬件平台,分别是:基于 G2 Launchpad 的扩展板(简称"摇摇棒")、基于 MSP430F5438 的智能小车(简称"小车")、基于 MSP430F5310 的四旋翼小飞机(简称"四旋翼")。本书部分内容也将围绕这些有趣的硬件展开。

2.2.1 摇摇棒硬件平台及可实现的实验项目

摇摇棒基于 G2 Launchpad。MSP 有较多 Launchpad 板,引出 I/O 基本相同,相对简单的要数 G2 Launchpad 板(见图 2.28),该板含有支持 swb 调试的 MSP430USB 仿真器(见图 2.28(a))以及 MSP430G2553 简易实验板(见图 2.28 (b)),而简易实验板仅有两个 LED 灯、两个按钮,同时引出了全部的引脚。故笔者设计了基于 G2 Launchpad 的扩展板,将扩展板插在 Launchpad 上可引入较为复杂有趣的实验项目,同时不浪费廉价的 G2 Launchpad。因为 G2 Launchpad 在 TI 网站上只卖 9.9 美元(早期卖 4.3 美元),并且含有 USB 仿真器,因此具有较高的性价比。

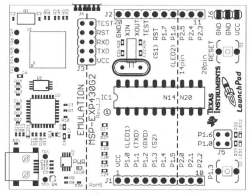
(a) 芯片布局图

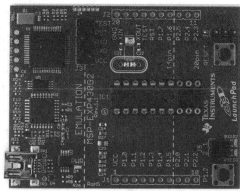
(b) 实物照片

图 2.28　G2 Launchpad 的芯片布局图与实物照片(摘自 TI 网站)

图 2.28(b)中插入的是 14 引脚的 MSP430G2231 芯片,现在要插入的是 MSP430G2553 芯片。图 2.28(a)中的 USB 仿真器同时提供 USB 转串口功能,可以使 MSP430G2553 与计算机进行通信;右边部分是 MSP430G2553 最小系统,右下角是两个 LED 灯与按钮,右上角有一个复位按钮。图 2.29 所示是 G2 应用系统电路图。

摇摇棒可以直接插在 Launchpad 上,MSP430G2553 芯片框图如图 2.30 所示。

图 2.30 所示的 MSP430G2553 芯片内有 ADC、比较器、端口、定时器、串口等资源,摇摇棒除了能方便做芯片内部资源的实验外,还将体现实验的趣味性以及工程实用性。图 2.31(a)所示是摇摇棒具体的电路图。因为模拟比较器与 ADC 都需要模拟电压,所以笔者添加了电位器(见图 2.31(a)中的 RX,实物为藏在板子底部的圆形旋钮电位器),用于产生可调电压;添加了 16 个 LED 灯(D0~DF),可以完成摇摇棒(通过摇动显示图文)、灯柱等有趣的实验;添加了功率发热电阻(RR1、RR2 焊接在板子底部,当通电发热时,可以直接加热单片机),可以完成温度测控等具有实际工程应用价值的实验(单片机本身具有温度测量功能,故省掉温度测量接口芯片);蜂鸣器(BEEP)与触摸按钮(CK1、CK2)同样也能实现实际应用与趣味的结合,目前大量白色家电与数码设备都应用了触摸按钮,G2 Launchpad 实验板可以让读者体验奇妙的

第 2 章 MSP 软硬件开发环境与 C 语言基础

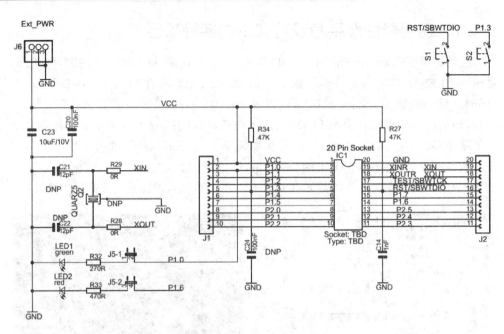

图 2.29 G2 Launchpad 应用系统电路图(摘自 TI 网站)

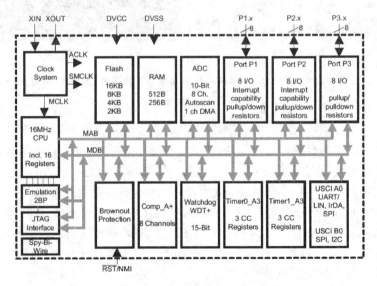

图 2.30 MSP430G2553 芯片框图(摘自 MSP430G2553 datasheet 第 6 页)

触摸按钮；K2 是振动开关，用于摇摇棒或模拟水表、煤气表之类的应用。图 2.31(b)所示是摇摇棒插在 G2 Launchpad 上的情况。图 2.32 所示为摇摇棒的 PCB 板图，清晰描述了相关电路的情况，比如图中的 P1.2 CKEY1，表示电容触摸按钮 CKEY1 用 P1.2 端口。

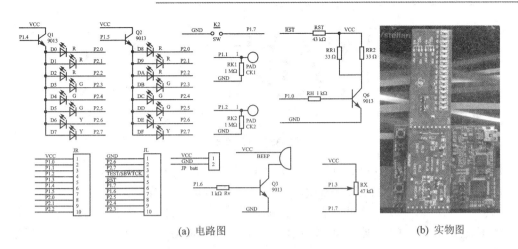

(a) 电路图 (b) 实物图

图 2.31 摇摇棒的电路图与实物图

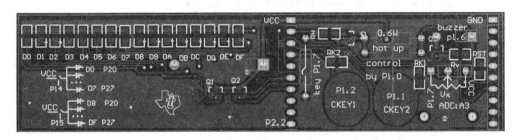

图 2.32 摇摇棒的 PCB 板图

摇摇棒可实现的实验如下：

① MSP430G2553 片内外设基本实验。

② 摇摇棒实验(后面会讲述)。

大致原理：应用人眼视觉暂留原理，快速摇动时在空中相对位置显示图文。本摇摇棒有 16 个 LED 灯，可以显示 $16×n$ 点阵内容，常见的 $16×64$ 点阵可以显示 4 个汉字或图片。如图 2.33 所示的"德州仪器"4 个汉字，其中的 A 部分为 4 个汉字的点阵情况，若要将其显示，则在实际程序中只需要将 16 个 LED 按照一定的间隔顺序显示图中 B、C、D……的亮暗情况即可：

显示 B，延时 1 ms;

显示 C，延时 1 ms;

显示 D，延时 1 ms;

……

最后显示"器"的最右边，周而复始。请读者思考开关 K2 的用途。

③ 通过拨动电位器可以使电压发生变化，可用于做 ADC、模拟比较器实验。

④ 配合电位器与 16 个 LED 灯实现电压表实验。电位器模拟产生外部被测电

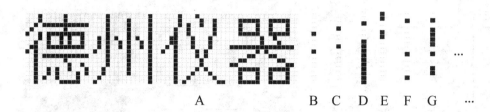

图 2.33 点阵举例

压,16 个 LED 灯作为电压表的显示器,可以有两种方法显示:其一,非常直观地显示,因为 16 个 LED 灯排成一排,因此可以用 LED 灯柱(亮灯多少)表示被测电压的高低;其二,16 个 LED 灯可以表示二进制的 16 位,可以表示 4 个 BCD 码,当然这样做不直观,但显示的数据大,可以表示 65 536 个数值,而第一种方法只能表示 16 个数值。

⑤ 触摸按钮基础实验,能够检测到按钮是否被触摸。

⑥ 触摸按钮复杂实验。本实验将感知触摸按钮被触摸的程度,通过被触摸的程度来控制蜂鸣器发出不同频率的声音,同时灯柱显示不同的 LED 灯数量。

⑦ 音乐盒实验 1。通过实验板上的蜂鸣器编写程序让其唱一支歌。

⑧ 音乐盒实验 2。通过触摸按钮选歌。

⑨ 音乐盒实验 3。摇动选歌:摇一下就转到下一曲。

⑩ 节日彩灯。

⑪ 音乐彩灯。

⑫ 测量芯片温度。

⑬ 让发热器加热芯片,测量温度,用灯柱显示温度。

⑭ 用电位器设定温度点,比如 50 ℃,用 16 个 LED 灯显示设定点;设定完成后,单片机测量温度,LED 灯显示实时温度;蜂鸣器用于温度报警(超过设定点 2 ℃ 报警);使用触摸键盘实现温度设定与实时显示的 LED 灯功能切换和报警功能(是否报警)。

⑮ 计步器。摇摇棒有振动开关,可以感知跑步或走路时的情况,用 16 个 LED 灯显示。

上面是利用摇摇棒能够实现的实验项目,其中基础实验可以将 TI 网站提供的源代码修改为自己想做的实验。利用单片机本身的资源与简易接口进行相关的实验体现了工程实践的一些思想,这是成长为卓越电子工程师的好的练手题材。

摇摇棒是很有趣的实验,笔者 2008 年就将此作为了课堂教学项目,通过一段时间的学习,有的学生学会重做具体硬件,然后送给同窗好友作为毕业留念,有的学生学会通过按钮更换显示内容。

触摸按钮被越来越多的读者所接触,通过触摸按钮的相关实验可以更好地了解其原理。

温度控制在工业中的应用非常广泛,有兴趣的读者可自行完成此实验。

2.2.2 小车硬件平台及可实现的实验项目

小车(也称轮式机器人)硬件平台是非常有趣与有意义的实验平台。该平台用MSP430F5438A或MSP430F5438(两者差异不大)作为主控芯片,这颗芯片的资源比前面的MSP430G2553丰富得多。先看看MSP430F5438A芯片的资源与小车硬件平台计划所实现的功能。

图2.34所示为该系列芯片的内部资源,其中MSP430F5438A的Flash是256 KB。该芯片有16 KB RAM、多达87条I/O口、多个定时器、多个串口、快速12位ADC、硬件乘法器、DMA、RTC、看门狗等,资源较为丰富。丰富的资源为小车设计提供了保障,下面将介绍在此基础上如何设计出小车。

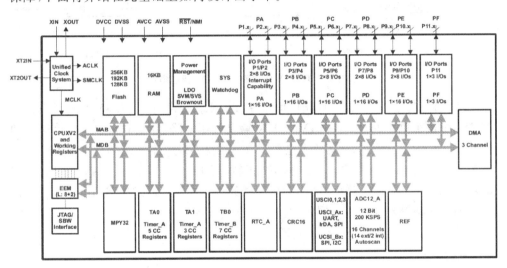

图 2.34　MSP430F5438A 的结构框图(摘自 MSP430F5438A 资料第 3 页)

1. 车身结构、底盘设计

小车采用流行的轮式机器人——两主动轮结合万向轮的支撑方式,运动较灵活,可以原地旋转。小车主打精巧,直径尺寸控制在 6.5 cm 内,众多电路与结构都放在这样小的空间中,因此须用两张电路板来布置电路元器件,顶层放置显示仪表、操作按钮、MCU 等器件,底层放置各种传感器、车灯以及动力系统等。

2. 动力系统

小车打算使用最流行的聚合物锂电池供电,其具有体积小、容量大的特点。锂电池的电压一般在 3.3～4.2 V 之间,为了能让小车得到强劲的动力,故将其电压抬高。使用 DC - DC 将电池电压升高到 10 V 上下,再供给电机。前面提到用两个电机提供动力,电机用齿轮箱减速(一般为 1∶30)后再输出给车轮,可以实现较大扭矩。在

10 V驱动电压下可以实现大致 500 r/min 的转速,车轮直径为 2.7 cm 左右,那么每分钟的路程就可以计算出来了,大约为 500×2.7 cm×3.14=4 239 cm,速度大致为 0.7 m/s,非常快。当然,如果控制程序写得完善,那么这个速度也能跑得很好。若要减速则可以用单片机本身的 PWM 调节速度。这样,小车速度可快可慢,读者可自行调节。硬件设计主要考虑两部分:升压电路与 PWM 调速电路。图 2.35 所示为 10 V 升压电路与 PWM 调速电路。

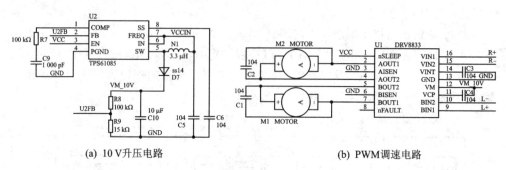

图 2.35　10 V 升压电路与 PWM 调速电路

TPS61085 与 DRV8833 的资料均可在 TI 网站上找到,图 2.35 中的网络标号 VCCIN 是整个电路的电源输入,VM_10V 就是升压电路的 10 V 输出;M1、M2 是两个电机,R+、R−、L+、L− 是两个电机的 4 个控制信号,需要连接到有 PWM 输出功能的引脚。当 R+=0,R−=1 时,M2 正转;当 R+=1,R−=0 时,M2 反转;当 R+=0,R−=0 时,M2 停止。M1 利用同样的方式控制。通过控制两个电机的不同转动情况,可以让小车产生不同的动作:

M1 正转、M2 反转,小车原地转圈;

M1 正转、M2 正转,小车前进;

M1 反转、M2 反转,小车后退;

M1 正转、M2 停止,小车以 M2 为圆心转圈或转弯;

M1 以 v_1 速度正转、M2 以 $v_2(v_2>v_1)$ 速度正转,小车以 v_1-v_2 转弯;

……

3. 车灯系统

小车配备常用的车灯:大灯、前后转向灯、刹车灯等共 8 个 LED 灯。车灯电路非常简单,使用一颗串口转并口的芯片 SN74HC164 进行扩展。图 2.36 所示为车灯电路。

该电路简洁,只用了两条 I/O,但是有一个小问题,就是在改变车灯时,不该亮的灯会闪一下,原因请读者自行分析。

4. 传感器系统

作为智能轮式机器人的小车硬件平台,传感器是少不了的。该平台常用的功能

第 2 章　MSP 软硬件开发环境与 C 语言基础

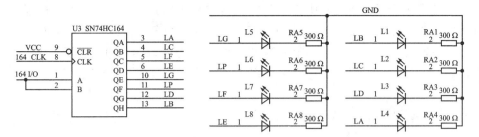

图 2.36　车灯电路

有：巡线（找到跑道并在跑道上跑）、避障、迷宫、机器人足球等。故常用的两种传感器必不可少：用于巡线的与避障的。小车使用了多个红外传感器，其中，避障用了 3 对红外传感器，分别感测小车正前方以及左、右侧前方，避障用的是模拟测量的方法，而不是常用的传统数字方法，较为准确；巡线用了 5 对红外传感器，其中 4 对用于感测小车前方底部是否在跑道上，1 对放置在车尾，这样可以尽量减少小车跑起来时的车身扭动（如果车头不断调整左右方向，那么车身将扭动，而用车尾作为辅助，也就是保证车的前后都在跑道上，车身扭动将减少）。图 2.37 所示为红外传感器电路。

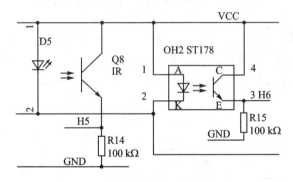

图 2.37　红外传感器电路

电路采用了两种传感器，图 2.37 左边所示是分离的元器件，用的是红外发射管与红外接收管；右边所示的电路用的是一体的红外对管，主要是考虑安装，用起来是一样的。避障用的 3 对红外传感器是收发一体器件，所有电路都用接收管的发射极电压作为判断依据：发光管一直发光，反射（巡线是跑道反射，避障是车前或左前或右前的障碍物反射）后的光（红外光）作用在接收管上，接收到的光线强弱与接收管发射极所连接电阻上的压降大小有关（成比例）。这是这部分电路的整体思路。通过判断电阻 R14 和 R15 上的电压可以判断与障碍物的距离以及跑道上的黑白线与传感器的位置情况。

另外，还有个传感器是话筒，放在这里的目的至少有两个：一是用小车进行比赛时，小车的启动一般采用拍手或吹哨子的方式，因此必须有话筒；二是让小车跑到某个地方进行监听，用于采集声音信息。话筒放大电路如图 2.38(a) 所示。

2007年的全国电子竞赛中有一个"小车跑跷跷板"的题,设计时笔者利用了一个倾角传感器(该传感器的型号为SAC60C),给出随着小车的倾斜程度不同而成比例变化的模拟电压,测量该电压就可以检测到小车的倾斜程度,从而完成该竞赛题。倾角传感器电路如图2.38(b)所示,第7脚输出模拟电压,连接到P6.5。

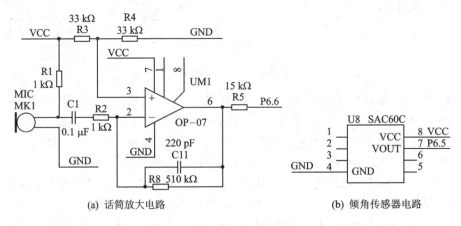

(a) 话筒放大电路　　　　　　　　　　　(b) 倾角传感器电路

图 2.38　话筒放大电路与倾角传感器电路

5. 仪表系统

汽车仪表很复杂,这里只涉及两个常用的功能:行车计算机和倒车雷达。这两部分非常简单,只是表达了仪表的意思。图2.39所示为仪表相关电路。

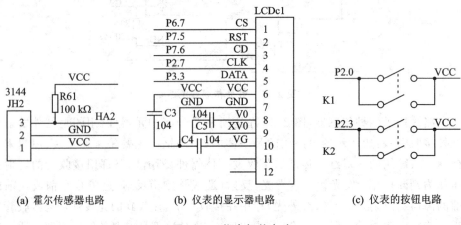

(a) 霍尔传感器电路　　　(b) 仪表的显示器电路　　　(c) 仪表的按钮电路

图 2.39　仪表相关电路

仪表由3部分组成:图2.39(a)所示为霍尔传感器电路,霍尔传感器电路只需要一个上拉电阻,用于测速(在车轮上安置有磁铁);图2.39(b)所示为仪表的显示器电路(128×64点阵液晶屏),该显示器只需要3个电容,可显示4行汉字,每行8个,如果显示图片,则最大可以显示128×64点阵图片;图2.39(c)所示为仪表的按钮电路。当然,要实现雷达(这里只有车前雷达,原理一样),就必须使用前面描述的车前3对红外避障(测距)传感器。

6. 扩展系统

前面已介绍了典型的小车或智能轮式机器人的电路,这里笔者将本小车作为典型的学习工具,而且增加了少许扩展电路:

① 触摸按钮:引出一条 I/O 口,连接到用铜箔做的电容(KC)即可(后面会详细讲述)。

② 蜂鸣器电路:与前面相同,目的是增加趣味性。

③ 温度测控电路:与前面不同,这次用的是数字集成温度传感器,可以减少温度采集方面的工作量,同时增加了温度测量的可靠性与精度。本设计使用的是 TI 的 TMP275,精度达到 0.5 ℃,分辨率为 0.0625 ℃。加热电路与前面相同,用电阻加热,当电阻为 18 Ω,供电电压为 3 V 时,功率为 3 V×3 V/18 Ω=0.5 W。

④ 无线模块扩展:预留了 cc2500 无线模块的焊接位置,如果需要无线通信则可以直接焊接 cc2500 模块;同时引出了大部分 I/O 口,包括 MSP430F5438A 的部分串口,可以与常用的串口数字无线模块连接或蓝牙串口模块连接。无线模块的引入让多辆小车互联成为可能,也使遥控成为可能。

小车照片如图 2.40 所示。

图 2.40 小车照片

小车硬件平台可实现的实验项目如下:

① MSP430F5438A 基础实验。MSP430F5438A 芯片的资源非常丰富,用这颗芯片做平台主控可以让读者方便地接触到 MSP430 内部的大部分资源。

② 巡线。作为小车基础实验,可以综合应用片内 ADC、片外接口芯片(模拟开

关)、定时器等资源来实现巡线。当然只是实现让小车跟踪跑道的功能,很简单,后面的章节将会提供这样的实例。但是,这并不是本实验的目的,本实验的目的是使小车既不离开跑道,还要跑得飞快!

③ 汽车雷达。本书会直接提供该实验,作为后续实验的基础等。比如,红外测距如何实现,显示器如何显示,小车、障碍物如何显示,如何同时进行声光报警等。

④ 挡板迷宫。在前面汽车雷达实验的基础上实现迷宫应该不难,主要是通过测距来判断挡板与小车的位置:小车是否在挡板迷宫中间,会不会很快碰到挡板,前方会不会没有路了……当然迷宫也是非常好玩的实验项目,例如国际上的电脑鼠大赛,就是小车跑迷宫,看谁跑得快。

⑤ 黑白线虚拟迷宫。挡板迷宫需要材料,就是迷宫挡板,还需要较大的场地,而本实验则不需要材料与场地,可以让读者零成本跑迷宫,就是与前面的巡线一样,用黑白线画迷宫,小车通过黑白线来判断迷宫路线。由于笔者设计的小车非常小巧(直径 6.5 cm),因此可以实现桌面迷宫。

⑥ 画地为牢。本实验是巡线的延伸,原理与巡线一样,但更有趣。小车能够识别黑白线,在白纸上画个黑线圈,编写程序使小车不跑出线圈外。注意,这里的转弯角度或是否掉头等细节需要考虑。

⑦ 悬崖勒马。本实验让小车能够判断桌沿等情况,当跑到桌沿时,能停下来或后退。

⑧ 红外机器人足球。读者有没有注意到,小车测距电路上有个小细节:红外测距的原理是主动发红外线,障碍物反射红外线,单片机 ADC 测量反射量,以此来判断与障碍物的距离。电路中测距用的红外发射管电源是被控制的,不像巡线的红外发射管那样一直通电,当需要测距时红外发射管才通电,才可以发出红外线。这是为红外机器人足球做准备的,关闭测距红外光就可以用于发现红外机器人足球的场景。红外机器人足球是一个会发红外线的小球,其发出的红外线发射到四面八方,这时小车的测距接收管接收红外线,然后利用 ADC 可以大致判断小球与小车的相对方位,因为小车前的测距传感器位置为正前方、45°左前方、45°右前方,所以可以相对判断出小球与车的角度,调整小车姿态,让小车正对小球的方向前进。如果正前方显示距离不断靠近,而左右显示等量靠近,那么小车就向正对小球的方向前进,直至撞到小球。

⑨ 跷跷板。本实验是 2007 年全国电子竞赛题目。笔者在小车上安装了一个小小的倾角传感器,这样首先可以判断出小车在跷跷板上的倾斜角度,然后判断该怎么走(前进、后退,还是已经平衡)。本实验的延伸更有趣,读者可以试着让小车在跷跷板上来回跑,但是跷跷板的两头不能着地!为了增加小车在跷跷板上的平稳性,读者可以在跷跷板上画黑线,当然这就增加了编写程序的工作量。

⑩ 温度控制系统。本实验的温度测量采用 TI 经典的 TMP275,用 18 Ω 的贴片电阻直接对温度传感器加热,在小车硬件平台上的人机交互界面上有两个按钮、一个

触摸按钮、一个 128×64 点阵显示器，利用它们可以画出温度曲线等。

2.2.3 四旋翼小飞机设计

现在流行的四旋翼小飞机的硬件电路很简单，主要有两部分：传感器和旋翼驱动。传感器用的是 MPU6050，笔者设计的四旋翼也不例外，也是用 MPU6050 感知姿态等；旋翼由 4 个小空心杯电机直连，电机用 MOS 管驱动。单片机采用 TI 的 MSP430F5310，该芯片体积小，用在这里较为合适，因为四旋翼必须得考虑其体积与整个质量（越轻越好）。图 2.41 所示为四旋翼核心电路，其中，图 2.41(a) 所示为传感器电路，该传感器用 I²C 与单片机相连接；图 2.41(b) 所示为旋翼驱动电路，当 P1.2 是高电平时，电机 M2 转动，旋翼运动。

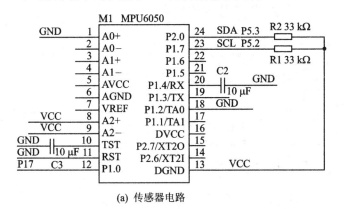
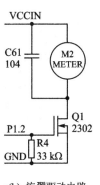

(a) 传感器电路　　　　　　　　(b) 旋翼驱动电路

图 2.41　四旋翼核心电路

2.3 软件开发环境 IAR EW430 V6.3

IAR EW430(IAR Embedded Workbench for MSP430)是 IAR System 公司研发的一款集程序开发、环境配置、项目工程管理、程序调试、跟踪和分析等功能于一体的开发环境，它能够帮助用户在一个软件环境下完成程序编辑、编译、链接、调试和数据分析等开发工作。IAR EW430 V6.3 为 IAR 软件的最新版本。鉴于 IAR EW430 强大高效的编译调试功能及简单易用的特点，其广为 MSP430 开发工程师所喜爱。本节将具体介绍 IAR EW430 的安装方法，并以 MSP430F5529 为例介绍基于 IAR EW430 的 MSP430 程序的开发与调试。

2.3.1　IAR EW430 V6.3 的下载和安装

全功能版本的 IAR EW430 需要得到 IAR System 公司的授权才能使用。同时，IAR System 公司提供了两类免费授权密钥供用户评估使用：30 天期限的免费密钥

第 2 章　MSP 软硬件开发环境与 C 语言基础

及代码大小受限（8 KB）的免费密钥。IAR EW430 的安装程序可从下面的地址获取：http://supp.iar.com/Download/SW/?item=EW430-EVAL。

运行下载好的安装程序 EW430-6303-Autorun.exe，当出现如图 2.42 所示的界面时，选中 Complete 单选按钮，接下来的流程采用默认选项并单击 Next 按钮完成软件的安装，具体的如图 2.43～图 2.45 所示。

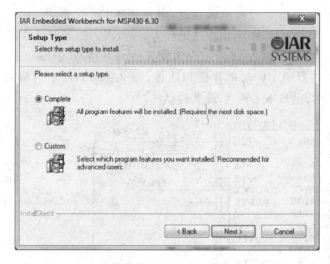

图 2.42　安装过程(1)

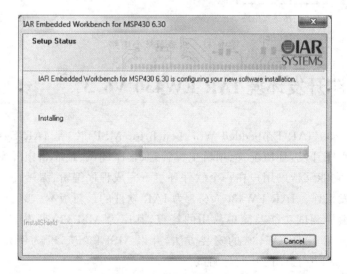

图 2.43　安装过程(2)

安装完成后第一次运行时需要进行授权认证，如图 2.46 所示。读者可以根据自己的情况，进行相应的选择：如果已从 IAR System 公司购买了相关的许可号，或者已具有一个网络许可号，则可以分别选择第一个或第二个单选按钮；若目前暂无许可

第 2 章　MSP 软硬件开发环境与 C 语言基础

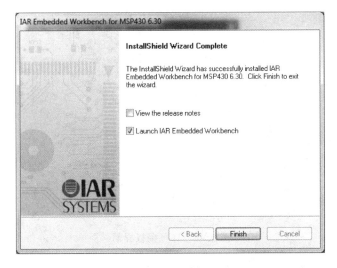

图 2.44　安装过程(3)

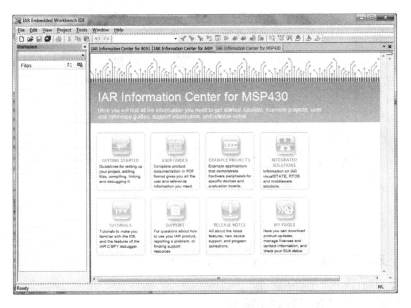

图 2.45　软件安装完成

号,则可以选择第三个单选按钮,从 IAR System 公司获取一个月全功能版试用期限或者编译代码受限的许可号。输入获得的许可号后单击"下一步"按钮,则按照默认配置完成接下来的授权过程。授权成功后可以看到如图 2.47 所示的授权完成界面。至此,已经完成了 IAR EW430 的软件安装,可以进入程序编写调试阶段。

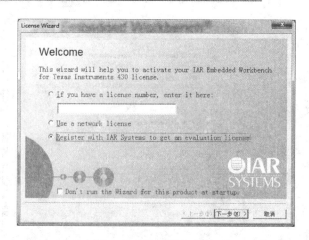

图 2.46 许可授权界面

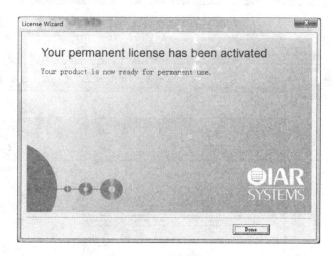

图 2.47 授权完成界面

2.3.2 利用 IAR EW430 V6.3 新建工程

实验 2-3 IAR EW430 演练

首先打开 IAR EW430 V6.3,选择 Project→Create New Project 菜单项(见图 2.48),打开 Create New Project 对话框,在该对话框中的 Tool chain 下拉列表框中选择"MSP430",并在 Project templates 列表框中选择 C,如图 2.49 所示。

单击 OK 按钮,IAR EW430 会提示选择项目文件保存的位置。打开"我的电脑",在某一磁盘下创建以下文件夹路径:-\My Documents\IAR EW430 Demo,将项目工程文件(.ewp)保存到所建文件夹,如图 2.50 所示。工程建立完后,在 IAR

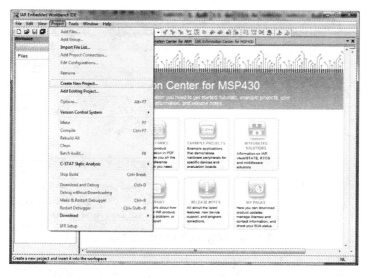

图 2.48 新建 IAR EW430 工程(1)

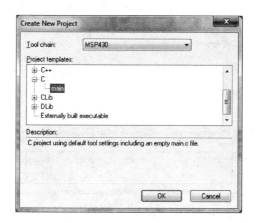

图 2.49 新建 IAR EW430 工程(2)

EW430 主界面中选择 File→Save Workspace 菜单项,保存工作区间(.eww)为 MSP430F5529,如图 2.51 所示。

此时,将得到如图 2.52 所示的工程界面。在界面右侧的工作区中选择 IAR EW430 Demo,然后右击,在弹出的快捷菜单中选择 Options,将弹出如图 2.53 所示的工程选项对话框,在 Category 列表框中选择 General Options,在右侧对应的 Target 选项卡中选择使用的器件,比如选择"MSP430F5529"。然后在 Category 列表框中选择 Debugger,在右则对应的 Setup 选项卡中的 Driver 选项组中选择 FET Debugger(见图 2.54)。至此就完成了工程的创建,并且可以修改 main.c 为自己的应用程序,然后进行程序调试、程序下载工作。

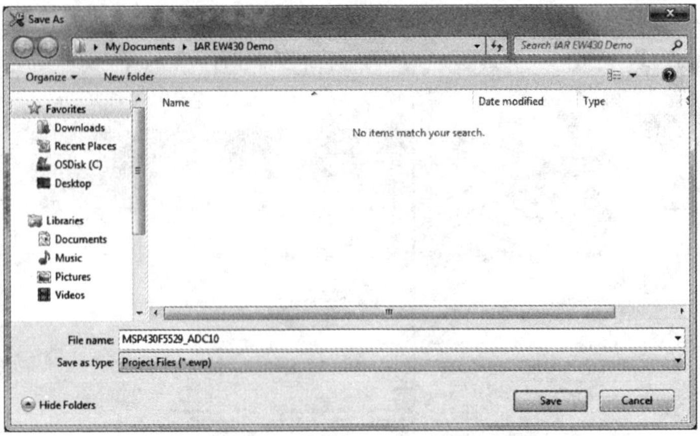

第 2 章　MSP 软硬件开发环境与 C 语言基础

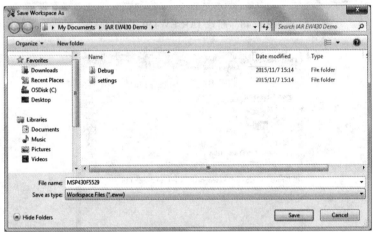

图 2.50　保存 IAR EW430 工程文件

图 2.51　保存 IAR EW430 工作区间为 MSP430F5529

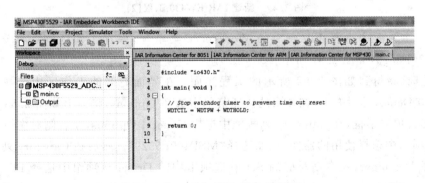

图 2.52　IAR EW430 的工程界面

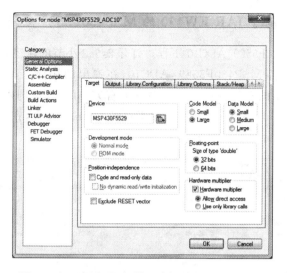

图 2.53 工程选项对话框(选择 General Options)

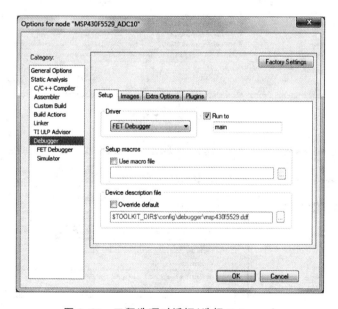

图 2.54 工程选项对话框(选择 Debugger)

2.3.3 利用 IAR EW430 V6.3 调试工程

这里参考 TI 的 MSP430F5529 例程,介绍基于 IAR EW430 V6.3 的调试。TI 的 MSP430F5529 例程可从 http://www.ti.com/product/MSP430F5529/toolsoftware 网址上的 Software 部分下载。

第 2 章 MSP 软硬件开发环境与 C 语言基础

实验 2-4 基于 IAR EW430 的 MSP430F5529 应用调试

① 编辑 MSP430F5529_ADC10 工程。打开 2.3.2 小节的新建工程 MSP430F5529_ADC10，右击工程名 MSP430F5529_ADC10，在弹出的快捷菜单中选择 Add→Add Files 菜单项，在弹出的对话框中选择下载好的官方 ADC10 示例程序 MSP430F55xx_adc_10.c，如图 2.55 所示。同时，右击原工程的 main.c 文件，在弹出的快捷菜单中选择 Remove，修改后的工程如图 2.56 所示。

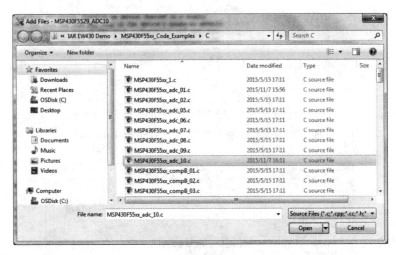

图 2.55 添加工程源文件

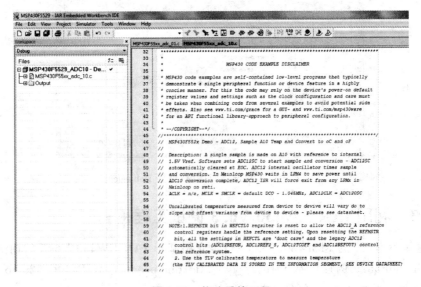

图 2.56 修改后的工程

② 右击工程名 MSP430F5529_ACD10,在弹出的快捷菜单中选择 Rebuild All,编译整个工程,如图 2.57 所示。此时,IAR EW430 软件底部会出现一个 Build 窗口,Build 窗口会显示编译过程的相关信息,并最后给出程序编译的结果。由编译结果(见图 2.58)可知,程序占用 1 582 B Flash 存储器和 250 B 数据存储器,编译过程中没有错误和警告。如果程序有错误则会在 Build 窗口显示,然后根据显示的错误修改程序并重新编译,直到无错误提示。

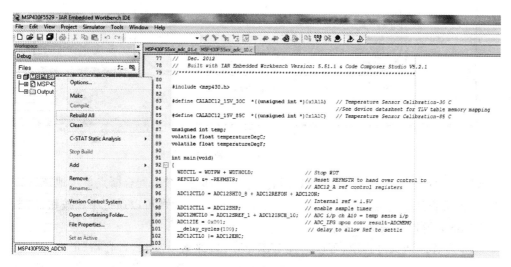

图 2.57 编译程序

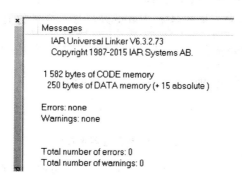

图 2.58 程序编译结果

③ 程序编译完后,可以将程序下载到芯片内部进行调试。选择 Project→Download and Debug 菜单项或者单击图 2.59 中的 图标,系统将通过 JTAG 对处理器进行程序下载并进入调试界面,如图 2.59 所示。

④ 单击 图标运行程序,观察显示的结果。在程序调试过程中,可以通过设置断点来调试程序:选择需要设置断点的位置,右击,在弹出的快捷菜单中选择 Toggle Breakpoint,断点设置成功后将显示图标●,可以通过单击该图标来取消该断点。程

第 2 章　MSP 软硬件开发环境与 C 语言基础

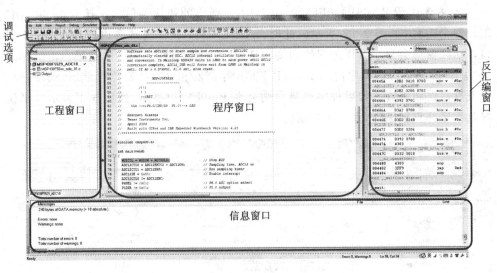

图 2.59　IAR EW430 调试界面

序运行的过程中可以通过单步调试按钮 ![icons] 来配合断点单步地调试程序,单击重新开始图标 ![icon] 就可以重新定位到 main() 函数;可以通过中止按钮 ✖ 来结束调试并返回到编辑界面。

⑤ 在程序调试过程中,可以通过 IAR EW430 来查看变量、寄存器、汇编程序或者 Memory 等的信息,显示出程序运行的结果,以与预期的结果进行比较,从而顺利地调试程序。选择 View→Watch 菜单项,打开变量观察窗口,如图 2.60 所示。Expression 列可以输入全局变量的名字,Value 列将显示变量的值。

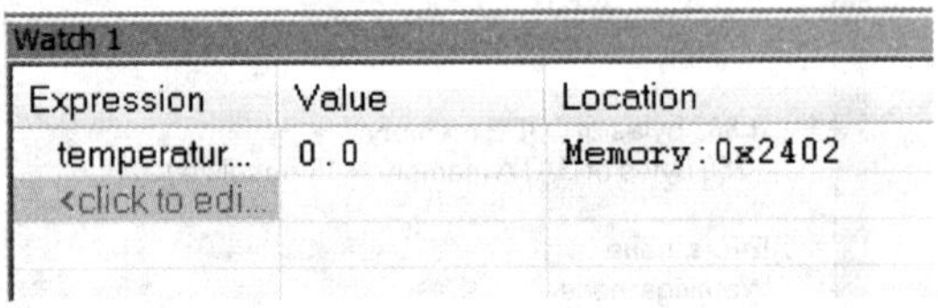

图 2.60　变量查看窗口

⑥ 选择 View→Register 菜单项,可以查看寄存器的值,如图 2.61 所示。

⑦ 选择 View→Memory 菜单项,可以得到观察窗口,如图 2.62 所示。在该窗口中可以输入想要观察的数据地址,确认其值是否与预期的一致。

⑧ 选择 View→Disassembly 菜单项,可以得到反汇编窗口,如图 2.63 所示。

图 2.61 寄存器查看窗口

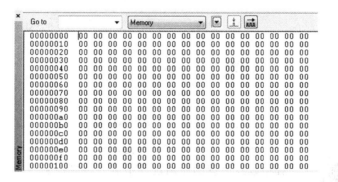

图 2.62 观察窗口

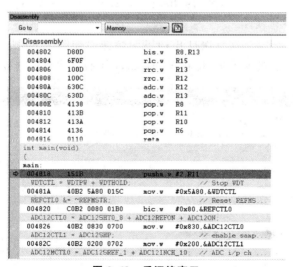

图 2.63 反汇编窗口

第 2 章 MSP 软硬件开发环境与 C 语言基础

2.4 使用 CCS 以及 MSPWare 进行 MSP 系列的开发与调试

CCS 是 TI 推出的支持 MSP 系列的软件开发平台。该软件可以到 http://www.ti.com/tool/ccstudio-msp 网址上免费获取，CCC 下载位置截图如图 2.64 所示。

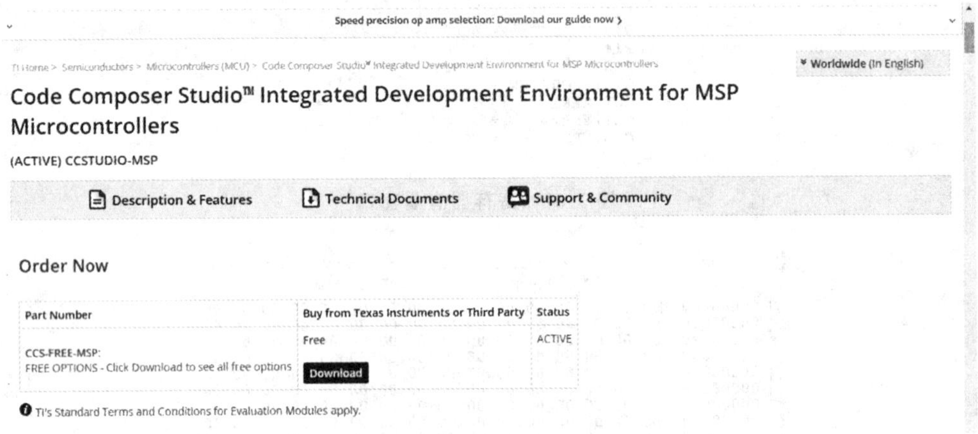

图 2.64 CCS 下载位置截图

图 2.65 CCS 图标

下载软件后根据安装提示将 CCS 安装至本机。在安装过程中以及后续的使用过程中需要特别注意，在所有的路径中不要包含中文字符，否则可能出现错误，无法运行。在成功安装 CCS 后，桌面会出现如图 2.65 所示的图标，双击即可打开 CCS 软件。

在首次打开 CCS 时会弹出如图 2.66 所示的对话框，提示用户选择程序所存放的文件夹，即在 Workspace 下拉列表框中选择相应的文件夹。

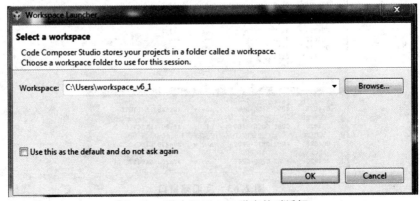

图 2.66 首次打开 CCS 弹出的对话框

用户可以根据自己存放文件的习惯选择合适的路径,或者使用 CCS 默认的路径。同样需要注意,目前 CCS 版本的文件路径不支持中文字符,所以切记在任何情况下都不要引用中文路径,否则 CCS 会提示错误。选中 Use this as the default and do not ask again 复选框,CCS 会在下次启动时默认打开本次路径,且不再提示。单击 OK 按钮进行下一步。

CCS 提供了丰富的帮助与提示,以帮助新用户更快地开始软件开发与调试。下面将介绍几个常用的功能。

2.4.1 TI Resource Explorer 及 MSPWare

选择 View→Resource Explorer(Examples)菜单项(见图 2.67),在该窗口中显示的是安装的辅助资源,在图 2.68 中可以看到 MSPWare 已经被安装。MSPWare 是针对 MSP 系列芯片及开发板的例程与开发库的辅助工具,可以独立安装,也可以在 CCS 安装过程中插入安装。在后文中将会介绍如何利用 CCS 的 App 功能方便快捷地安装 MSPWare。

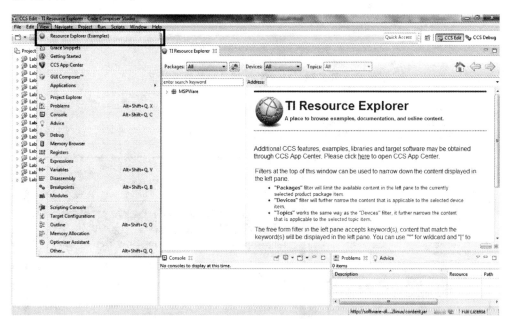

图 2.67 选择 View→Resource Explorer(Examples)菜单项

MSPWare 提供 TI MSP 系列的参考例程,在 Devices 项目树下可以找到 MSP 所有的产品系列,如图 2.69 所示。每个产品系列下都陈列了用户手册、数据手册、参考例程以及相关的技术文档。

使用 MSPWare 的方便之处在于,可以直接查看芯片的相关资料,可以将 TI 提供的芯片所有外设的参考例程直接导入 CCS 中。值得一提的是,在 MSPWare 中还

第 2 章　MSP 软硬件开发环境与 C 语言基础

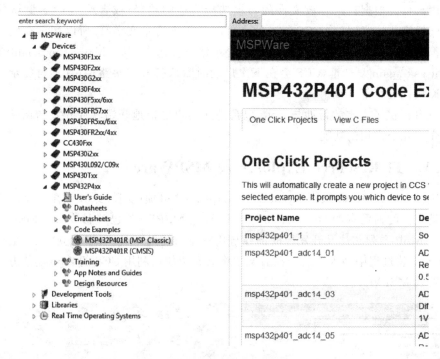

图 2.68　MSPWare 以及相关资源

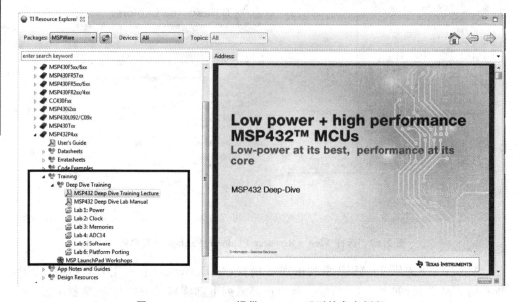

图 2.69　MSPWare 提供 TI MSP 系列的参考例程

提供了 MSP432 的 workshop 教程，用户可以方便地进行 MSP432 的入门学习及实验。更多关于 TI 培训的内容，可参考 http://www.ti.com.cn/general/cn/docs/

gencontent.tsp?contentId=71968。

2.4.2 使用 MSPWare 中的参考例程

实验 2-5 基于 MSPWare 的 MSP432 闪灯实验

在 MSPWare 中,针对所有 MSP 系列型号芯片以及 TI 原装评估板,都有对应的参考例程,以便用户在最短的时间内掌握 MSP 单片机的外设编程与使用。

如图 2.70 所示,用户可以在左侧的 Devices 项目树中选择所使用的芯片型号,或者在图 2.71 左侧的 Development Tools 项目树中选择所使用的评估板型号。从图 2.70 和图 2.71 中可以看到,MSPWare 提供一键导入式的例程,方便用户使用。在这里,以最基本的 LED 闪烁为例,讲解 CCS 中 MSPWare 参考例程的使用方法。

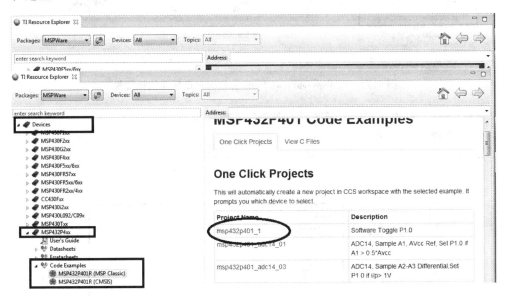

图 2.70 在 Devices 项目树中选择芯片型号

选择 MSPWare→Development Tools→MSP-EXP432P401R→Examples,在 Examples 项目树中会看到 Blink LED 的例程,单击该例程,右侧会出现图示例程导入的简单向导。单击右侧 Blink LED 中的"Step 1",将完整的例程工程导入打开的工程路径中。

在 CCS 软件窗口左侧的 Project Explorer 中会出现一个完整的可直接编译和下载的例程,该例程能够实现 LED 闪烁的功能。用户可以直接使用,或者在此例程上进行修改,如图 2.72 所示。

和 TI 其他例程一样,在 main.c 文件中可以看到对本例程的简单介绍,其中包括:① 实现该例程功能所需的硬件连接,如在 LED 闪烁中,需要用户将 P1.0 和

第 2 章 MSP 软硬件开发环境与 C 语言基础

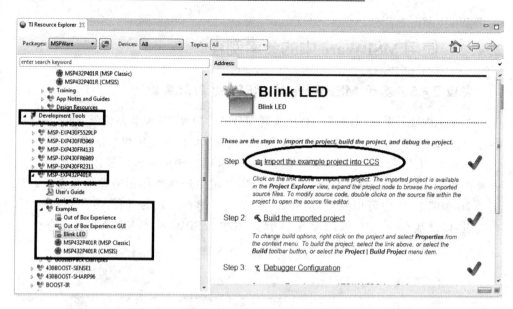

图 2.71 在 Development Tools 项目树中选择评估板型号

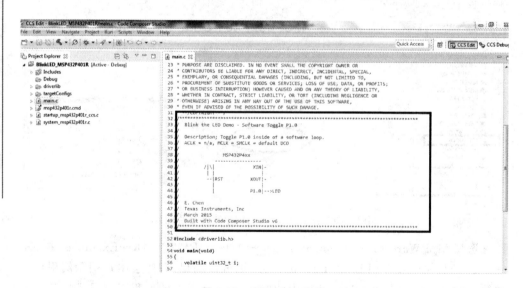

图 2.72 MSPWare 应用

LED 相连；② 例程编译环境。为避免出现编译器不兼容现象，用户可以参考例程提示的编译器版本。

2.4.3 函数驱动库

细心的用户会发现该例程使用了 MSP 的 Driver Library，也就是函数驱动库（MSPWare Driver Library）。MSP430F5x、MSP430F6x 和 MSP432 系列均支持

Driver Library。在 MSPWare 项目树中可以看到 Libraries 一项(见图 2.73),在 MSPWare 项目树中还提供了多种库函数,除基本的驱动库之外,还包括图形库、USB 开发库、数学公式库等,以帮助用户更快地进行开发工作。

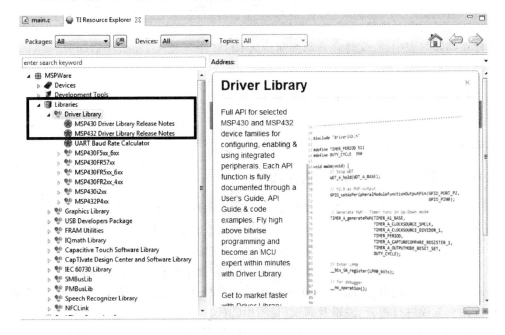

图 2.73 驱动库

在 Release Note 中可以看到 Driver Library 支持的 MSP 系列及更新说明。Driver Library 的一个优点是,其为编程者提供了一个"软件层",这样用户不用再考虑对寄存器的配置。另外,封装的 API 函数相较于寄存器配置语句,其可读性也更强。例如:以下的两段代码都实现了将 MCLK 的时钟源配置为 VLO 的 4 分频,一种是传统的对寄存器进行配置,另一种则采用 Driver Library 来实现对时钟源的配置,通过比较可以看出两者的差异。

方法一:寄存器配置。

```
CSKEY = 0x695A;
CSCTL1 |= SELM_1 | DIVM_2;
CSKEY = 0;
```

方法二:使用 Driver Library。

```
CS_initClockSignal(CS_MCLK,CS_VLOCLK_SELECT,CS_CLOCK_DIVIDER_32);
```

值得一提的是,在 MSP432 系列中,器件的 ROM 空间里都已经烧写了 Driver Library,这样在实际使用 Driver Library 时就不用担心占用额外的 Flash 空间了。当使用 ROM 中的驱动接口函数时,用户需要在程序中包含 rom.h 头文件;当使用

API 函数时，在前面需要加上"ROM_"前缀，如：

ROM_PCM_setPowerState(PCM_AM_DCDC_VCORE1);

在某些特定情况下，仍然需要使用 Flash 中的 API 函数，此时 Driver Library 将提供"智能"的自动选择模式。在程序中包含 rom_map.h，同时使用"MAP_"前缀，这样在编译过程中，头文件会自动判断是从 ROM 中还是从 Flash 中启动带"MAP_"前缀的 API 函数，如：

MAP_PCM_setPowerState(PCM_AM_DCDC_VCORE1);

若想进一步了解如何使用 Driver Library 进行 MSP 系列的开发，可登录 www.ti.com.cn 网站或在 MSPWare 中了解更多信息。

2.4.4 使用 CCS 进行程序调试

CCS 软件提供多硬件平台的支持，除 MSP 系列外，CCS 还支持 DSP、ARM 等 TI 所有嵌入式处理器产品的编译及调试，包括 TI 无线处理器系列。不同的处理器平台在 CCS 上进行编译和调试的基本过程是类似的。

图 2.74 所示为 CCS 的调试界面，界面上方为菜单栏和常用快捷按键（见图中①处）；默认界面左侧为 Project Explorer，在此处列出了所有当前的工程，用户可以单独对每个工程进行查看、编辑及调试（见图中②处）。需要注意的是，如果一次打开多个工程，则当前状态下仅有一个工程是活跃的（黑体加粗），这一点用户要特别小心。

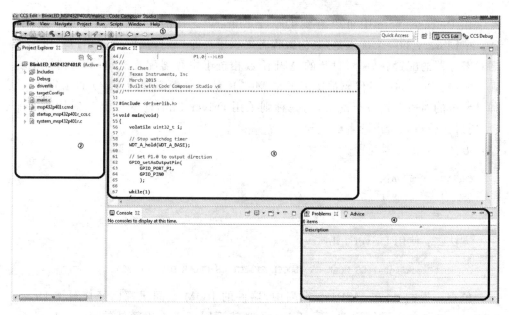

图 2.74 CCS 的调试界面

工程中的每个文件都可以打开,在右侧以标签页的形式呈现,用户可以进行便捷的管理(见图 2.74 中③处)。界面下方默认为调试结果显示窗口(见图 2.74 中④处),用户可以在此处查看工程编译的结果,如果编译有误,则可以在此处查看详情。

与大部分单片机编程开发类似,用户使用 C 语言或者汇编语言编写程序,然后使用编译器将其编译成机器代码,烧录至单片机中。

在进行编译之前,首先选中需要编译的工程,确定需要编译和下载的工程状态为 Active 状态(黑体加粗);然后编译(Build),选择 Project→Build Project 菜单项,如图 2.75 所示。

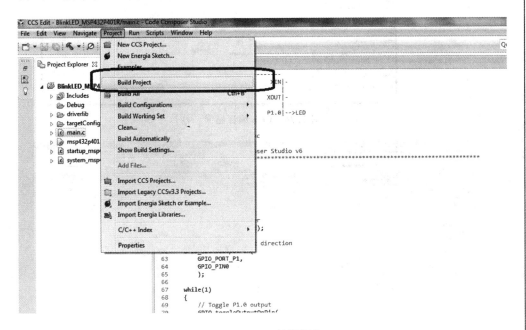

图 2.75　CCS 编译操作

编译结束后会显示编译结果,并且提示是否有错误,如图 2.76 所示。如果下方调试结果窗口提示有错误,则根据提示进行修改,然后再重新编译,直至通过。

编译通过后需要将代码烧录至单片机中,同时 CCS 提供在线调试功能,用户可以进行仿真及断点调试等操作。选择 Run→Debug 菜单项,进行下载调试操作,如图 2.77 所示。

等待连接,下载程序成功后,会自动跳转至如图 2.78 所示的界面,用户可以使用该界面中对应的按钮对程序进行运行、暂停及停止操作,还可以实现单步运行、断点调试等功能,这里不再赘述。

图 2.76　CCS 编译结果

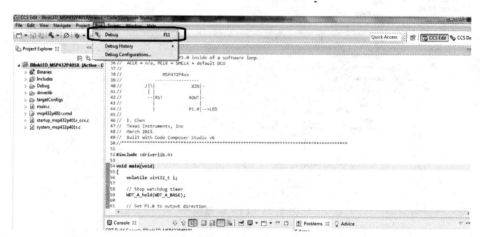

图 2.77　CCS 下载调试操作

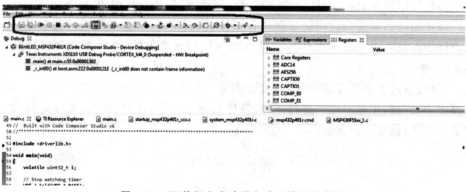

图 2.78　下载程序成功后自动跳转至的界面

2.5 C 语言程序设计基础

本节将简要介绍在 MSP 设计过程中用到的 C 语言的相关知识。

2.5.1 MSP C 语言的常用数据类型

MSP C 编译器支持的常用数据类型如表 2.2 所列。

表 2.2 MSP C 语言的常用数据类型

数据类型	字节数	数据表示范围	注　释
sfrb,sfrw	1		声明字节或字长度的 I/O 类型
char（默认类型）	1	0～255	等价于 unsigned char
signed char	1	−128～127	—
unsigned char	1	0～255	—
short,int	2	−32 768～32 767	—
unsigned short, unsigned int	2	0～65 535	—
long	4	−2 147 483 648～2 147 483 647	—
unsigned long	4	0～4 294 967 295	—
pointer	2		指针类型
float	4	18E−38～39E+38	浮点类型

说明与举例

sfrw 用于定义地址范围为 0x100～0x1FF 的片内外围模块的功能寄存器。看门狗控制寄存器的地址为 120H，则

```
sfrw  WDTCTL = 0x120;
void func(void)
{
    WDTCTL = 0x5A08;
}
```

sfrb 用于定义地址范围为 0x00～0xFF 的片内外围模块的功能寄存器及特殊功能寄存器。P1 口的输出寄存器的地址为 21H，输入寄存器的地址为 20H，则

```
sfrb P1OUT = 0x21;
sfrb P1IN = 0x20;
void func()
```

```
{
    P1OUT = 4;
    P1OUT |= 4;
    P1OUT &= ~8
    if (P1IN & 2) printf("ON");
}
```

浮点数为标准的 IEEE 浮点数格式,占 4 字节:

31	30　　　　　　　　　　23	22　　　　　　　　　　　　　　　0
符号位 S	指数部分 EXPONENT	尾数部分 MANTISSA

所表示的数值为

$$(-1)^S \times 2^{(\text{EXPONENT}-127)} \times 1.\text{MANTISSA}$$

2.5.2 表达式语句(结构)

C 语言是一种结构化的程序设计语言,程序的最基本元素是表达式语句,语句由";"隔开,或者说每一条语句后面都有一个";",比如:

```
x = a + b;
z = (x + y) - 1;    i++;
...
```

除了一些运算类的表达式语句外,C 语言还提供了十分丰富的程序控制语句,程序控制语句对于实现特定的算法相当重要。下面将介绍几种常用的程序控制语句。

1. 条件语句

条件语句又称为分支语句,由关键词 if 构成,表示条件选择的含义:如果怎样就怎样,或否则就怎样。语句表达形式有以下 3 种:

形式 1:

if(条件表达式) 语句

形式 2:

if(条件表达式) 语句 1
else　　语句 2

形式 3:

if(条件表达式) 语句 1
　　else　if(条件表达式) 语句 2
　　　　else　if(条件表达式) 语句 3
　　　　　　⋮

下面程序实现的功能是在 x 与 y 中选出较大的数：

```
Char   max(char x,char y)
    {
        if(x<y)
            {return(y);}
        else
            {return(x);}
    }
```

2. 开关语句

开关语句是一种实现多方向条件分支的语句。虽然可以用条件语句嵌套实现，但如果用开关语句则可以使程序条理分明，可读性强。开关语句由关键词 switch 构成，一般形式如下：

```
switch(表达式)
{
    case   常量表达式 1：语句 1
                        break;
    case   常量表达式 2：语句 2
                        break;
    case   常量表达式 3：语句 3
                        break;
        ⋮
    default：          语句 d
}
```

开关语句的执行过程是：将 switch 后面表达式的值与 case 后面的常量表达式逐个比较，相等则执行 case 后面的语句；break 语句的功能是终止当前语句的执行，使程序跳出 switch 语句；如果没有相等的情况，则执行语句 d。

在键盘程序中常使用开关语句，如下：

```
switch(key())
    case   0：key0();
            break;
    case   1：key1();
            break;
    case   2：key2();
            break;
    case   3：key3();
            break;
        ⋮
```

先调用键盘子程序得到按键值,再按照键值执行相应的按键程序。

3. 循环语句

循环语句对实现需要进行反复多次操作的功能提供了方便。在 C 语言中提供了 4 种循环控制语句。它们的构成形式分别如下:

(1) while(条件表达式) 语句

当条件满足时,就反复执行后面的语句,一直执行到条件不满足为止。软件延时程序就用了 while 循环语句。示例代码如下:

```
void delay(long v)
{
    while(v!=0)v--;
}
```

该程序段使用了 while 语句,先判断 v 的值是否为 0,当不为 0 时执行其后的语句,当为 0 时退出循环。在循环体中同样也需要条件以便能够退出循环。

(2) do 语句 while(条件表达式)

先执行一次循环体的语句,再判断条件是否满足,以决定是否再执行循环体。下面的程序是将数组 BUFF[20]中的全部数据相加,具体如下:

```
int x = 0;
char i = 0;
do{
    x = BUFF[i] + x;
    i = i+1;
}
while(i<20);
⋮
```

(3) for([初值设定表达式];[循环条件表达式];[条件更新表达式]) 语句

for 语句常用于需要固定循环次数的循环。下面的程序同样实现将数组 BUFF[20]中的全部数据相加的功能:

```
int x = 0;
char i = 0;
for(i=0;i<20;i++)
    x = BUFF[i] + x;
⋮
```

(4) goto 语句标号

goto 语句常用于跳转到一个固定的地址标号,其中固定的地址标号是一个带":"的标志符。比如:

```
        …
MM: …
        …
        goto    MM
        …
```

4. 返回语句

`return(表达式);`

该语句主要用于返回函数的参数,"表达式"为返回值。

2.5.3 函数的定义与调用

在 C 语言中函数是基本模块,一个 C 语言程序是由若干个函数(至少一个是主函数)构成的,但最多只有一个主函数 main(),同时 C 程序都是由主函数 main()开始的,它是程序的起点。函数有两种:编译系统提供的标准库函数和用户自定义函数,标准库函数可直接调用,而用户自定义函数需先编写或定义之后才能调用。使用函数可大大提高编程效率。函数定义的一般形式为

```
函数类型    函数名(形式参数表)
    形式参数说明
    {
        局部变量定义
        函数体语句
    }
```

说明:
- 函数类型是指自定义函数返回值的类型,有时也被称为出口参数。
- 函数名是函数的名字。
- 形式参数表中列出了在主调用函数与被调用函数之间传递数据的形式参数,形式参数的类型必须加以说明。形式参数有时也叫作入口参数。主调函数可以是主函数,也可以是其他函数。
- 局部变量为定义在函数内部使用的变量。
- 函数体语句是为了完成该函数功能而写的各种语句的总和。
- 函数体由一对大括号构成。

上面是一般函数的定义,在 MSP 系统中还经常使用中断函数,中断函数的定义在形式上与一般函数有些不同,下面是中断函数定义的格式:

```
#pragma vector=[中断矢量变量]
__interrupt[存储变量类型] 函数类型 函数名(形式参数表)
形式参数说明
```

```
{
    局部变量定义
    函数体语句
}
```

说明:
- __interrupt 说明该函数是中断服务函数;
- [中断矢量变量]说明该中断服务函数在中断向量表中的中断地址;
- 其他的与一般函数的定义相同。

下面的函数是经常使用的延时函数。

```
void delay(long v)
{
    while(v!=0) v--;
}
```

其中,void 定义该函数没有返回参数,v 是由调用函数传递进来的形式参数。
下面的函数计算了一个整数的正整数次幂。

```
int power(char x, char n)
{
    int i,p;
    p=1;
    for(i=1;i<=n;++i)
    p=p*x;
    return(p);
}
```

其中,第一个 int 定义整个函数返回一个整数类型的值,这个值将传递给调用函数;x 与 n 为调用函数传递过来的形式参数。

在使用中断服务函数时需要注意的是:主函数的设置要使中断响应成为可能,否则中断函数的编写毫无意义!下面是一个利用定时器中断实现在 P1.0 端口输出方波的完整程序。

```
int main(void)
{
    WDTCTL = WDTPW + WDTHOLD;              //Stop WDT
    P1DIR |= 0x01;                          //P1.0 output
    CCTL0 = CCIE;                           //CCR0 interrupt enabled
    CCR0 = 50000;
    TACTL = TASSEL_2 + MC_2;                //SMCLK,contmode

    __bis_SR_register(LPM0_bits + GIE);    //Enter LPM0 w/ interrupt
```

}

```
//Timer A0 interrupt service routine
#if defined(__TI_COMPILER_VERSION__) || defined(__IAR_SYSTEMS_ICC__)
#pragma vector = TIMERA0_VECTOR
__interrupt void Timer_A (void)
#elif defined(__GNUC__)
void __attribute__ ((interrupt(TIMERA0_VECTOR))) Timer_A (void)
#else
#error Compiler not supported!
#endif
{
    P1OUT ^= 0x01;                              //Toggle P1.0
    CCR0  += 50000;                             //Add Offset to CCR0
}
```

在上述程序中,主函数就是设置能够使定时器 A 进入中断的一些参数,然后休眠。主要工作由中断服务函数实现:

- __interrupt 表明是一个中断服务函数。
- TIMERA0_VECTOR 声明了该函数的入口地址,在 msp430x11x1.h 文件中可以找到对 TIMERA0_VECTOR 的说明:#define TIMERA0_VECTOR(9*2)/*0xFFF2 Timer A CC0*/,也就是说,中断入口地址为 0xFFE0+18。
- "P1OUT ^= 0x01;"是中断函数的函数体,实现整个程序的意图:P1.0 输出方波。

在 C 语言中函数须先声明或定义再调用。为了保险起见,建议读者最好在程序开始时先对将要用到的函数进行声明。如果调用了一个没有声明或定义的函数,则会导致编译报错;同样如果先调用再定义函数,则也会编译报错。

2.5.4 MSP430 C 语言标准库函数

MSP430 C 语言编译环境提供了大量的标准库函数,使用这些标准库函数非常简单,只要在程序开始时声明要使用的库函数所在的头文件,之后在程序中就可以直接调用了。头文件的声明使用"#include "*****.h""即可。

常用的有以下一些头文件,这里只对其中的函数进行简要介绍,详细使用情况请查看软件中的帮助文件。

1. ctype.h 字符处理类

isalnum	int isalnum(int c)	字母还是数字
isalpha	int isalpha(int c)	是否为字母
iscntrl	int iscntrl(int c)	是否为控制码

第 2 章　MSP 软硬件开发环境与 C 语言基础

isdigit	int isdigit(int c)	是否为数字
isgraph	int isgraph(int c)	是否为可打印的非空字符
islower	int islower(int c)	是否为小写字母
isprint	int isprint(int c)	是否为可打印字符
ispunct	int ispunct(int c)	是否为表示标点符号的字符
isspace	int isspace(int c)	是否为空白字符
isupper	int isupper(int c)	是否为大写字母
isxdigit	int isxdigit(int c)	是否为十六进制数
tolower	int tolower(int c)	转换为小写字符
toupper	int toupper(int c)	转换为大写字符

2．math.h　数学类

acos	double acos(double arg)	反余弦函数
asin	double asin(double arg)	反正弦函数
atan	double atan(double arg)	反正切函数
atan2	double atan2(double arg1, double arg2)	带象限的反正切函数
ceil	double ceil(double arg)	大于或等于 arg 的最小正整数
cos	double cos(double arg)	余弦函数
cosh	double cosh(double arg)	双余弦函数
exp	double exp(double arg)	指数函数
fabs	double fabs(double arg)	双精度的浮点绝对值
floor	double floor(double arg)	小于或等于 arg 的最大正整数
fmod	double fmod(double arg1, double arg2)	浮点数的余数
frexp	double frexp(double arg1, int * arg2)	将浮点数分为两部分
log	double log(double arg)	自然对数函数
log10	double log10(double arg)	以 10 为底的对数函数
modf	double modf(double value, double * iptr)	拆开为整数部分与小数部分
pow	double pow(double arg1, double arg2)	求幂函数
sin	double sin(double arg)	正弦函数
sinh	double sinh(double arg)	双曲正弦
sqrt	double sqrt(double arg)	平方根函数
tan	double tan(double x)	正切函数

| tanh | double tanh(double arg) | 双曲正切函数 |

3. setjmp.h　非局部跳转

| longjmp | void longjmp(jmp_buf env, int val) | 长跳转 |
| setjmp | int setjmp(jmp_buf env) | 设置返回点跳转 |

4. stdio.h　输入与输出类函数

getchar	int getchar(void)	获得字符
gets	char * gets(char * s)	读字符串
printf	int printf(const char * format,...)	写格式化数据
putchar	int putchar(int value)	写字符函数
puts	int puts(const char * s)	写字符串函数
scanf	int scanf(const char * format,...)	读格式化数据
sprintf	int sprintf(char * s, const char * format,)	将格式化数据写入字符串
sscanf	int sscanf(const char * s, const char * format,...)	从字符串中读取格式化数据

5. stdlib.h　通用子程序类

abort	void abort(void)	非正常结束程序
abs	int abs(int j)	绝对值函数
atof	double atof(const char * nptr)	转换 ASCII 为双精度
atoi	int atoi(const char * nptr)	转换 ASCII 为整数
atol	long atol(const char * nptr)	转换 ASCII 为长整型
bsearch	void * bsearch(const void * key, const void * base, size_t nmemb, size_t size, int (* compare) (const void * _key, const void * _base));	在数组中搜索
calloc	void * calloc(size_t nelem, size_t elsize)	为目标数组分配存储器单元
div	div_t div(int numer, int denom)	除法运算函数
exit	void exit(int status)	结束程序
free	void free(void * ptr)	释放存储器单元
labs	long int labs(long int j)	整型数取绝对值

ldiv	ldiv_t ldiv(long int numer, long int denom)	长整型除法
malloc	void * malloc(size_t size)	分配存储器
qsort	void qsort(const void * base, size_t nmemb, size_t size, int (* compare) (const void * _key, const void * _base));	数组排序
rand	int rand(void)	随机数生成函数
realloc	void * realloc(void * ptr, size_t size)	重新分配存储器单元函数
srand	void srand(unsigned int seed)	设置随机数的种子
strtod	double strtod(const char * nptr, char ** endptr)	将字符串转换为双精度数
strtol	long int strtol(const char * nptr, char ** endptr, int ase)	将字符串转换为长整型数
strtoul	unsigned long int strtoul (const char * nptr, char ** endptr, base int)	将字符串转换为无符号整型数

6. string.h 字符串处理类

memchr	void * memchr(const void * s, int c, size_t n)	在存储器中搜索字符
memcmp	int memcmp(const void * s1, const void * s2, size_t n)	比较存储器内容
memcpy	void * memcpy(void * s1, const void * s2, size_t n)	复制存储器内容
memmove	void * memmove(void * s1, const void * s2, size_t n)	移动存储器内容
memset	void * memset(void * s, int c, size_t n)	置存储器
strcat	char * strcat(char * s1, const char * s2)	逻辑字符串
strchr	char * strchr(const char * s, int c)	在字符串中找某一个字符
strcmp	int strcmp(const char * s1, const char * s2)	比较两个字符串
strcoll	int strcoll(const char * s1,	

	const char * s2)	比较字符串
strcpy	char * strcpy(char * s1,const char * s2)	复制字符串
strcspn	size_t strcspn(const char * s1,const char * s2)	在字符串中跨过被排除的字符
strerror	char * strerror(int errnum)	给出一个错误信息字符串
strlen	size_t strlen(const char * s)	计算字符串长度函数
strncat	char * strncat(char * s1,const char * s2,size_t n)	将指定数量的字符与字符串连接起来
strncmp	int strncmp(const char * s1,const char * s2,size_t n)	将指定数量的字符与字符串相比较
strncpy	char * strncpy(char * s1,const char * s2,size_t n)	在字符串中复制指定的字符
strpbrk	char * strpbrk(const char * s1,const char * s2)	在字符串中寻找任何指定的字符
strrchr	char * strrchr(const char * s,int c)	从字符串的右端开始寻找字符
strspn	size_t strspn(const char * s1,const char * s2)	在字符串中统计与分析字符
strstr	char * strstr(const char * s1,const char * s2)	在字符串中搜索子字符串
strtok	char * strtok(char * s1,const char * s2)	将标志前的字符剪掉

第 3 章

MSP 以及片内基础外设

3.1 MSP 系列芯片的 CPU

图 3.1 所示为各种 MSP 内部框图中 CPU 部分的截图,CPU 只是单片机的内核,只是框图的一小部分。

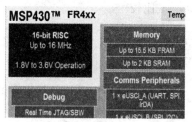
(a) MSP430FR4xx

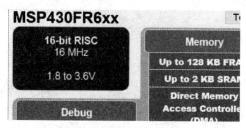
(b) MSP430FR6xx

(c) MSP430FR2xx

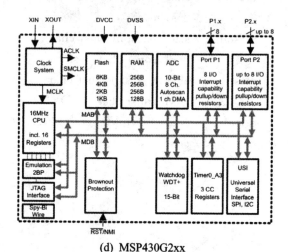
(d) MSP430G2xx

图 3.1 各种 MSP 内部框图中 CPU 部分的截图(摘自 TI 各 MSP 芯片手册)

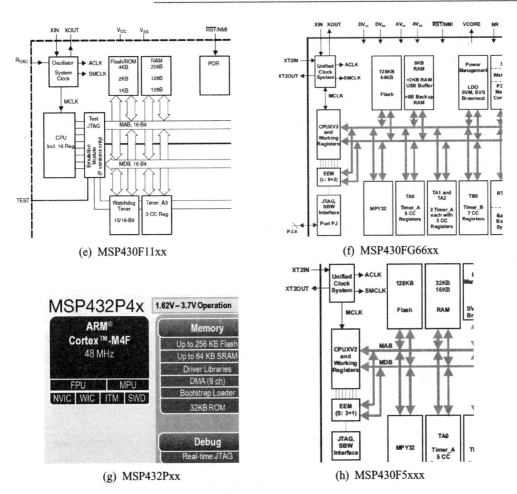

图 3.1 各种 MSP 内部框图中 CPU 部分的截图(摘自 TI 各 MSP 芯片手册)(续)

由图 3.1 可知,MSP 单片机内部的 CPU 有 3 种:
- 16 位、带有 16 个寄存器的 CPU;
- 带有工作寄存器的 16 位 CPUXV2;
- 32 位的 ARM Cortex-M4F。

常用的是第一种,也是最早出现的 MSP 单片机的 CPU;第二种是稍后发展的,当存储器较大时扩展了总线宽度的升级版:CPUXV2 或 CPUX;第三种为全新的 Cortex-M4F,为 ARM 核。由图 3.1 可以看出,不同系列的 MSP 单片机的 CPU 也不一样,但是外围都基本相同,在实际应用中完全可以屏蔽掉 CPU 的不同,也可以无视 CPU 的存在(尽管差异是存在的)。

3.1.1 CPU 的结构

CPU 是怎么构造的呢? 它在计算机系统中起什么作用,怎么运作的呢? 本小节

第3章 MSP 以及片内基础外设

将解决这些问题。

早在几十年前,冯·诺依曼就提出采用二进制作为计算机的数制基础,同时,他还说预先编制计算程序,然后由计算机按照人们事先制定的计算顺序来执行数值计算,也就是常说的"存储程序"。该计算机由 5 部分组成:存储器、运算器、控制器、输入设备、输出设备。将计算过程描述为由许多指令按照一定的顺序组成的程序,然后将程序与数据一起输入计算机,让计算机对已存入的程序和数据进行处理后输出结果。MSP 单片机的 CPU 依旧是基于这个原理,当前使用的计算机也是基于这个原理。

前面所述的各种 CPU 在 TI 的各文件中都有专门的章节进行讲解,比如:

- 文件 slau445f. pdf 是《MSP430FR4xx and MSP430FR2xx Family User's Guide》,其中第 4 章专门讲述 CPUX;
- 文件 slau049f. pdf 是《MSP430X1xx Family User's Guide》,其中第 3 章讲述的是 RISC 16 bit CPU;
- 文件 slau056l. pdf 是《MSP430X4xx Family User's Guide》,其中第 3 章讲述的是 RISC 16 bit CPU;
- 文件 slau144j. pdf 是《MSP430x2xx Family User's Guide》,其中第 3 章讲述的是 CPU,第 4 章讲述的是 CPUX,因为在 MSP430F2 系列中两种 CPU 都在使用;
- 文件 slau208o. pdf 是《MSP430X5xx and MSP430x6xx Family User's Guide》,其中第 6 章讲述的是 CPUX;
- 文件 slau356d. pdf 是《MSP432P4xx Family Technical Reference Manual》,其中第 1 章讲述的是 Cortex-M4F Processor。

本小节以第一种 CPU 为例进行讲解,也就是以文件 slau144j. pdf(《MSP430x2xx Family User's Guide》)中的第 3 章(CPU)为蓝本进行讲解。该文件的第 43 页对 CPU 做了大致介绍。

The CPU features include:
- RISC architecture with 27 instructions and 7 addressing modes.
- Orthogonal architecture with every instruction usable with every addressing mode.
- Full register access including program counter, status registers, and stack pointer.
- Single-cycle register operations.
- Large 16-bit register file reduces fetches to memory.
- 16-bit address bus allows direct access and branching throughout entire memory range.
- 16-bit data bus allows direct manipulation of word-wide arguments.

- Constant generator provides six most used immediate values and reduces code size.
- Direct memory-to-memory transfers without intermediate register holding.
- Word and byte addressing and instruction formats.

大意为：
- RISC 体系结构，27 条指令，7 种寻址方式；
- 正交架构，每条指令都可以使用 7 种寻址方式；
- 程序计数器、状态寄存器、堆栈指针都可以访问；
- 寄存器单指令周期操作；
- 16 位地址；
- 提供常数发生器；
- 直接存储器间传送数据；
- 可以字、字节寻址。

CPU 结构如图 3.2 所示。图 3.2 所示的 CPU 非常简单：由 16 个寄存器，一个运算单元，以及数据总线、地址总线组成。图 3.2 中没有标出控制逻辑，但其肯定存在，体现在必须有指令存取与解释等方面。其中，前 3 个寄存器为具有特殊用途的寄存器，第四个寄存器为常数发生器，其余寄存器为通用寄存器，设计者均可使用。

注意：程序中请多使用寄存器，因为寄存器在 CPU 内部，所以速度快，只需要一个机器周期就可以读出或写入数据，可以加快程序的执行速度。

由于 MSP 依旧是存储程序的冯·诺依曼原理，所以 CPU 必然要到存储器中取出指令与数据，然后解释、执行、输出等。那么究竟在存储器的何处得到指令与数据呢？CPU 中的第一个寄存器将解决这个问题，该寄存器为 R0/PC 程序计数器。该寄存器的名字已经表明了其用途，指出要执行的指令在哪里，该寄存器的数值就是马上要执行的指令所在程序存储器中的位置。该寄存器数值改变的依据是指令长度，比如目前 PC=0x1234，如果该指令为 4 字节，那么本指令执行之后 PC=0x1234+4。

第二个寄存器为堆栈指针 R1/SP。堆栈指针在计算机系统中的地位不比前面的程序计数器低，它非常重要，特别是在使用了中断的系统中。堆栈其实就是一个数据队列，由 SP 指向将要操作的队列地址。堆栈的特性是先进后出。例如，堆栈好比一个美丽的溶洞，最多容纳 10 人（堆栈深度），每次只能允许 1 人进出，若 10 位游客都想进去游览，则可以进去一个出来一个，再进去一个出来一个，10 人依次进去出来；也可以 10 人按顺序都进去，而最先进去的最后出来，最后进去的则最先出来。操作堆栈的指令为 PUSH 和 POP，图 3.3 所示为堆栈操作的情况。

第 3 章 MSP 以及片内基础外设

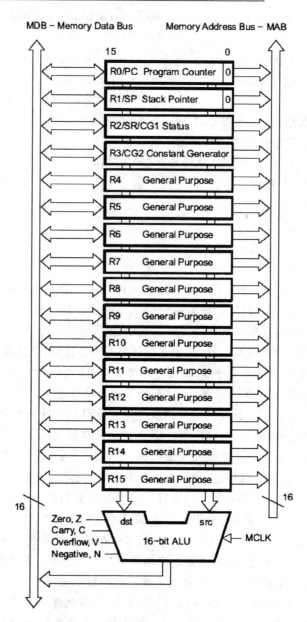

图 3.2 CPU 结构（摘自文件 slau144j.pdf 第 44 页）

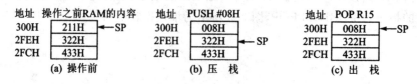

图 3.3 对堆栈的操作

第三个寄存器为状态寄存器 R2/SR/CG1/。该寄存器也是非常重要的寄存器，它会告知系统目前的状况，多数为运算器的状况。比如，运算器的一些标志 Z(0 标志)、N(负标志)、C(进位或借位标志)、V(溢出标志)等如下：

15~9	8	7	6	5	4	3	2	1	0
保留	V	SCG1	SCG0	OSCOff	CPUOff	GIE	N	Z	C

说明：

bit0：C，进位标志。当运算结果产生进位时置位，否则复位。

bit1：Z，零标志。当运算结果为 0 时置位，否则复位。

bit2：N，负标志。当运算结果为负时置位，否则复位。

bit3：GIE，中断控制位。置位允许中断，复位禁止所有的中断。该位由中断复位、RETI 指令置位，也可以用指令改变。

bit4：CPUOff，CPU 控制位。置位使 CPU 进入关闭模式，此时除了 RAM 内容、端口、寄存器保持外，CPU 处于停止状态，可以用所有允许的中断将 CPU 从此状态唤醒。

bit5：OSCOff，晶振控制位。置位使晶体振荡器处于停止状态，CPU 从此状态唤醒只有在 GIE 置位的情况下由外部中断或 NMI 唤醒，要设置 OSCOff=1 则必须同时设置 CPUOff=1。

bit6：SCG0，此位与位 7 一起控制系统时钟发生器的 4 种活动状态，如表 3.1 所列。

bit7：SCG1，此位与位 6 一起控制系统时钟发生器的 4 种活动状态，如表 3.1 所列。

表 3.1 SCG0 和 SCG1 共同控制系统时钟发生器的 4 种活动状态

SCG1	SCG0	系统时钟发生器的活动状态
0	0	SMCLK，ACLK
0	1	SMCLK，ACLK
1	0	ACLK
1	1	ACLK

bit8：V，当算术运算结果超出有符号数范围时置位。

bit15~bit9：通用寄存器与算术逻辑单元(ALU)。

所有这些都通过数据总线与地址总线连接在一起，由 MCLK(主系统时钟)驱动，在 MCLK 的驱动下按部就班地做该做的事。CPU 在程序存储器中取出指令与数据，解释、执行指令，输出执行结果。支撑 CPU 工作的是由指令构成的程序以及相应的数据，下面将介绍 MSP 单片机的指令与寻址方式，也就是找到数据的方法。

3.1.2 MSP 寻址方式

CPU 是解释、执行指令的地方,程序是指令的组合,那么 MSP 单片机有哪些指令呢? CPU 要运算,必须得到参与运算的数据,怎么得到呢? 这也就是所说的寻址方式。这里还是以第一种 CPU 为例,让读者有个大致的了解。在使用 C 语言设计时,完全可以抛开真实的 CPU,就是前面说的"无视 CPU 的存在"。MSP 单片机的第一种 CPU(16 位、带有 16 个寄存器的 CPU,非 CPUXV2)只有 27 条核心指令、7 种寻址方式,其中,寻址方式如表 3.2 所列。

表 3.2 寻址方式

As/Ad	寻址方式	语法	说明
00/0	寄存器寻址	Rn	寄存器内容即为操作数
01/1	变址寻址	X(Rn)	(Rn+X)指向操作数
01/1	符号寻址	ADDR	(PC+X)指向操作数
01/1	绝对寻址	&ADDR	指令含绝对地址
10/—	间接寄存器寻址	@Rn	Rn 为指向操作数的指针
11/—	间接增量寻址	@Rn+	Rn 为指向操作数的指针,取数之后 Rn 再加 1
11/—	立即寻址	#N	指令中包含立即数 N

1. 寄存器寻址

汇编源程序:

```
MOV    Rn,    Rm
```

C 程序:

```
x = y;
```

其中,x 或 y 定义为寄存器变量。

这种寻址方式的操作数在寄存器中可以是源操作数、目的操作数,也可以既是源操作数又是目的操作数。

2. 变址寻址

汇编源程序:

```
MOV[.B]    X(Rn),    Y(Rm)
```

C 程序:

```
x = y[i];
```

这种寻址方式的操作数的地址为寄存器内容加上寄存器前的偏移量,此地址中的数据即为所寻址的操作数。其可以是源操作数、目的操作数,也可以既是源操作数又是目的操作数。

3. 符号寻址

汇编源程序:

MOV   EDE, TONI

C语言:

GOTO TONI(TONI 为地址标号)

这种寻址方式的指令中含有表示操作数存储器地址的符号。这种寻址模式可用于源操作数、目的操作数,也可以既是源操作数又是目的操作数。

4. 绝对寻址

汇编源程序:

MOV &EDE, &TONI

C语言:

x = @y;

这种寻址方式中的 EDE、TONI 为操作数的地址。在指令代码中,紧跟操作码的一个字或两个字就是操作数的地址。这种寻址方式可用于源操作数、目的操作数,也可以既是源操作数又是目的操作数。

5. 间接寻址

汇编源程序:

MOV   @R10,2(R11)

C程序:

x = y[5];

这种寻址方式将地址放在寄存器中,即寄存器中的数据为所寻址数据的地址,而寄存器中的数据不变。这种方式只对源操作数有效,对于目的操作数只能用变址寻址方式 0(Rd)替代。

6. 间接增量寻址

汇编源程序:

MOV @R10 + ,0(R11)

C程序:

x[i++] = y;

这种寻址方式将地址放在寄存器中,即寄存器中的数据为所寻址数据的地址,而源寄存器中的数据增加1(字节操作)或2(字操作)。这种方式只对源操作数有效,对于目的操作数只能用变址寻址方式0(Rd)、INC/INCD　Rd(手动改变目的操作数指针)替代。

7. 立即寻址

汇编源程序:

MOV　#2345H,TONI

C程序:

x = 2345;

这种寻址方式的操作数能够立即得到,在指令代码中紧跟在操作码后面。

在实际C语言应用中,只需要按照C语言规范完成自己的程序,而究竟用何种寻址方式则由编译器具体实现。当然,当C语言语句确定时,寻址方式也就基本确定了。

3.1.3　指令系统

尽管使用C语言设计程序时可以不考虑汇编语言,但是了解指令系统对使用单片机还是有一定好处的,当然也可以直接使用汇编语言设计程序来得到更高效的执行速度。MSP的16位第一代CPU只有27条指令,每条指令的结构均为固定格式:

[标号]　(伪)指令助记符　　[操作数1],[操作数2]　　[;注释]

说明:

- 标号,汇编器将其翻译成该行语句的物理地址,书写时对齐最左边,不必用冒号。
- 指令助记符,指明该语句将执行的操作,是指令的核心。
- 操作数1、操作数2,指明该语句的操作数,如果有两个操作数,则操作数1为源操作数,操作数2为目的操作数,两操作数之间用逗号隔开;如果只有一个操作数,则为目的操作数,或既为目的操作数又为源操作数。
- 注释,设计者为该语句写的解释,之前用分号隔开。

比如:

```
START   MOV    #2345H,R15      ;R15设置初始值
LOOP    DEC    R15             ;R15减1
        JNZ    LOOP            ;R15没有减到0就跳转到LOOR处继续减1,直至减完
```

指令书写中的常用符号:

Rn　　　　　　　　　R0~R15,16个寄存器,一般用R4~R15

#	后面的数为立即数
&	后面的数据为具体的地址
@	后面数据中的内容为最终寻址地址
+	内容增加
-	内容减少
.W/.B	字操作/字节操作
dst	目的操作数
src	源操作数
PC/R0	程序计数器
SP/R1	堆栈指针
TOS	堆栈顶
C	进位位
N	负位
V	溢出位
Z	零位
MSB	最高有效位
LSB	最低有效位

以上说的是 MSP 第一代 CPU 汇编指令的书写格式,可以看出其与其他汇编指令的书写格式差不多。表 3.3 所列为该 CPU 的指令情况,其中,助记符前带"*"的为仿真指令,不是核心指令,仿真指令是由核心指令演变得到的;"→"表示数据的方向;最后一列为状态位,"*"表示影响,"—"表示不影响,"0"和"1"表示清零和置位。

表 3.3 MSP 第一代 CPU 指令集速查表

助记符	操作数	解 释	V	N	Z	C
*ADC[.W];ADC.B	dst	dst+C→dst	*	*	*	*
ADD[.W];ADD.B	src,dst	src+dst→dst	*	*	*	*
ADDC[.W];ADDC.B	src,dst	src+dst+C→dst	*	*	*	*
AND[.W];AND.B	src,dst	src.and.dst→dst	0	*	*	*
BIC[.W];BIC.B	src,dst	.not.src.and.dst→dst	—	—	—	—
BIS[.W];BIS.B	src,dst	src.or.dst→dst	—	—	—	—
BIT[.W];BIT.B	src,dst	src.and.dst→dst	0	*	*	*
*BR	dst	转移到	—	—	—	—
CALL	dst	PC+2→堆栈,dst→PC	—	—	—	—
*CLR[.W];CLR.B	dst	清除目的操作数	—	—	—	—
*CLRC	—	清除进位位	—	—	—	0
*CLRN	—	清除负位	—	0	—	—

续表 3.3

助记符	操作数	解 释	V	N	Z	C
* CLRZ	—	清除零位	—	—	0	—
CMP[.W];CMP.B	src,dst	dst－src	*	*	*	*
* DADC[.W];DADC.B	dst	dst＋C→dst（十进制）	*	*	*	*
DADD[.W];DADD.B	src,dst	src＋dst＋C→dst（十进制）	*	*	*	*
* DEC[.W];DEC.B	dst	dst－1→dst	*	*	*	*
* DECD[.W];DECD.B	dst	dst－2→dst	*	*	*	*
* DINT	—	禁止中断	—	—	—	—
* EINT	—	使能中断	—	—	—	—
* INC[.W];INC.B	dst	dst＋1→dst	*	*	*	*
* INCD[.W];INCD.B	dst	dst＋2→dst	*	*	*	*
* INV[.W];INV.B	dst	目的操作数求反	*	*	*	*
JC/JHS	标号	进位被置位时转移到标号语句	—	—	—	—
JGE	标号	(N.XOR.V)＝0 时转移到标号语句	—	—	—	—
JL	标号	(N.XOR.V)＝1 时转移到标号语句	—	—	—	—
JMP	标号	无条件转移到标号语句	—	—	—	—
JN	标号	负位被置位时转移到标号语句	—	—	—	—
JNC/JLO	标号	进位位复位时转移到标号语句	—	—	—	—
JNE/JNZ	标号	零位复位时转移到标号语句	—	—	—	—
MOV[.W];MOV.B	src,dst	src→dst	—	—	—	—
* NOP	—	空操作	—	—	—	—
* POP[.W];POP.B	dst	项目从堆栈弹出,SP＋2→SP	—	—	—	—
PUSH[.W];PUSH.B	src	SP－2→SP,src→@SP	—	—	—	—
RETI	—	从中断返回 TOS→SR,SP＋2→SP TOS→PC,SP＋2→SZP	*	*	*	*
* RET	—	从子程序返回 TOS→PC,SP＋2＞SP	—	—	—	—
* RLA[.W];RLA.B	dst	算术左移	*	*	*	*
* RLC[.W];RLC.B	dst	通过进位左移	*	*	*	*
RRA[.W];RRA.B	dst	MSB→MSB→…→LSB→C	0	*	*	*
RRC[.W];RRC.B	dst	C→MSB→…→LSB→C	*	*	*	*
* SBC[.W];SBC.B	dst	从目的操作数中减去进位	*	*	*	*
* SETC	—	置进位位	—	—	—	1

续表 3.3

助记符	操作数	解 释	V	N	Z	C
* SETN	—	置负标识位	—	1	—	—
* SETZ	—	置零标识位	—	—	1	—
SUB[.W];SUB.B	src,dst	dst+.not.src+1→dst	*	*	*	*
SUBC[.W];SUBC.B	src,dst	dst+.not.src+C→dst	*	*	*	*
SWAP	dst	交换字节	—	—	—	—
SXT	dst	位 7→位 8→位 9→…→位 15	0	*	*	*
* TST[.W];TST.B	dst	测试目的操作数	0	*	*	1
XOR[.W];XOR.B	src,dst	src.xor.dst→dst	*	*	*	*

3.1.4 MSP 的 CPU 体会

实验 3-1 CPU 内部寄存器、指令、汇编、程序执行体会

以 MSP 每个系列芯片都有的闪光灯示例程序为例,调试界面如图 3.4 所示。

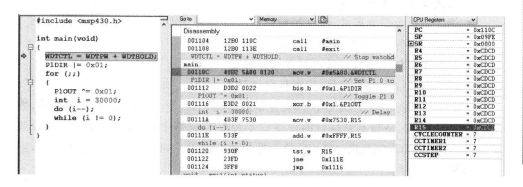

图 3.4 MSP 示例程序

图 3.4 中的左边为源代码,中间为反汇编代码,最右边为 CPU 内部情况。这里将指令代码、C 语言与反汇编程序进行对照:

地址	代码	C 语句	编译后的汇编语句
110C	40B2 5A80 0120	WDTCTL = WDTPW + WDTHOLD;	mov.w #0x5a80,&WDTCTL

1112	D3D2 0002	P1DIR |= 0x01;
		for(;;)
		{
			bis.b #0x1,&P1DIR

1116	E3D2 0021	P1OUT ^= 0x01;	xor.b #0x1,&P1OUT

第 3 章　MSP 以及片内基础外设

```
111A    403F 7530           int  i = 30000;       mov.w  #0x7530,R15
111E    533F                    do(i--);          add.w  #0xffff,R15
                            while (i != 0);
1120    930F                                      tst.w  R15
1122    23FD                                      jne   0x111E
1124    3FF8                                      jmp   0x1116
                            }
```

上面是 C 语言、反汇编代码、机器代码以及程序在存储器中的位置。具体分析如下：

① 地址的增加与代码长度有直接关系，第一条指令的地址为 0x110C，第二条指令的地址为 0x1112，这是因为 0x110C+6=0x1112，第一条指令的长度为 6 字节。

② 指令与前面描述的情况吻合，指令的结构为：操作码+操作数。第一条指令的操作码是 40B2，操作数是 5A80 与 0120，其中 5A80 是源（立即数），0120 是目的地址；第二条、第三条、第四条指令只有一个操作数，后面几条指令没有操作数。指令有长有短，最短的为 1 个字。

③ C 语言与汇编语言没有什么区别，几乎是一一对应的。前面完全对应，后面的 do while 语句也是一样的。

④ 此例反映了几种寻址方式，如下：
- 第一条指令是立即数寻址（源操作数），直接将立即数 5A80 送到 0120 地址；也是直接寻址（目的操作数），目的是直接地址。
- 第四条既是立即数寻址也是寄存器寻址。
- 最后两条属于符号寻址，按条件跳转到地址标号。

图 3.4 中的最右边是 CPU 内部寄存器的情况，第一个 R0/PC 是程序计数器，数据是 0x110C，意思是马上要执行的程序位于程序存储器中的 0x110C 位置，再看源码光标（见图 3.4）确实指向 0x110C 位置处的指令代码。如果单步执行一条语句，则情况如图 3.5 所示。

图 3.5　单步执行

图 3.5 中的 PC=0x1112，同时光标指向下一条指令，即 0x1112 位置处的指令。

其余未有变化,包括 SP、SR,因为没有堆栈操作,也没有影响状态位的操作。当"i=30000"执行后会发现,R15 的值变了,R15=0x7530,如图 3.6 所示。同时注意 CYCLECOUNTER 的值在不断增加,该变量是 CPU 执行指令所花机器周期数的累计。当然,PC 指针也随之改变。注意,目前 SR=0x0001,而非原来的 SR=0x0000,该位是标志 C,说明发生了进位或借位。

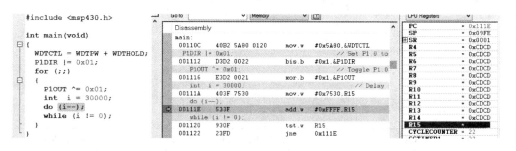

图 3.6　继续执行

如果继续执行则又回到这条指令,后面的"jne 0x111E"指令执行后可能会跳转到此,这条指令是 while(i!=0)的解释。而该指令后面的指令"jmp 0x1116"则是强制跳转,没有任何判断,为什么呢?因为 C 语言中有一条"for(;;)"语句,死循环的最后必然是强制跳转。

由这个例子可以看出,对于单片机的使用者而言,根本不需要知道这些二进制代码,编译器会将 C 语言或汇编语言翻译为机器指令。MSP 单片机的外围设备是通用的,也就是说,在使用 MSP 单片机时,是第一代的 CPU,还是第二代的 CPUX,还是最新的 MSP432,都可以无视 CPU 的存在,不用考虑 CPU 相关的细节,只需要使用 C 语言将自己的设计思路实现。当需要时序精准时,必须看反汇编的情况以及程序执行需要的机器周期数。另外,变量应尽可能使用寄存器变量,这样速度会快一些。

关于堆栈的应用将在后续章节中详细介绍。

3.2　MSP 液晶驱动模块

在 MSP 系列单片机中,液晶驱动作为片内外围模块存在于 MSP430F4xx、MSP430F6xx、MSP430FR4xx、MSP430FR6xxx、MSPx3xx 等系列器件中。该模块将简化有液晶显示需求的软硬件设计。MSP 系列经过多年发展,目前已有 210 多颗 MSP 芯片内置 LCD 模块。不同系列的液晶模块也大不相同,具体如表 3.4 所列。

表 3.4 MSP 的 LCD 概况

参数	LCD	LCD_A	LCD_B	LCD_C	LCD_E
型号系列	MSP430F41x、MSP430F42x、MSP430F43x、MSP430F44x、MSP430FE42x、MSP430FW42x	MSP430F41x2、MSP430F42x0、MSP430F461x、MSP430F47x、MSP430FG4xx	MSP430F64xx、MSP430F66xx	MSP430F67xx、MSP430FR68xx、MSP430FR69xx	MSP430FR4xxx
LCD 时钟分频器可用性	否	32～512	1～1024	1～1024	1～1024
LCD 时钟	ACLK	ACLK	ACLK、VLO	ACLK、VLO	ACLK、VLO
LPM3.5	不支持	不支持	不支持	不支持	支持
SEG/COM mux	固定的 COM	固定的 COM	固定的 COM	固定的 COM	每个 LCD 引脚均可配置
中断	否	否	是(4 个源)	是(4 个源)	是(4 个源)
低功耗波形	否	否	否	是	是
闪烁	否	否	是	是	是
双显存	否	否	是	是	是
调闪频	不可用	不可用	可用(64 个设置)	可用(64 个设置)	可用(64 个设置)
电荷泵	无	3 倍电压基准	可编程(15 级)	可编程(15 级)	可编程(15 级)
段/公共	128/4-MUX	160/4-MUX	160/4-MUX	320/8-MUX	448/8-MUX
引脚选择分段	最小为 16 段组	在 4 段组中执行选择	可执行单个选择	可执行单个选择	可执行单个选择

有的液晶驱动端口在不用于液晶驱动时可以作为输入/输出端口,而有的型号则只能用于液晶显示输出(请参考具体的器件手册)。液晶驱动有多种方法:
- 静态驱动;
- 2MUX,或 1/2 占空比,1/2 偏压;
- 3MUX,或 1/3 占空比,1/3 偏压;
- 4MUX,或 1/4 占空比,1/4 偏压;
- 5MUX,或 1/5 占空比,1/5 偏压;
- 6MUX,或 1/6 占空比,1/6 偏压;
- 7MUX,或 1/7 占空比,1/7 偏压;

● 8MUX,或 1/8 占空比,1/8 偏压。

液晶显示器本身不发光,通过反射环境光线实现显示,几乎不耗电。根据液晶的特性,液晶驱动需要交流信号,直流驱动会损坏液晶。对于驱动电路,液晶显示器可以等效为电容,两个电极板分别为公共极与段极,公共极由 COMn 信号驱动,段极由 SEGn 信号驱动(此为常用的表示法,也有用 L0、L1、L2……表示的)。图 3.7 所示为 LCD_E 模块电路图。

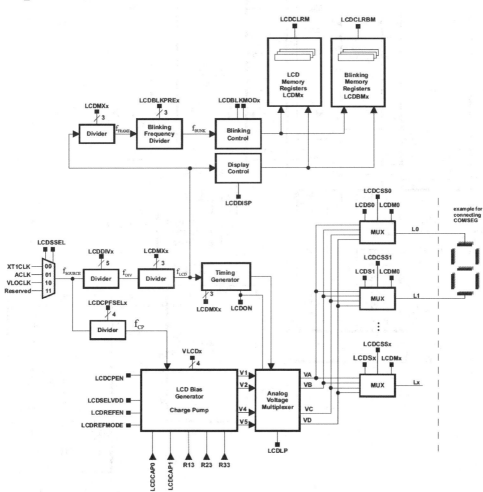

图 3.7　LCD_E 模块电路图(摘自 slau445a.pdf 第 381 页)

图 3.7 中以虚线为界,右边为一个段码液晶显示器,左边为 MSP 内部 LCD 模块的电路结构,与液晶屏连接的是由多路选择器输出的 L0、L1、…、Lx。有的模块输出也被定义为 SEGx 与 COMx,比如在 LCD 模块或 LCD_A 模块中,引脚定义段为 S0～Sn,公共端定义为 COM0、COM1、COM2、COM3,如图 3.8(a)和(b)所示,在这里统称为段与公共端。相对来说,LCD_E 较为复杂同时也较为灵活,段与公共端可

以在所用引脚中随意安排，方便电路设计，其余的 LCD 模块的段与公共端均是固定引脚。LCD_B 和 LCD_C 模块电路图如图 3.8(c)和(d)所示。所有 LCD 模块内部都包括：液晶驱动的 MUX 电路、时序控制电路、液晶电压发生电路、液晶显示缓存（也有双缓存）电路。

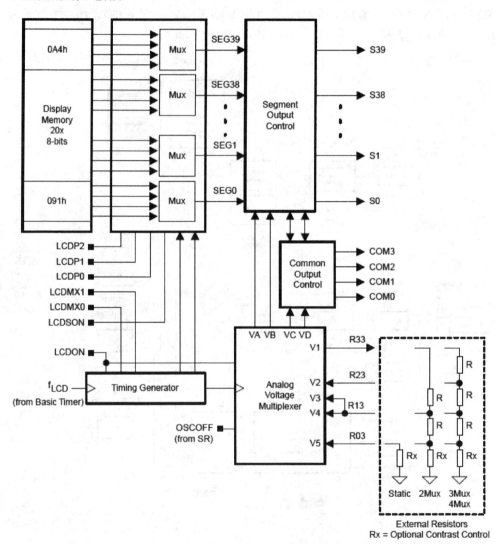

(a) LCD模块电路图(摘自slau056I.pdf第711页)

图 3.8 LCD、LCD_A、LCD_B 和 LCD_C 模块电路图

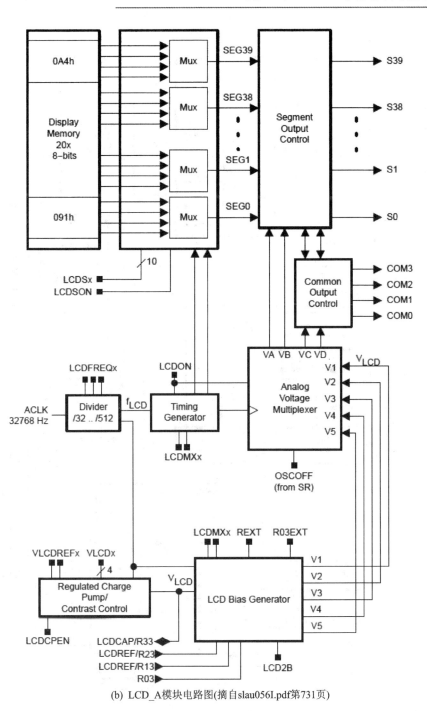

(b) LCD_A模块电路图(摘自slau056I.pdf第731页)

图 3.8　LCD、LCD_A、LCD_B 和 LCD_C 模块电路图(续)

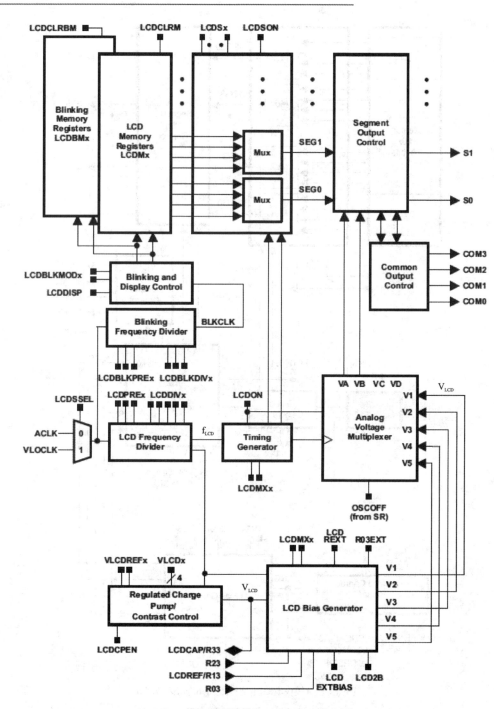

(c) LCD_B模块电路图(摘自slau208o.pdf第872页)

图3.8　LCD、LCD_A、LCD_B 和 LCD_C 模块电路图(续)

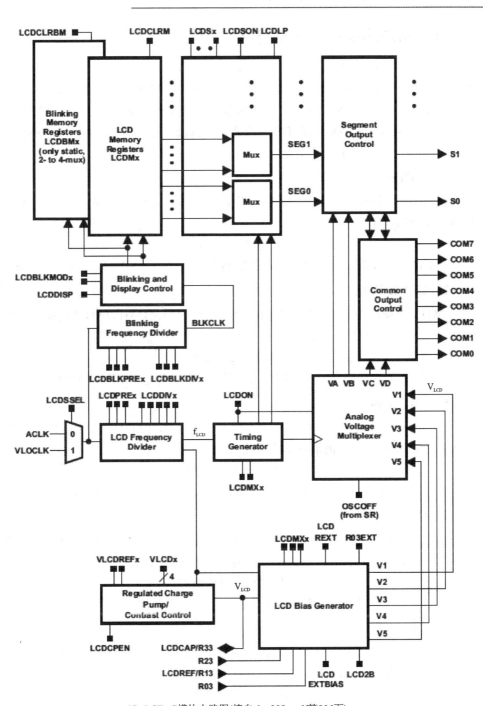

(d) LCD_C模块电路图(摘自slau208o.pdf第906页)

图3.8 LCD、LCD_A、LCD_B 和 LCD_C 模块电路图(续)

3.2.1 驱动液晶的 MUX 电路

MUX 电路的输出端直接连接到液晶显示器的段与公共端。这部分电路将液晶电压发生器所产生的不同阶梯电压按照一定的方式送到液晶显示器对应引脚,实现液晶驱动。MUX 电路的选择一定要与相连接的液晶本身的驱动模式(液晶本身有几个公共端)相同。MUX 电路有多种模式:静态、2 个公共端、3 个公共端……8 个公共端,需要与对应的电压发生器配合。

1. 静态驱动

静态驱动只使用一个引脚作为液晶公共端 COM0,而每一段都需要另一个引脚驱动,总的液晶引脚数为

$$引脚数 = 1 + 段数$$

对于每一笔段都需要一引脚作为段驱动 SP1、SP2、…、SP8,如图 3.9(a)所示。

2. 2MUX 驱动

2MUX 驱动使用 2 个引脚作为液晶公共端 COM0、COM1,而每 2 段都需要另一个引脚驱动,总的液晶引脚数为

$$引脚数 = 2 + 段数/2$$

对于每 2 笔段都需要一个引脚作为驱动段 SP1、SP2、…、SP4,如图 3.9(b)所示。

3. 3MUX 驱动

3MUX 驱动使用 3 个引脚作为液晶公共端 COM0、COM1、COM2,而每 3 段都需要另一个引脚驱动,总的液晶引脚数为

$$引脚数 = 3 + 段数/3$$

对于每 3 笔段都需要一个引脚作为驱动段 SP1、SP2、SP3,如图 3.9(c)所示。

4. 4MUX 驱动

4MUX 驱动使用 4 个引脚作为液晶公共端 COM0、COM1、COM2、COM3,而每 4 段都需要另一个引脚驱动,这是最常用的驱动方式,总的液晶引脚数为

$$引脚数 = 4 + 段数/4$$

对于每 4 笔段都需要一个引脚作为驱动段 SP1、SP2,如图 3.9(d)所示。

5. 8MUX 驱动

8MUX 驱动使用 8 个引脚作为液晶公共端 COM0、COM1、…、COM7,而每 8 段都需要另一个引脚驱动,总的液晶引脚数为

$$引脚数 = 8 + 段数/8$$

对于在各种驱动模式下的公共端与驱动段的电压波形,请参考液晶相关知识。由上述内容可知,增加公共端能减少引脚。这里以 80 段(在各个型号的最大显示能力内都可以)显示为例,在各种方式下的引脚数如下:

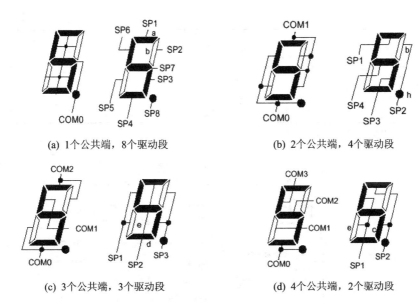

(a) 1个公共端，8个驱动段 (b) 2个公共端，4个驱动段

(c) 3个公共端，3个驱动段 (d) 4个公共端，2个驱动段

图 3.9　在不同驱动方式下的公共端与驱动段

- 静态：1+80=81；
- 2MUX：2+80/2=42；
- 3MUX：3+80/3=30；
- 4MUX：4+80/4=24；
- 8MUX：8+80/8=18。

3.2.2　时序控制电路和液晶电压发生电路

液晶显示需要阶梯电压，由液晶电压发生电路产生，如图 3.10 所示。

V_{LCD} 为整个 LCD 电路的电压，而 V_1、V_2、V_3、V_4、V_5 皆由 V_{LCD} 生成。V_{LCD} 有多种来源：内部、电源电压、外部输入。$V_1 \sim V_5$ 可由内部电阻分压，也可由外部电阻分压产生，在不同情况下其分压比也不同。表 3.5 所列为在不同模式、不同偏置电压配置下液晶驱动电压的输出具体值。

表 3.5　LCD 电压值分布（摘自 slau208p.pdf 第 875 页）

Mode	Bias Config	LCDMx	LCD2B	COM Lines	Voltage Levels	$V_{RV5,OFF}/V_{LCD}$	$V_{RV5,ON}/V_{LCD}$	Contrast Ratio/$V_{RV5,ON}/V_{RV5,OFF}$
Static	Static	0	×	1	V_1, V_5	0	1	1/0
2MUX	1/2	1	1	2	V_1, V_3, V_5	0.354	0.791	2.236
2MUX	1/3	1	0	2	V_1, V_2, V_4, V_5	0.333	0.745	2.236
3MUX	1/2	10	1	3	V_1, V_3, V_5	0.408	0.707	1.732

续表 3.5

Mode	Bias Config	LCDMx	LCD2B	COM Lines	Voltage Levels	$V_{RV5,OFF}/V_{LCD}$	$V_{RV5,ON}/V_{LCD}$	Contrast Ratio/$V_{RV5,ON}/V_{RV5,OFF}$
3MUX	1/3	10	0	3	V_1,V_2,V_4,V_5	0.333	0.638	1.915
4MUX	1/2	11	1	4	V_1,V_3,V_5	0.433	0.661	1.528
4MXU	1/3	11	0	4	V_1,V_2,V_4,V_5	0.333	0.577	1.732

注：×表示此种模式下 LCD2B 是无至的。

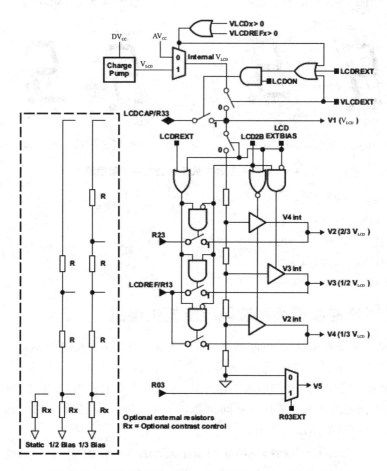

图 3.10 LCD_B 电压发生电路(摘自 slau208o.pdf 第 876 页)

在不同公共端的情况下，输出电压波形也不一样，如图 3.11 所示。

图 3.11 所示的波形由液晶时序发生器产生，也就是液晶电路图中的时序发生部分，如图 3.12 所示，液晶刷新频率、闪烁频率等都来自这部分电路。如果刷新频率设置过低则会看到液晶显示抖动，此时需要调高刷新频率，但过高的刷新频率会使耗电量增加。

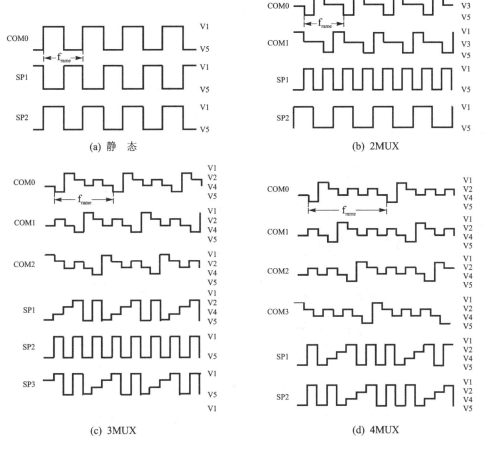

图 3.11 输出电压波形

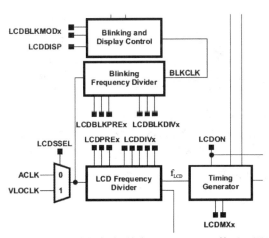

图 3.12 液晶时序电路(摘自 slau208o.pdf 第 872 页)

液晶显示刷新频率的计算公式:

$$f_{\text{LCD}} = \frac{f_{\text{ACLK/VLOCLK}}}{(\text{LCDDIVx}+1) \times 2^{\text{LCDPRE}}}$$

3.2.3 液晶缓存电路

MSP 不同类型的 LCD 模块有不同的显示缓存,带有闪烁功能的需要双缓存(液晶缓存相当于计算机的显存)。由图 3.8 可以看出,LCD 缓存都是直接与 MUX 连接的,如图 3.13 所示。

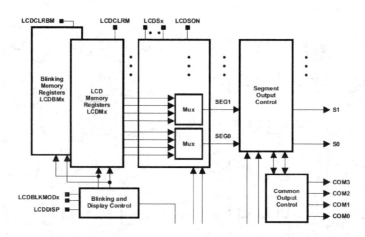

图 3.13 LCD 缓存直送 MUX(摘自 slau208o.pdf 第 872 页)

那么 LCD 缓存与显示是什么关系呢？MUX 不同,其对应关系也不同,这里以常见的 4MUX 为例。电路中接了 10 个"8."的显示器：每个"8."的段都用 a、b、c、d、e、f、g、h 表示,如下：

硬件连接以及缓存与段的对应关系如图 3.14 所示,其中,图的左边部分为 MSP 的公共端 COM0、COM1、COM2、COM3 与液晶本身的公共端的对应连接,MSP 液晶显示器的段引脚 S0、S1 连接第一个"8."的两个段……,其余类似连接;图右边所示为显示缓存与液晶显示器本身的对应关系,其中,第一个显示缓存 091h 直接指向液晶显示器的第一个"8."。

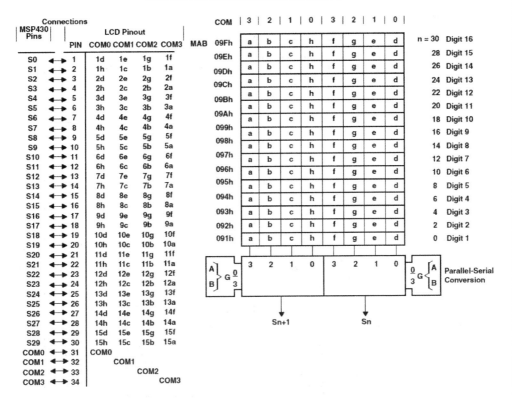

图 3.14 硬件连接以及缓存与段的对应关系(以 4MUX 液晶为例)

实验 3-2 液晶显示缓存与液晶对应关系的研究

先确定硬件连接。本实验使用 MSP430FR4133 Launchpad,板子使用的液晶如图 3.15 所示,液晶真值表如表 3.6 所列,液晶与 MSP430FR4133 的连接如

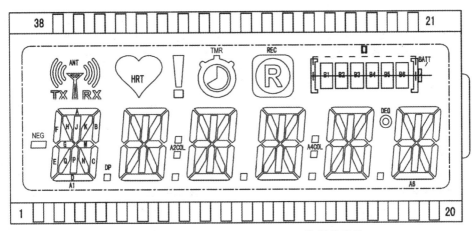

图 3.15 MSP430FR4133 Launchpad 使用的液晶

第3章 MSP以及片内基础外设

表3.7所列。

表3.6 液晶真值表

引脚	COM3	COM2	COM1	COM0	引脚	COM3	COM2	COM1	COM0
1	A1E	A1F	A1G	A1M	20	A5H	A5J	A5K	A5P
2	A1A	A1B	A1C	A1D	21	COM3	—	—	—
3	A1Q	NEG	A1N	A1DP	22	—	COM2	—	—
4	A1H	A1J	A1K	A1P	23	—	—	COM1	—
5	A2E	A2F	A2G	A2M	24	—	—	—	COM0
6	A2A	A2B	A2C	A2D	25	—	—	—	—
7	A2Q	A2COL	A2N	A2DP	26	—	—	—	—
8	A2H	A2J	A2K	A2P	27	—	—	—	—
9	A3R	A3F	A3G	A3M	28	—	—	—	—
10	A3A	A3B	A3C	A3D	29	—	—	—	—
11	A3Q	ANT	A3N	A3DP	30	—	—	—	—
12	A3H	A3J	A3K	A3P	31	—	—	—	—
13	A4R	A4F	A4G	A4M	32	TMR	HRT	REC	I
14	A4A	A4B	A4C	A4D	33	B6	B4	B2	BATT
15	A4Q	A4COL	A4N	A4DP	34	B5	B3	B1	II
16	A4H	A4J	A4K	A4P	35	A6E	A6F	A6G	A6M
17	A5E	A5F	A5G	A5M	36	A6A	A6B	A6C	A6D
18	A5A	A5B	A5C	A5D	37	A6Q	TX	A6N	RX
19	A5Q	DEG	A5N	A5DP	38	A6H	A6J	A6K	A6P

然后在此硬件基础上探究显示缓存与真实显示如何对应。将TI网站上的slac625b.zip文件MSP430FR413x_MSP430FR203x_Code_Examples目录下的msp430fr413x_LCDE_01.c文件加入工程中(注意,芯片选择MSP430FR4133),编译下载并连续运行,将看到液晶显示器显示"1""2""3""4""5""6"。程序代码如下:

```
#include <msp430.h>
#define pos1    4         //Digit A1 - L4
#define pos2    6         //Digit A2 - L6
#define pos3    8         //Digit A3 - L8
#define pos4    10        //Digit A4 - L10
#define pos5    2         //Digit A5 - L2
#define pos6    18        //Digit A6 - L18
const char digit[10] =
{
```

表 3.7　液晶与 MSP430 的连接

LCDMEM	端口	FR4133	LCD	COM3	COM2	COM1	COM0	LCDMEM	端口	FR4133	LCD	COM3	COM2	COM1	COM0
LCDM19	P5.6	L38	37	A6Q	TX	A6N	RX	LCDM19	P5.7	L39	38	A6H	A6J	A6K	A6P
LCDM18	P5.4	L36	35	A6E	A6F	A6G	A6M	LCDM18	P5.5	L37	36	A6A	A6B	A6C	A6D
LCDM17	P5.2	L34	—	—	—	—	—	LCDM17	P5.3	L35	—	—	—	—	—
LCDM16	P5.0	L32	—	—	—	—	—	LCDM16	P5.1	L33	—	—	—	—	—
LCDM15	P2.6	L30	—	—	—	—	—	LCDM15	P2.7	L31	—	—	—	—	—
LCDM14	P2.4	L28	—	—	—	—	0	LCDM14	P2.5	L29	—	—	—	—	—
LCDM13	P2.2	L26	34	B5	B3	B1	!	LCDM13	P2.3	L27	33	B6	B4	B2	BATT
LCDM12	P2.0	L24	32	TMR	HRT	REC	A4DP	LCDM12	P2.1	L25	16	A4H	A4J	A4K	A4P
LCDM11	P6.6	L22	15	A4Q	A4COL	A4N	A4M	LCDM11	P6.7	L23	14	A4A	A4B	A4C	A4D
LCDM10	P6.4	L20	13	A4R	A4F	A4G	A3DP	LCDM10	P6.5	L21	12	A3H	A3J	A3K	A3P
LCDM9	P6.2	L18	11	A3Q	ANT	A3N	A3M	LCDM9	P6.3	L19	10	A3A	A3B	A3C	A3D
LCDM8	P6.0	L16	9	A3R	A3F	A3G	A2DP	LCDM8	P6.1	L17	8	A2H	A2J	A2K	A2P
LCDM7	P3.6	L14	7	A2Q	A2COL	A2N	A2M	LCDM7	P3.7	L15	6	A2A	A2B	A2C	A2D
LCDM6	P3.4	L12	5	A2E	A2F	A2G	A1DP	LCDM6	P3.5	L13	4	A1H	A1J	A1K	A1P
LCDM5	P3.2	L10	3	A1Q	NEG	A1N	A1M	LCDM5	P3.3	L11	2	A1A	A1B	A1C	A1D
LCDM4	P3.0	L8	1	A1E	A1F	A1G	A5DP	LCDM4	P3.1	L9	—	A5H	A5J	A5K	A5P
LCDM3	P7.6	L6	19	A5Q	DEG	A5N	A5M	LCDM3	P7.7	L7	20	A5A	A5B	A5C	A5D
LCDM2	P7.4	L4	17	A5E	A5F	A5G	—	LCDM2	P7.5	L5	18	—	—	—	—
LCDM1	P7.2	L2	22	—	COM2	—	COM0	LCDM1	P7.3	L3	21	COM3	—	—	—
LCDM0	P7.0	L0	24	—	—	—	—	LCDM0	P7.1	L1	23	—	—	COM1	—

```c
    0xFC,                                   //0
    0x60,                                   //1
    0xDB,                                   //2
    0xF3,                                   //3
    0x67,                                   //4
    0xB7,                                   //5
    0xBF,                                   //6
    0xE4,                                   //7
    0xFF,                                   //8
    0xF7                                    //9
};
int main( void )
{
    WDTCTL = WDTPW | WDTHOLD;               //Stop watchdog timer
    //Configure XT1 oscillator
    P4SEL0 |= BIT1 | BIT2;                  //P4.2~P4.1：配置为第二功能(连接晶体)
    do
    {
        CSCTL7 &= ~(XT1OFFG | DCOFFG);      //Clear XT1 and DCO fault flag
        SFRIFG1 &= ~OFIFG;
    }while (SFRIFG1 & OFIFG);               //Test oscillator fault flag
    CSCTL6 = (CSCTL6 &~(XT1DRIVE_3)) | XT1DRIVE_2;
    PM5CTL0 &= ~LOCKLPM5;
    //下面语句配置 LCD 引脚
    SYSCFG2 |= LCDPCTL;                     //R13/R23/R33/LCDCAP0/LCDCAP1 pins selected
    LCDPCTL0 = 0xFFFF;
    LCDPCTL1 = 0x07FF;
    LCDPCTL2 = 0x00F0;                      //L0~L26 & L36~L39 pins selected

    LCDCTL0 = LCDSSEL_0 | LCDDIV_7;         //flcd ref freq is xtclk

    //LCD Operation - Mode 3, internal 3.08 V, charge pump 256 Hz
    LCDVCTL = LCDCPEN | LCDREFEN | VLCD_6 | (LCDCPFSEL0 | LCDCPFSEL1 | LCDCPFSEL2 | LCD-
             CPFSEL3);
    LCDMEMCTL |= LCDCLRM;                   //Clear LCD memory
    LCDCSSEL0 = 0x000F;                     //Configure COMs and SEGs
    LCDCSSEL1 = 0x0000;                     //L0,L1,L2,L3: COM pins
    LCDCSSEL2 = 0x0000;
    LCDM0 = 0x21;                           //L0 = COM0, L1 = COM1
    LCDM1 = 0x84;                           //L2 = COM2, L3 = COM3
    //Display "123456"
    LCDMEM[pos1] = digit[1];
    LCDMEM[pos2] = digit[2];
    LCDMEM[pos3] = digit[3];
```

```
    LCDMEM[pos4] = digit[4];
    LCDMEM[pos5] = digit[5];
    LCDMEM[pos6] = digit[6];
    LCDCTL0 |= LCD4MUX | LCDON;        //Turn on LCD,4 - mux selected
    PMMCTL0_H = PMMPW_H;               //Open PMM Registers for write
    PMMCTL0_L |= PMMREGOFF_L;          //and set PMMREGOFF
    __bis_SR_register(LPM3_bits | GIE); //Enter LPM3.5
    __no_operation();                   //For debugger
}
```

程序一开始就定义了液晶显示器的位置：#define pos1 4……，由左到右依次为：pos1、pos2、pos3、pos4、pos5、pos6，6 个"8"字。这里先用"8"字，其实液晶显示器本身是"8"+"米"字的组合体，可显示更多信息。然后将这些"8"字由左到右依次对应于液晶显示缓存 LCD4、LCD6、LCD8、LCD10、LCD2、LCD18。

"const char digit[10]={}"语句定义的是 0~9 十个数字的显示码。

紧接着是主程序，先停止了看门狗，然后将晶体引脚配置好，最后就是液晶的相关设置。后面将会介绍为什么这样设置。

"LCDMEM[pos1]=digit[1];"……"LCDMEM[pos6]=digit[6];"6 条语句将要显示的数字直接写入对应的显示器中。pos1、…、pos6 分别对应液晶显示器由左到右的 6 个"8"字，其中，digit[1]表示数字"1"的显示码，其余的依次类推。

将程序全速运行一遍，然后停下来，更改显示缓存的值。图 3.16(a)和(b)所示为直接运行程序的情况，图 3.16(c)和(d)所示为将 LCDM2W 改为"0x0011"后液晶

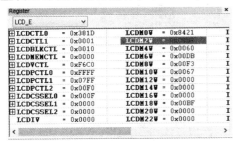
(a) 液晶显示器的缓存值

(b) 液晶显示器对应的显示

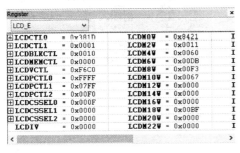
(c) 液晶显示器的缓存值(LCDM2W=0x0011)

(d) 液晶显示器对应的显示(LCDM2W=0x0011)

图 3.16　液晶显示器的缓存与液晶显示器显示的对应关系

的显示情况。这说明液晶显示器上左起第五个 LCD 对应显存 LCDM2W。同时还可以测试液晶显示器上每一段都使用什么来显示数据，将 LCDM2W 改为"0x0010"以及"0x0001"或其他值后观察液晶显示器的显示情况即可。

改变液晶缓存的值，对应液晶显示器的显示也将随着改变，而且液晶显示器缓存的位置与液晶显示器的位置也是对应的，继续改变不同液晶缓存的值，不同液晶显示器位置的显示也将随着改变。最左边"8"字的显示对应缓存 LCDM4W……请读者通过实验找出液晶显示器的缓存与实际液晶显示器的显示之间的对应关系。

3.2.4 液晶模块寄存器

液晶模块的使用与其他片内模块一样，都是通过寄存器的配置来使用的。MSP 液晶种类较多，寄存器的命名也不尽相同，但有规律可循。图 3.17 所示为不同液晶模块的寄存器情况，可以看出分为两部分：控制类寄存器和缓存类寄存器。寄存器名以 LCDM 开头的都是缓存类寄存器，其余的都为控制类寄存器。

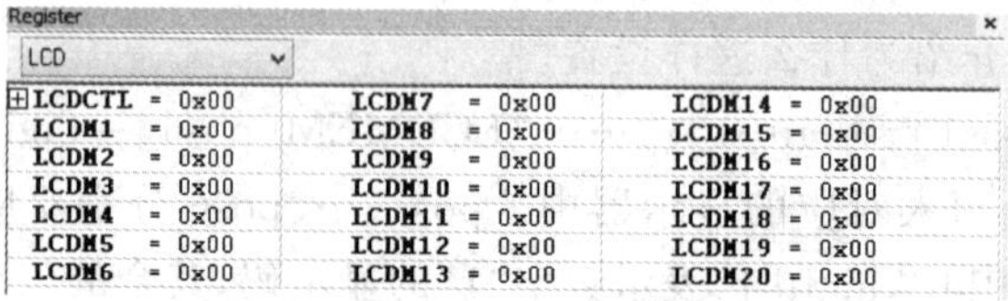

(a) MSP430F413 LCD模块寄存器

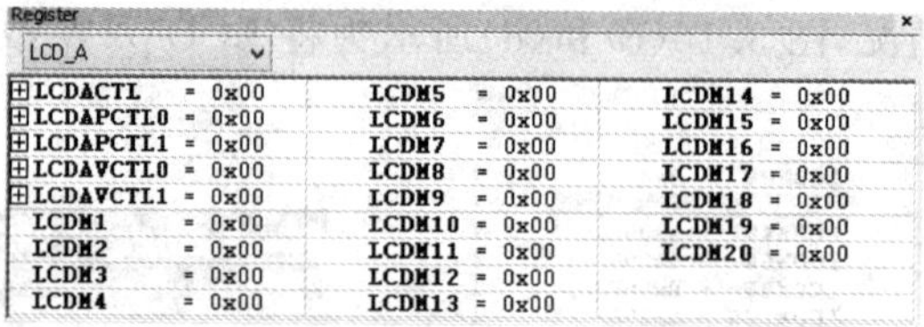

(b) MSP430F4152 LCD_A模块寄存器

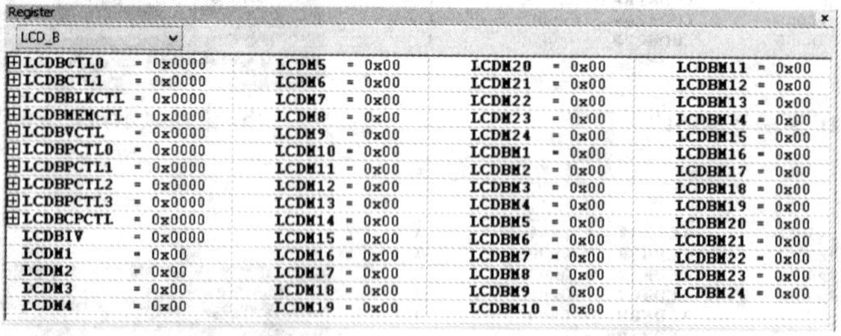

(c) CC430F6147 LCD_B模块寄存器

图 3.17 MSP 不同液晶模块的寄存器

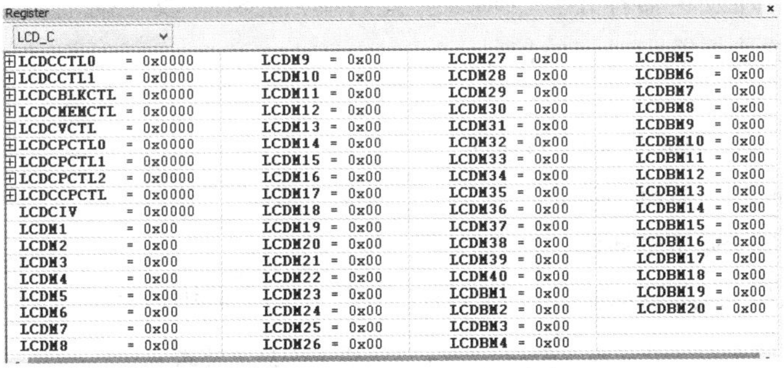

第3章 MSP以及片内基础外设

Register				
LCD_C				

⊞LCDCCTL0	= 0x0000	LCDM9	= 0x00	LCDM27	= 0x00	LCDBM5	= 0x00
⊞LCDCCTL1	= 0x0000	LCDM10	= 0x00	LCDM28	= 0x00	LCDBM6	= 0x00
⊞LCDCBLKCTL	= 0x0000	LCDM11	= 0x00	LCDM29	= 0x00	LCDBM7	= 0x00
⊞LCDCMEMCTL	= 0x0000	LCDM12	= 0x00	LCDM30	= 0x00	LCDBM8	= 0x00
⊞LCDCVCTL	= 0x0000	LCDM13	= 0x00	LCDM31	= 0x00	LCDBM9	= 0x00
⊞LCDCPCTL0	= 0x0000	LCDM14	= 0x00	LCDM32	= 0x00	LCDBM10	= 0x00
⊞LCDCPCTL1	= 0x0000	LCDM15	= 0x00	LCDM33	= 0x00	LCDBM11	= 0x00
⊞LCDCPCTL2	= 0x0000	LCDM16	= 0x00	LCDM34	= 0x00	LCDBM12	= 0x00
⊞LCDCCPCTL	= 0x0000	LCDM17	= 0x00	LCDM35	= 0x00	LCDBM13	= 0x00
LCDCIV	= 0x0000	LCDM18	= 0x00	LCDM36	= 0x00	LCDBM14	= 0x00
LCDM1	= 0x00	LCDM19	= 0x00	LCDM37	= 0x00	LCDBM15	= 0x00
LCDM2	= 0x00	LCDM20	= 0x00	LCDM38	= 0x00	LCDBM16	= 0x00
LCDM3	= 0x00	LCDM21	= 0x00	LCDM39	= 0x00	LCDBM17	= 0x00
LCDM4	= 0x00	LCDM22	= 0x00	LCDM40	= 0x00	LCDBM18	= 0x00
LCDM5	= 0x00	LCDM23	= 0x00	LCDBM1	= 0x00	LCDBM19	= 0x00
LCDM6	= 0x00	LCDM24	= 0x00	LCDBM2	= 0x00	LCDBM20	= 0x00
LCDM7	= 0x00	LCDM25	= 0x00	LCDBM3	= 0x00		
LCDM8	= 0x00	LCDM26	= 0x00	LCDBM4	= 0x00		

(d) MSP430F6720 LCD_C模块寄存器

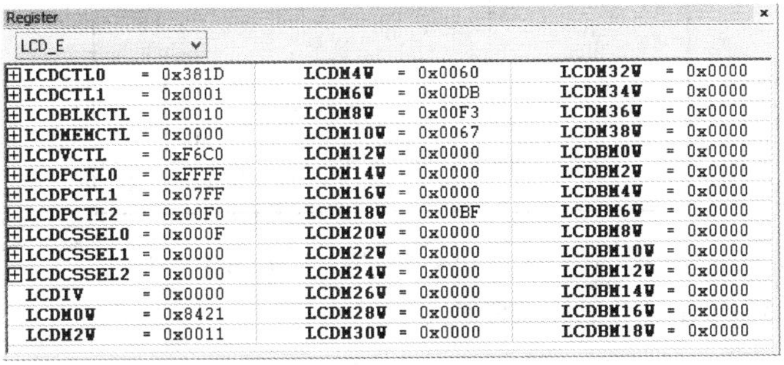

Register				
LCD_E				

⊞LCDCTL0	= 0x381D	LCDM4V	= 0x0060	LCDM32V	= 0x0000
⊞LCDCTL1	= 0x0001	LCDM6V	= 0x00DB	LCDM34V	= 0x0000
⊞LCDBLKCTL	= 0x0010	LCDM8V	= 0x00F3	LCDM36V	= 0x0000
⊞LCDMEMCTL	= 0x0000	LCDM10V	= 0x0067	LCDM38V	= 0x0000
⊞LCDVCTL	= 0xF6C0	LCDM12V	= 0x0000	LCDBM0V	= 0x0000
LCDPCTL0	= 0xFFFF	LCDM14V	= 0x0000	LCDBM2V	= 0x0000
LCDPCTL1	= 0x07FF	LCDM16V	= 0x0000	LCDBM4V	= 0x0000
LCDPCTL2	= 0x00F0	LCDM18V	= 0x00BF	LCDBM6V	= 0x0000
⊞LCDCSSEL0	= 0x000F	LCDM20V	= 0x0000	LCDBM8V	= 0x0000
⊞LCDCSSEL1	= 0x0000	LCDM22V	= 0x0000	LCDBM10V	= 0x0000
⊞LCDCSSEL2	= 0x0000	LCDM24V	= 0x0000	LCDBM12V	= 0x0000
LCDIV	=	LCDM26V	= 0x0000	LCDBM14V	= 0x0000
LCDM0V	= 0x8421	LCDM28V	= 0x0000	LCDBM16V	= 0x0000
LCDM2V	= 0x0011	LCDM30V	= 0x0000	LCDBM18V	= 0x0000

(e) MSP430FR4133 LCD_E模块寄存器

图 3.17 MSP不同液晶模块的寄存器(续)

在较老型号的LCD模块中控制寄存器只有一个LCDCTL,发展到第二代LCD_A模块时,一个控制寄存器已经不够用,所以增加了LCDACTL、LCDAPCTL0、LCDAPCTL1、LCDAVCTL0、LCDAVCTL1。上述模块寄存器中,LCD_E模块中的控制寄存器最多。由于功能的增加,必然需要更多的寄存器来实现相关功能,比如,LCD模块只有液晶显示功能;LCD_A模块内置电荷泵,可调液晶电压,调液晶显示对比度;LCD_B、LCD_C和LCD_E增加了闪烁功能。下面将介绍相关的控制寄存器,更多细节请查阅相关资料。

1. LCD模块的控制寄存器

LCDCTL

该控制寄存器各位的定义如下:

7	6	5	4	3	2	1	0
LCDM7	LCDM6	LCDM5	LCDM4	LCDM3	LCDM2	LCDM1	LCDM0

LCDM0:时序发生器开关,其实也是整个液晶模块的开关LCDON。

0:时序发生器关闭。

1：时序发生器打开。COM线（公共端）与SEG段驱动端将按照液晶显存的数据输出对应的信号。

LCDM1：未用。

LCDM2：LCD段开关LCDSON。

　　0：所有液晶段关闭；

　　1：所有液晶段使能。

LCDM4、3：选择显示模式。LCDM4、3用于选择4种显示模式，如表3.8所列。

表3.8　LCDM4、3选择4种显示模式

LCDM4	LCDM3	显示模式
0	0	静态
0	1	2MUX
1	0	3MUX
1	1	4MUX

LCDM5、6、7：选择输出段或端口信息的组合LCDPx，如下：

　　000：没有引脚用于液晶段输出；

　　001：S0～S15；

　　010：S0～S19；

　　011：S0～S23；

　　100：S0～S27；

　　101：S0～S31；

　　110：S0～S35；

　　111：S0～S39。

2. LCD_A模块的控制寄存器

(1) LCDACTL

LCDACTL与LCD模块控制寄存器大致相同，该控制寄存器各位的定义如下：

7	6	5	4	3	2	1	0
	LCDMx			LCDFREQx	LCDSON	未用	LCDON

前面的5个控制位的定义同LCD模块。

LCDM5、6、7：选择液晶时序信号源（一般为ACLK）分频系数，如下：

　　000：32分频；

　　001：64分频；

　　010：96分频；

　　011：128分频；

100：192 分频；
101：256 分频；
110：384 分频；
111：512 分频。

(2) LCDAPCTL0 和 LCDAPCTL1

由于多数 MSP 单片机液晶引脚与 I/O 或其他功能引脚复用，所以在 LCD 模块的 LCDCTL 控制寄存器中的最高 3 位用于选择对应引脚是用于液晶还是用于 I/O，而 LCD_A 模块的 LCDACTL 控制寄存器中的最高 3 位用于时钟管理。所有 LCD_A 模块都单独使用寄存器管理引脚分配，这样可以更精细。LCD_A 模块使用 LCDAPCTL0、LCDAPCTL1 两个控制寄存器专门管理引脚分配问题。

LCDAPCTL0 各位的定义：

7	6	5	4	3	2	1	0
LCDS28	LCDS24	LCDS20	LCDS16	LCDS12	LCDS8	LCDS4	LCDS0

LCDAPCTL1 各位的定义：

7	6	5	4	3	2	1	0
未用						LCDS36	LCDS32

此两个控制寄存器各位的定义：当这些位为"1"时，对应的引脚定义为液晶段。各位定义的液晶段范围如下：

- LCDS0：S0~S3；
- LCDS4：S4~S7；
- LCDS8：S8~S11；
- LCDS12：S12~S15；
- LCDS16：S16~S19；
- LCDS20：S20~S23；
- LCDS24：S24~S27；
- LCDS28：S28~S31；
- LCDS32：S32~S35；
- LCDS36：S36~S39。

(3) LCDAVCTL0 和 LCDAVCTL1

这两个控制寄存器为 LCD_A 模块电荷泵电压发生器相关的控制寄存器，该控制寄存器内各位的值决定液晶电压如何选择。

LCDAVCTL0 各控制位的定义：

7	6	5	4	3	2	1	0
未用	R03EXT	REXT	VLCDEXT	LCDCPEN	VLCDREFx		LCD2B

LCD2B：偏压选择，当 LCDMx＝00 时被忽略。

  0：选择，1/3 偏压；

  1：选择，1/2 偏压。

VLCDREFx：电荷泵参考电压选择。

  00：内部；

  01：外部；

  10、11：保留。

LCDCPEN：电荷泵使能。

  0：不用电荷泵；

  1：使用电荷泵。

VLCDEXT：V_{LCD} 选择。

  0：内部；

  1：外部。

REXT：$V_2 \sim V_4$ 电压选择。

  0：$V_2 \sim V_4$ 内部产生；

  1：$V_2 \sim V_4$ 外部产生。

R03EXT：V_5 电压选择。

  0：用 AV_{SS} 连接到 V_5；

  1：V_5 连接到 R03 引脚。

LCDAVCTL1 各控制位的定义：

7	6	5	4	3	2	1	0
未用			VLCDx				未用

该控制寄存器在使用内部电荷泵时，VLCDx 各位的值决定了液晶电压，如下：

- 0000：电荷泵被禁用；
- 0001：$V_{LCD}=2.60$ V；
- 0010：$V_{LCD}=2.66$ V；
- 0011：$V_{LCD}=2.72$ V；
- 0100：$V_{LCD}=2.78$ V；
- 0101：$V_{LCD}=2.84$ V；
- 0110：$V_{LCD}=2.90$ V；
- 0111：$V_{LCD}=2.96$ V；
- 1000：$V_{LCD}=3.02$ V；

- 1001: $V_{LCD}=3.08$ V;
- 1010: $V_{LCD}=3.14$ V;
- 1011: $V_{LCD}=3.20$ V;
- 1100: $V_{LCD}=3.26$ V;
- 1101: $V_{LCD}=3.32$ V;
- 1110: $V_{LCD}=3.38$ V;
- 1111: $V_{LCD}=3.44$ V。

3. LCD_E 模块的控制寄存器

液晶模块 LCD_E 功能复杂,但使用灵活、方便(同时也是最不方便的(由于提供了太多控制位))。其液晶引脚可以任意安排,给 PCB 布线带来了极大的灵活性。以下均为 LCD_E 模块的控制寄存器,可能会与前面寄存器的命名相同。

(1) LCDCTL0

LCD_E 模块的控制寄存器 0 为 16 位控制寄存器,各位的定义如下:

15	14	13	12	11	10	9	8
LCDDIVx					未用		
7	6	5	4	3	2	1	0
LCDSSEL		LCDMx			LCDSON	LCDLP	LCDON

LCDON:整个液晶模块的开关。
  0:关闭 LCD;
  1:开启 LCD。
LCDLP:LCD 低功耗波形。
  0:标准 LCD 波形;
  1:低功耗 LCD 波形。
LCDSON:LCD 段开关。
  0:所有液晶段关闭;
  1:所有液晶段使能。
LCDMx:选择显示模式。LCDM5、4、3 用于选择 8 种显示模式:
  000:静态模式;
  001:2MUX;
  010:3MUX;
  011:4MUX;
  100:5MUX;
  101:6MUX;
  110:7MUX;

111：8MUX。

LCDSSEL：选择液晶模块时钟源。

00：XT1CLK；

01：ACLK（30～40 kHz）；

10：VLOCLK；

11：保留。

LCDDIVx：选择液晶模块时钟源分频系数。

00000：不分频；

00001：2 分频；

⋮

11110：31 分频；

11111：32 分频。

(2) LCDCTL1

LED_E 模块的控制寄存器 1 为 16 位控制寄存器，各位的定义如下：

15	14	13	12	11	10	9	8
未用					LCDBLKONIE	LCDBLKOFFIE	LCDFRMIE
7	6	5	4	3	2	1	0
未用					LCDBLKONIFG	LCDBLKOFFIFG	LCDFRMIFG

该控制寄存器为 LED_E 模块的中断管理提供了便利，有 3 个位用于中断源的使能。

LCDFRMIE：帧中断使能。

LCDBLKOFFIE：闪烁关闭中断使能。

LCDBLKONIE：闪烁开启中断使能。

0：禁止；

1：使能。

其余 3 个位用于中断标识。

(3) LCDBLKCTL

LCD_E 模块的闪烁控制寄存器为 LCD_E 的闪烁服务，各位的定义如下：

15	14	13	12	11	10	9	8
未用							
7	6	5	4	3	2	1	0
未用			LCDBLKPREx			LCDBLKMODx	

该控制寄存器主要有两个控制位：一个提供闪烁模式，另一个提供闪烁频率。

LCDBLKMODx：闪烁模式。

00：不闪烁；

01：个别段闪烁使能；

10：所有 LCD 闪烁使能；

11：在两块显示缓存之间交替显示（注意，LCD_E 支持双显示缓存）。

(4) LCDMEMCTL

LCD_E 模块的显存控制寄存器各控制位的定义如下：

15	14	13	12	11	10	9	8
未用								
7	6	5	4	3	2	1	0
未用					LCDCLRBM	LCDCLRM	LCDDISP

LCDDISP：选择用于显示的缓存。

　　0：选择 LCDMx 用于显示；

　　1：选择 LCDBMx 用于显示。

LCDCLRM：清除显示缓存。

　　0：显示器不显示，但是显示缓存的内容依旧保持；

　　1：显示器与显示缓存都清除。

LCDCLRBM：清除闪烁缓存。

　　0：显示器不显示，但是闪烁缓存的内容依旧保持；

　　1：显示器与闪烁缓存都清除。

(5) LCDVCTL

模块 LCD_E 的电压与时序控制寄存器各控制位的定义如下：

15	14	13	12	11	10	9	8
LCDCPFSELx				VLCDx			
7	6	5	4	3	2	1	0
LCDCPEN	LCDREFEN	LCDSELVDD	未用				LCDREFMODE

LCDREFMODE：选择 R13 电压。

　　0：静态模式；

　　1：开关模式。

LCDSELVDD：选择 R33 电压。

　　0：R33 电压来自外部；

　　1：R33 电压由内部连接到 V_{CC}。

LCDREFEN：选择内部参考电压是否连接到 R13。

　　0：不连接；

　　1：连接。

LCDCPEN：电荷泵是否使能。

    0：禁用；

    1：使能。

VLCDx：电压选择，基本同前(注意细微差异)。

    0000：$V_{LCD}=2.60$ V；

    0001：$V_{LCD}=2.66$ V；

    0010：$V_{LCD}=2.72$ V；

    0011：$V_{LCD}=2.78$ V；

    0100：$V_{LCD}=2.84$ V；

    0101：$V_{LCD}=2.90$ V；

    0110：$V_{LCD}=2.96$ V；

    0111：$V_{LCD}=3.02$ V；

    1000：$V_{LCD}=3.08$ V；

    1001：$V_{LCD}=3.14$ V；

    1010：$V_{LCD}=3.20$ V；

    1011：$V_{LCD}=3.26$ V；

    1100：$V_{LCD}=3.32$ V；

    1101：$V_{LCD}=3.38$ V；

    1110：$V_{LCD}=3.44$ V；

    1111：$V_{LCD}=3.50$ V。

LCDCPFSELx：电荷泵频率选择，注意这里不是液晶的刷新频率，而是电荷泵自身频率。时钟源可以有多种选择，如 XT1、ACLK、VLO 等。下面以 ACLK 为例(32 768 Hz)，本参数值不同则电荷泵时钟也不同：

    0000：4 096 Hz；

    0001：2 048 Hz；

    0010：1 365 Hz；

    0011：1 024 Hz；

    0100：819 Hz；

    0101：682 Hz；

    0110：585 Hz；

    0111：512 Hz；

    1000：455 Hz；

    1001：409 Hz；

    1010：372 Hz；

    1011：341 Hz；

    1100：315 Hz；

1101：292 Hz；
1110：273 Hz；
1111：256 Hz。

(6) LCDPCTL0、LCDPCTL1、LCDPCTL2 和 LCDPCTL3

这 4 个控制寄存器定义所有的液晶引脚是否用于液晶显示。当该位置为"1"时用于液晶，当该位置为"0"时用于除液晶以外的其他功能（以引脚定义为准）。

LCDPCTL0 各控制位的定义如下：

15	14	13	12	11	10	9	8
LCDS15	LCDS14	LCDS13	LCDS12	LCDS11	LCDS10	LCDS9	LCDS8
7	6	5	4	3	2	1	0
LCDS7	LCDS6	LCDS5	LCDS4	LCDS3	LCDS2	LCDS1	LCDS0

LCDPCTL1 各控制位的定义如下：

15	14	13	12	11	10	9	8
LCDS31	LCDS30	LCDS29	LCDS28	LCDS27	LCDS26	LCDS25	LCDS24
7	6	5	4	3	2	1	0
LCDS23	LCDS22	LCDS21	LCDS20	LCDS19	LCDS18	LCDS17	LCDS16

LCDPCTL2 各控制位的定义如下：

15	14	13	12	11	10	9	8
LCDS47	LCDS46	LCDS45	LCDS44	LCDS43	LCDS42	LCDS41	LCDS40
7	6	5	4	3	2	1	0
LCDS39	LCDS38	LCDS37	LCDS36	LCDS35	LCDS34	LCDS33	LCDS32

LCDPCTL3 各控制位的定义如下：

15	14	13	12	11	10	9	8
LCDS63	LCDS62	LCDS61	LCDS60	LCDS59	LCDS58	LCDS57	LCDS56
7	6	5	4	3	2	1	0
LCDS55	LCDS54	LCDS53	LCDS52	LCDS51	LCDS50	LCDS49	LCDS48

(7) LCDCSSEL0、LCDCSSEL1、LCDCSSEL2 和 LCDCSSEL3

我们可以灵活选择 LCD_E 模块的所有液晶相关引脚来实现段（SEGn）功能或公共端（COMx）功能，而这 4 个控制寄存器的值决定了用于液晶显示的每个引脚究竟是什么角色。

LCDCSSEL0 各控制位的定义如下：

15	14	13	12	11	10	9	8
LCDCSS15	LCDCSS14	LCDCSS13	LCDCSS12	LCDCSS11	LCDCSS10	LCDCSS9	LCDCSS8
7	6	5	4	3	2	1	0
LCDCSS7	LCDCSS6	LCDCSS5	LCDCSS4	LCDCSS3	LCDCSS2	LCDCSS1	LCDCSS0

LCDCSSEL1 各控制位的定义如下：

15	14	13	12	11	10	9	8
LCDCSS31	LCDCSS30	LCDCSS29	LCDCSS28	LCDCSS27	LCDCSS26	LCDCSS25	LCDCSS24
7	6	5	4	3	2	1	0
LCDCSS23	LCDCSS22	LCDCSS21	LCDCSS20	LCDCSS19	LCDCSS18	LCDCSS17	LCDCSS16

LCDCSSEL2 各控制位的定义如下：

15	14	13	12	11	10	9	8
LCDCSS47	LCDCSS46	LCDCSS45	LCDCSS44	LCDCSS43	LCDCSS42	LCDCSS41	LCDCSS40
7	6	5	4	3	2	1	0
LCDCSS39	LCDCSS38	LCDCSS37	LCDCSS36	LCDCSS35	LCDCSS34	LCDCSS33	LCDCSS32

LCDCSSEL3 各控制位的定义如下：

15	14	13	12	11	10	9	8
LCDCSS63	LCDCSS62	LCDCSS61	LCDCSS60	LCDCSS59	LCDCSS58	LCDCSS57	LCDCSS56
7	6	5	4	3	2	1	0
LCDCSS55	LCDCSS54	LCDCSS53	LCDCSS52	LCDCSS51	LCDCSS50	LCDCSS49	LCDCSS48

LCDCSSx：选择段与公共端。

  0：段；

  1：公共端。

实验 3-3 LCD_E 相关控制位的使用方法

通过实验 3-2 可以了解到，具体的硬件连接以及相关的程序配置将液晶显示与显示缓存直接对应起来，想要显示什么，直接往对应的液晶显示缓存中写入要显示的数据即可。本次实验将介绍 LCD_E 模块的大多数控制位的使用方法。使用的程序与前面的相同：msp430fr413x_LCDE_01.c。

(1) 怎么得到显示码

这里可以用最简单的实验方法：直接改写缓存数值，确定显示"8"字液晶的每一个段需要用什么数字，然后再拼凑需要的 0～9 这 10 个数字对应的显示码。

首先将 LCDM6W 的值改为 0x00FF,会发现"8"字全显,然后依次改为 0x0001、0x0002、0x0004、0x0008、0x0010……再观察显示情况:

缓存值	0x00FF	0x0001	0x0002	0x0004	0x0008	0x0010	0x0020	0x0040	0x0080
对应显示情况	8	-	-			_	∣	∣	▔

然后以此为基础得到要显示的数字 0～9 所对应的显示码:

0	1	2	3	4	5	6	7	8	9
0x00FC	0x0060	0x00DB	0x00F3	0x0067	0x00B7	0x00BF	0x00E4	0x00FF	0x00F7

比如要显示"1",则需要显示出"8"字最右边的两个竖线笔段:0x0020+0x0040=0x0060,此时输入 0x0060 到 LCDM6W 寄存器即可。

(2) 液晶电压控制位体会

更改电压控制位,在 3 种不同预设电压下得到的实测电压值如下:
- VLCD3、2、1、0=1111,V_{R33}=3.4 V;
- VLCD3、2、1、0=0110,V_{R33}=2.9 V;
- VLCD3、2、1、0=0001,V_{R33}=2.6 V。

显示情况分别如图 3.18 所示,随着电压的增加显示越来越浓,重影越来越严重。

(a) 当电压为2.6 V时　　　　(b) 当电压为2.9 V时　　　　(c) 当电压为3.4 V时

图 3.18　液晶电压依次增加时的显示情况

用万用表测量液晶电压。当电压最高时显示重影最严重,到了不能区分显示内容与不显示内容的程度。本次实验的电压测量点在 C3 处,靠近芯片一端,图 3.19(a)说明整个液晶显示部分电压为 V1,连接到 R33 引脚,而图 3.19(b)显示电容 C3 连接了 R33 引脚,故电压测量点在 C3 处靠近芯片端。

(3) 测试 LCDPCTLn 控制寄存器中的 LCDSx 位

当 LCDSx=0 时不用于液晶引脚。图 3.20(a)和(b)所示分别为本例程序运行后的 LCD_E 模块的控制寄存器的各值(LCDPCTL1=0x07FF)与液晶显示,图 3.20(c)和(d)所示分别为 LCDPCTL1=0 时的控制寄存器的各值与液晶显示。

第 3 章 MSP 以及片内基础外设

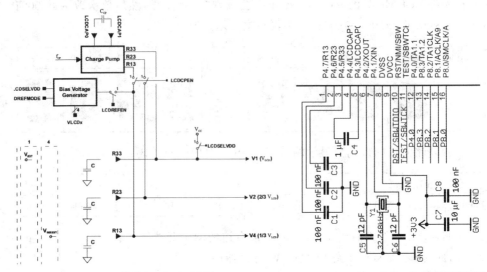

(a) LCD_E模块电压部分示意图

(b) MSP430FR4133 LaunchPad液晶相关局部图

图 3.19 液晶部分电路图

Register LCD_E			
LCDCTL0	= 0x381D	LCDM0V	= 0x8421
LCDCTL1	= 0x0001	LCDM2V	= 0x00B7
LCDBLKCTL	= 0x0000	LCDM4V	= 0x0060
LCDMEMCTL	= 0x0000	LCDM6V	= 0x00DB
LCDVCTL	= 0xF6C0	LCDM8V	= 0x00F3
LCDPCTL0	= 0xFFFF	LCDM10V	= 0x0067
LCDPCTL1	= 0x07FF	LCDM12V	= 0x0000
LCDPCTL2	= 0x00F0	LCDM14V	= 0x0000
LCDCSSEL0	= 0x000F	LCDM16V	= 0x0000
LCDCSSEL1	= 0x0000	LCDM18V	= 0x00BF
LCDCSSEL2	= 0x0000	LCDM20V	= 0x0000
LCDIV	= 0x0000	LCDM22V	= 0x0000

(a) LCD_E模块的控制寄存器的各值(LCDPCTL1=0x07FF)

(b) 液晶显示(LCDPCTL1=0x07FF)

Register LCD_E			
LCDCTL0	= 0x381D	LCDM0V	= 0x8421
LCDCTL1	= 0x0001	LCDM2V	= 0x00B7
LCDBLKCTL	= 0x0000	LCDM4V	= 0x0060
LCDMEMCTL	= 0x0000	LCDM6V	= 0x00DB
LCDVCTL	= 0xF6C0	LCDM8V	= 0x00F3
LCDPCTL0	= 0xFFFF	LCDM10V	= 0x0067
LCDPCTL1	= 0x07FF	LCDM12V	= 0x0000
LCDPCTL2	= 0x00F0	LCDM14V	= 0x0000
LCDCSSEL0	= 0x000F	LCDM16V	= 0x0000
LCDCSSEL1	= 0x0000	LCDM18V	= 0x00BF
LCDCSSEL2	= 0x0000	LCDM20V	= 0x0000
LCDIV	= 0x0000	LCDM22V	= 0x0000

(c) LCD_E模块的控制寄存器的各值(LCDPCTL1=0)

(d) 液晶显示(LCDPCTL1=0)

图 3.20 更改 LCDPCTL1 前后值的控制寄存器的结果

在将 LCDPCTL1=0x07FF 改为 LCDPCTL1=0x0000 后,液晶显示中间的"3""4"消失了,这是因为在控制寄存器 LCDPCTL1 中定义了对应的液晶显示器引脚不用于液晶显示。

（4）液晶闪烁体验

将 LCDBKMOD1 置为 1,没有看到液晶闪烁,这是因为 LCDBLKPRE0、1、2 都是 0,没有定义闪烁频率。设定一个闪烁频率,将 LCDBLKPRE0 置为 1,就可以看到闪烁了,继续更改频率控制位,则可以得到不同的闪烁频率,这时看到的是整个液晶屏都在闪烁。

LCD_E 模块可以控制个别笔段闪烁,而不是整个闪烁。由前面控制寄存器的说明可知,置 LCDBKMOD1、0 = 01 可以实现个别笔段闪烁。置 LCDBKMOD1、0 = 01 后,观察液晶显示器的显示情况,但没有看到闪烁,再看寄存器,闪烁频率前面已经定义,有一定的闪烁频率,问题出在哪里呢? 这是因为没有定义哪个笔段闪烁,所以需要修改闪烁缓存,将 LCDBM2W 改为 0xFF,可看到显示器上"5"闪烁了。

（5）交替显示实验

置 LCDBKMOD1、0 = 11,这时可以看到整个液晶屏都在闪烁,但是闪烁较快。改变闪烁频率,置 LCDBLKPRE2、1、0 = 100,再给闪烁缓存写入一些数值,此时可以看到图 3.21 所示的两屏交替显示。注意,显示缓存 LCDMx 的内容没有改变,所以还是"123456"(见图 3.21(a)),随便写入 LCDBMx 一些值后,显示结果如图 3.21(b) 所示(真实显示写入的值,较乱)。

 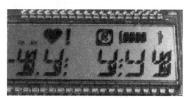

(a) 第一屏显示　　　　　　　　(b) 第二屏显示

图 3.21　交替显示的两屏

3.3　MSP 输入/输出端口

与 MCU 打交道最主要的也最直接的是输入/输出(I/O)端口。MSP 器件有多个 8 位或 16 位 I/O 端口,或其他功能端口(其他功能端口一般与 I/O 端口复用)。其他功能包括:具有中断功能,可作为 ADC 的模拟输入,可用于比较器的电压输入,可作为液晶的连接端子,可用于定时器的输入,具有通信功能,可作为运算放大器的(正、负)输入或输出引脚等。不同的芯片端口数量也不同,其一般为 8 的倍数,比如 MSP430F449 有 6 个 8 位端口: P1~P6,其中 P1 的 8 位分别是 P1.0、P1.1、…、P1.7。

3.3.1 MSP 系列单片机各种端口简介

图 3.22 所示为几种典型的 MSP 芯片引脚图。

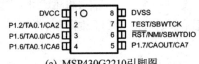

(a) MSP430G2210引脚图

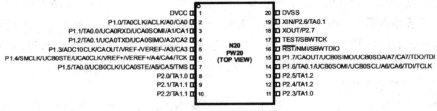

(b) MSP430G2553引脚图

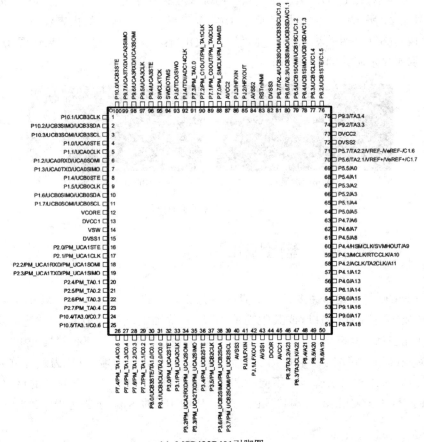

(c) MSP432P401引脚图

图 3.22 典型的 MSP 芯片引脚图(摘自 TI 数据手册)

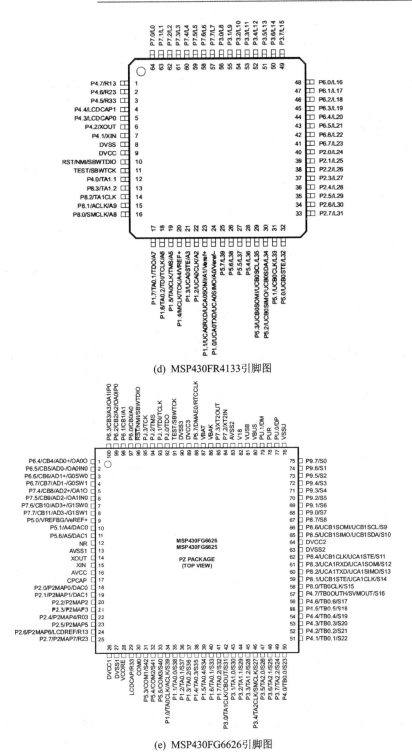

(d) MSP430FR4133引脚图

(e) MSP430FG6626引脚图

图 3.22 典型的 MSP 芯片引脚图(摘自 TI 数据手册)(续)

第3章 MSP 以及片内基础外设

图 3.22(a)所示为 MSP430G2210 的引脚图,该芯片共 8 个引脚,但只有 4 个 I/O:P1.2、P1.5、P1.6、P1.7,同时这 4 个 I/O 还有其他功能,比如第二引脚定义为 P1.2/TA0.1/CA2 等。

图 3.22(b)所示为 MSP430G2553 的引脚图,共 20 个引脚,有两个 8 位 I/O:P1.0、P1.1、…、P1.7,P2.0、P2.1、…、P2.7,同时这 16 个 I/O 还有其他功能,比如第六引脚 P1.4/SMCLK/UCB0STE/UCA0CLK/VREF+/VEREF+/A4/CA4/TCK,有 9 个功能(含 I/O,用"/"分开)。

图 3.22(c)所示为 MSP432P401 的 100 个引脚,共有 84 个 I/O:P1.0~P1.7、P2.0~P2.7、P3.0~P3.7、P4.0~P4.7、P5.0~P5.7、P6.0~P6.7、P7.0~P7.7、P8.0~P8.7、P9.0~P9.7、P10.0~P10.5、PJ.0~PJ.5。

图 3.22(d)所示为 MSP430FR4133 的引脚图,其有较多的引脚名与前面的不一样,比如 P4.3/LCDCAP0 等。

图 3.22(e)所示为 MSP430FG6626 的引脚图,其也有少量引脚名与前面不一样,比如 P6.4/CB4/AD0+/OA0O,P6.5/CB5/AD0−/OA0IN0、P4.6/TB0.6/S17、COM0 等。其中,P6.4、P6.5 涉及运算放大器 OA0O(运算放大器输出端)和 OA0IN0(运算放大器输入端),P4.6 涉及液晶引脚,COM0 为专门的液晶引脚。

虽然芯片引脚很多,功能也很多,但其引脚定义在芯片手册中都有解释,所以不必担心。比如,表 3.9 所列为 MSP430G2210 引脚定义,该芯片只有 8 个引脚,4 个 I/O。其余芯片引脚的数量庞大,需要时请自行阅读。

表 3.9 MSP430G2210 引脚定义(摘自 TI 数据手册)

TERMINAL			DESCRIPTION
NAME	NO. D	I/O	
P1.2/ TA0.1/ CA2	2	I/O	General-purpose digital I/O pin Timer_A,capture:CCI1A input,compare Out1 output Comparator_A+,CA2 input
P1.5/ TA0.0/ CA5	3	I/O	General-purpose digital I/O pin Timer_A,compare Out0 output Comparator_A+,CA5 input
P1.6/ TA0.1/ CA6	4	I/O	General-purpose digital I/O pin Timer_A,compare:Out1 output Comparator_A+,CA6 input
P1.7/ CAOUT/ CA7	5	I/O	General-purpose digital I/O pin Comparator_A+,output Comparator_A+,CA7 input

续表 3.9

TERMINAL			DESCRIPTION
NAME	NO.	I/O	
RST/ NMI/ SBWTDIO	6	I	Reset input Nonmaskable interrupt input Spy-Bi-Wire test data input/output during programming and test
TEST/ SBWTCK	7	I	Selects test mode for JTAG pins on Port 1. The device protection fuse is connected to TEST. Spy-Bi-Wire test clock input during programming and test
DVCC	1		Digital supply voltage
DVSS	8		Digital ground reference

总的来说，MSP 单片机端口的功能如下：

数字方面：
- 输入/输出：I/O 功能；
- 通信：SPI、I^2C、UART、USB；
- 定时器输入端；
- PWM 波形输出端；
- 调试功能端。

模拟方面：
- ADC 输入功能，一般用 A0、A1…表示；
- DAC 输出功能，一般用 DAC0 等表示；
- 比较器输入/输出功能；
- 放大器输入/输出功能；
- 参考电压输入/输出端，一般用 VREF+等表示；
- 晶体接入端（晶体振荡器连接处）；
- 液晶驱动功能，一般用 COM0、COM1 等表示公共端，S0，S1…表示段，也有用 L0，L1…表示的；
- 不同系列的器件与液晶显示相关引脚的定义会有细微差别，比如 COM0、COM1、S0、S1、L0、L1 等，这些引脚会直接连到液晶显示器的对应引脚。而 LCDCAP、R13、R23、R33 等引脚不需要连接到液晶显示器，但是需要做相应的处理，比如 LCDCAP 需要连接电容，R13、R23、R33 需要连接电阻，同时还需要根据具体的硬件电路设置相关寄存器，对引脚进行配置。

第3章 MSP以及片内基础外设

图3.23所示为MSP430G2553的端口P1.3的结构原理,表3.10所列为端口P1.3的功能。

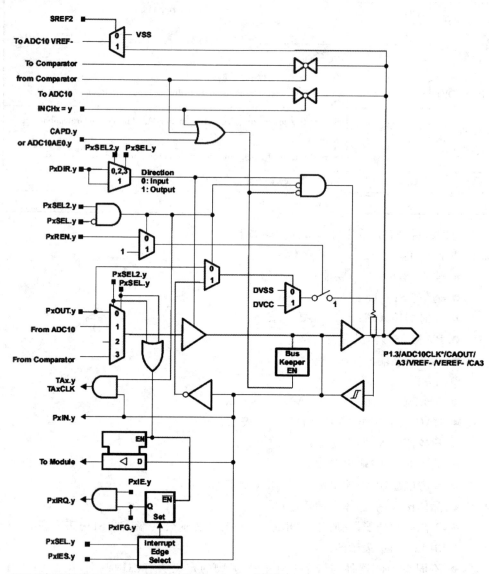

图3.23 MSP430G2553端口P1.3结构原理(摘自MSP430G2553.pdf第45页)

表 3.10 MSP430G2553 的端口 P1.3 的功能（摘自 MSP430G2553.pdf 第 46 页）

引脚名称 （P1.x）	x	功能	控制位和信号				
			P1DIR.x	P1SEL.x	P1SEL2.x	ADC10AE.x INCH.x=1*	CAPD.y
P1.3/	3	P1.x(I/O)	I:0;O:1	0	0	0	0
ADC10CLK[(2)]/		ADC10CLK	1	1	0	0	0
CAOUT/		CAOUT	1	1	1	0	0
A3[(2)]/		A3	×	×	×	1(y=3)	0
VREF−[(2)]/		VREF−	×	×	×	1	0
VEREF−[(2)]/		VEREF−	×	×	×	1	0
CA3/		CA3	×	×	×	0	1(y=3)
引脚振荡器		电容感测	×	0	1	0	0

注：×表示无关；* 仅限 MSP430G2x53 器件。

3.3.2 端口输出举例 1——LED 应用

端口的最主要功能是输入/输出，这里先由最简单的输出功能讲起。MSP 片内所有模块的使用都是直接操作相关寄存器完成的，端口操作也不例外。与输出操作相关的有两个寄存器 PxDIR、PxOUT。图 3.24 所示为与 MSP 端口 P1、P2 相关的寄存器与位的情况，其中，图 3.24(a)所示为各寄存器的 8 位数格式，图 3.24(b)所示为将寄存器进一步细化的每一位，寄存器 P1OUT 中的 8 位用 P0、P1、P2、…、P7 表示，分别是该寄存器中的第 0 位、第 1 位……第 7 位。

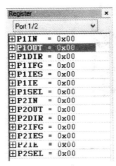 

(a) 各寄存器的8位数格式　　(b) 将寄存器进一步细化的每一位

图 3.24 与 MSP 端口 P1、P2 相关的寄存器与位

P1OUT 为端口 P1 的输出寄存器，寄存器内的值即为可送到端口的值。P1OUT 下面的"P0=0"表示 P1.0 的输出值是"0"。请读者准备好硬件工具，任意的 Launchpad 或笔者的小车硬件都可以，这里以 G2 Launchpad 为例。图 3.25(a)所示

第 3 章　MSP 以及片内基础外设

为 G2 Launchpad 硬件电路，在 P1.0 上连接了一只发光二极管（LED1），发光二极管的正极由电阻连接到 P1.0，负极直接接地。当 P1.0 输出高电平时发光二极管亮，当输出低电平时发光二极管灭。图 3.25(b) 所示为实物对应的发光二极管的位置，请读者注意它的亮灭情况。

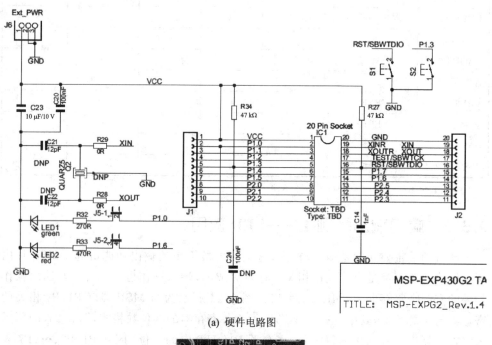

(a) 硬件电路图

(b) 实物图

图 3.25　G2 Launchpad 硬件电路图及实物图

实验 3-4　由寄存器直接控制 LED 灯

打开开发软件，进入调试状态，请不要运行，先打开寄存器窗口（见图 3.24），然后关注 P1.0 输出寄存器，此时 P1OUT.0 为"0"，观察对应的发光二极

管是否亮,理论上不会亮,实际上也没有亮。请读者将其改为"1":

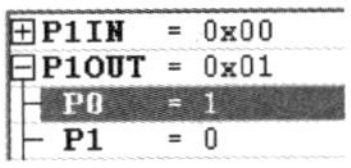

然后观察发光二极管有没有亮,此时还是没有亮。为什么呢?TI的相应文件如图3.26(a)所示,当PxOUT寄存器中对应位为1时,输出高电平……

难道文件有误?再看其他文档,图3.26(b)所示的TI文件描述依旧,只是我们都没有注意这一句话:"当配置为输出方向时",这个前提条件被遗忘了。这个条件是什么呢?就是PxDIR寄存器,这里是指图3.24中的P1DIR。将P1DIR设置为0x01 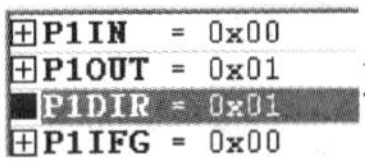 或0xFF,然后观察发光二极管的情况,如果P1OUT=1,则发光二极管应该亮了,此时P1.0输出高电平。

6.2.2 Output Registers PxOUT

Each bit in each PxOUT register is the value to be output on the corresponding I/O pin when the pin is configured as I/O function, output direction.
- Bit = 0: Output is low
- Bit = 1: Output is high

(a) 摘自TI文件slau335.pdf第157页

12.2.2 Output Registers (PxOUT)

Each bit in each PxOUT register is the value to be output on the corresponding I/O pin when the pin is configured as I/O function, output direction.
- Bit = 0: Output is low
- Bit = 1: Output is high

(b) 摘自TI文件slau208o.pdf第410页

图3.26 TI关于输出寄存器的描述

综上所述,端口输出高电平必须具备两个条件(以P1.0为例):
① 该端口的方向为输出:P1DIR.0=1;
② 该端口的输出值为1:P1OUT.0=1。

同理,端口输出低电平也需要具备两个条件(以P1.0为例):
① 该端口的方向为输出:P1DIR.0=1;
② 该端口的输出值为0:P1OUT.0=0。

这里引用TI文件来说明方向寄存器是如何使用的,如图3.27所示。

6.2.3 Direction Registers PxDIR

Each bit in each PxDIR register selects the direction of the corresponding I/O pin, regardless of the selected function for the pin. PxDIR bits for I/O pins that are selected for other functions must be set as required by the other function.
- Bit = 0: Port pin is switched to input direction
- Bit = 1: Port pin is switched to output direction

图3.27 TI文件关于方向寄存器的解释(摘自 slau335.pdf 第 157 页)

通过对寄存器的直接操作已经了解了如何让I/O端口输出某个电平的方法,那么用程序又将如何实现呢?其实,第1章的实验1-1已经做了这件事,这里再重做实验1-1,程序如下:

```
#include <msp430.h>
void main(void)
{
    WDTCTL = WDTHOLD + WDTPW;         //关闭看门狗
    P1DIR = BIT0;                     //设置 P1.0 输出
    while(1)
    {                                 //循环体
        P1OUT ^= BIT0;
        for(int i=0;i<30000;i++);
    }
}
```

由上段程序可以看出,首先设置了 P1DIR.0＝1,语句是"P1DIR＝BIT0;";然后反复将 P1OUT.0 求反,得到发光二极管闪烁的效果,语句是"P1OUT ^= BIT0;"。

将寄存器的某一位设为"1"或"0"请使用如下语句:
- 若使 P1OUT.0 =1,则用"P1OUT |= BIT0;";
- 若使 P1OUT.0 =0,则用"P1OUT &= ~BIT0;";
- 若将 P1OUT.0 的状态变为相反状态,则用"P1OUT ^= BIT0;"。

这几条典型语句只改变 P1OUT.0 的状态,而不影响 P1OUT 的其他 7 位,而本例程序中的"P1DIR＝BIT0;"将使 P1DIR.0＝1,而其他位全是"0",请注意体会语句的差异。文中 BIT0 与 P1OUT 在 MSP 对应的头文件中的定义如下:

```
#define BIT0 (0x0001u)
#define BIT1 (0x0002u)
#define BIT2 (0x0004u)
#define BIT3 (0x0008u)
#define BIT4 (0x0010u)
#define BIT5 (0x0020u)
#define BIT6 (0x0040u)
#define BIT7 (0x0080u)
#define BIT8 (0x0100u)
#define BIT9 (0x0200u)
#define BITA (0x0400u)
#define BITB (0x0800u)
#define BITC (0x1000u)
#define BITD (0x2000u)
#define BITE (0x4000u)
#define BITF (0x8000u)
#define P1OUT_ (0x0021u)              /* Port 1 Output */
DEFC(P1OUT,P1OUT_)
```

```
#define P1DIR_ (0x0022u)              /* Port 1 Direction */
DEFC(P1DIR,P1DIR_)
```

注意：上述内容为引用头文件内容，以后类似情况不再赘述。

实验 3-5 LED 灯程控亮灭

编写程序实现：P1.0 上 LED 灯亮 0.1 s 再灭 0.3 s（请先自行实践，再看讲解）。为了实现这个目标，首先要明白两件事：LED 灯如何亮与灭，0.1 s 与 0.3 s 怎么控制。如何控制 0.1 s 的时间？ 在实验 1-1 中使用了语句"for(int i=0;i<30000; i++);"，该语句为循环语句，其目的是让 MCU 执行一定时间，那么究竟是多长时间呢？打开调试环境，MCU 每执行一条指令都要花费固定的时间，MSP 单片机执行不同的语句花费的时间也不一样，同样的，将 C 语言语句编译为不同的汇编指令所花费时间也不一样。在调试环境中需考察两个地方：一是反汇编窗口，二是 CPU 寄存器窗口，如图 3.28 所示。

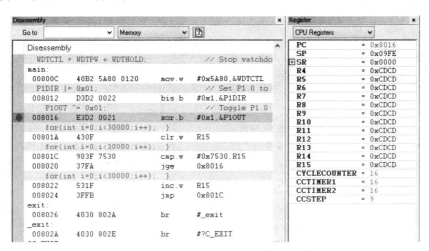

图 3.28 反汇编窗口与 CPU 寄存器窗口

从 CPU 寄存器窗口中可以看到 CPU 每执行一条语句所需要的机器周期，机器周期是确定的，实验中没有对时钟做任何设置，而是运行在默认的大约 1 MHz 频率下，机器周期约为 1 μs，因此能够很容易地得到每执行一条语句所花费的时间。如图 3.29 所示，程序已经运行到了断点设置处"P1OUT ^= 0x01;"，如果再次运行到断点处，则可以获得本程序中死循环的循环体执行一次 CPU 所花费的时间。

在图 3.29 中 CCSTEP=210 009，CYCLECOUNTER=210 025。其中，CYCLECOUNTER 表示累计 CPU 花费的时间；CCSTEP 表示本次操作 CPU 花费的时间，即上次断点到这次断点 CPU 花费的时间。循环体内的两条语句：

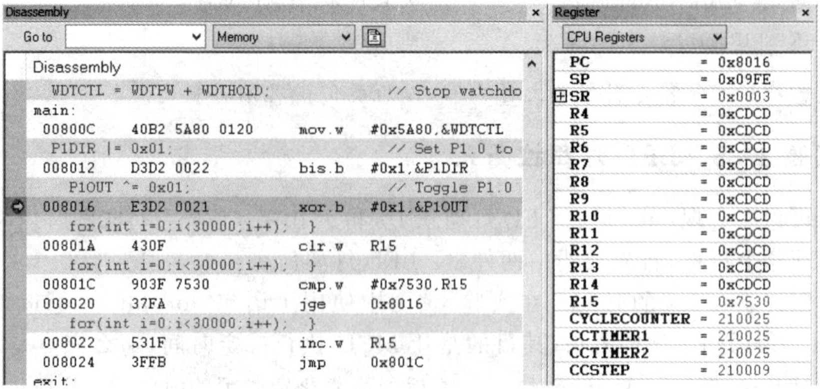

第 3 章　MSP 以及片内基础外设

```
Disassembly
Go to          ∨ Memory      ∨

Disassembly
       WDTCTL = WDTPW + WDTHOLD;         // Stop watchdo
main:
  00800C    40B2 5A80 0120    mov.w    #0x5A80,&WDTCTL
       P1DIR |= 0x01;                   // Set P1.0 to
  008012    D3D2 0022         bis.b    #0x1,&P1DIR
       P1OUT ^= 0x01;                   // Toggle P1.0
⇒ 008016    E3D2 0021         xor.b    #0x1,&P1OUT
       for(int i=0;i<30000;i++){        }
  00801A    430F              clr.w    R15
       for(int i=0;i<30000;i++){        }
  00801C    903F 7530         cmp.w    #0x7530,R15
  008020    37FA              jge      0x8016
       for(int i=0;i<30000;i++){        }
  008022    531F              inc.w    R15
  008024    3FFB              jmp      0x801C
exit:
```

```
Register
CPU Registers          ∨
  PC              = 0x8016
  SP              = 0x09FE
⊞ SR              = 0x0003
  R4              = 0xCDCD
  R5              = 0xCDCD
  R6              = 0xCDCD
  R7              = 0xCDCD
  R8              = 0xCDCD
  R9              = 0xCDCD
  R10             = 0xCDCD
  R11             = 0xCDCD
  R12             = 0xCDCD
  R13             = 0xCDCD
  R14             = 0xCDCD
  R15             = 0x7530
  CYCLECOUNTER    = 210025
  CCTIMER1        = 210025
  CCTIMER2        = 210025
  CCSTEP          = 210009
```

图 3.29　运行到断点设置处的状态

P1OUT ^= BIT0;
for(int i = 0;i<30000;i++);

反汇编语句为

008016 xor.b ♯0x1,&P1OUT　解释 P1OUT ^= BIT0;

下面几条语句解释的是"for(int i=0;i<30000;i++);"。

00801	aclr.w	R15	R15 清零
00801	ccmp.w	♯0x7530,R15	比较 R15 的数值,是否为 30 000(0x7530)
008020	jge	0x8016	到 30 000 转至 0x8016,否则下一步
008022	inc.w	R15	R15 增加一个数值
008024	jmp	0x801c	跳转至地址 0x801c 执行其语句

为了清楚每条指令执行的时间,请读者单步执行语句,如图 3.30 所示。其中,深色部分表示即将执行的指令位置,"CCSTEP=4"表示刚刚执行的那条指令花费了 4 个机器周期,CYCLECOUNTER 记录总共花费的机器周期数。

图 3.30 给出了各指令需要花费的时间(机器周期数),例如:

```
P1OUT ^= BIT0;
    008016    xor.b  ♯0x1              4
for(int i = 0;i<30000;i++);
    clr.w     R15                      1
    cmp.w     ♯0x7530,R15              2
    jge       0x8016                   2
    inc.w     R15                      1
    jmp       0x801c                   2
```

由此可知,循环体内的"P1OUT ^= BIT0;"语句花费了 4 个机器周期,"for(int i=0;i<30000;i++);"语句花费的机器周期数为

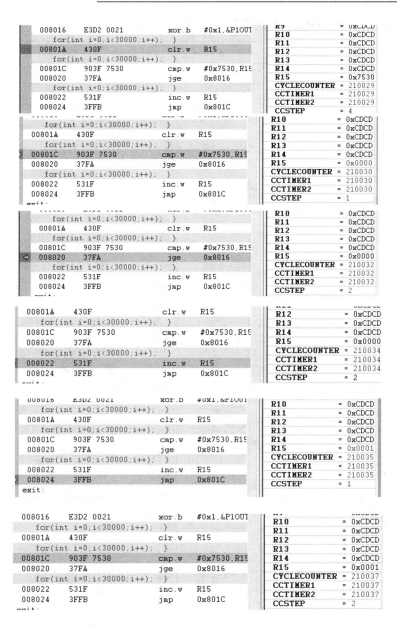

图 3.30 各条汇编指令执行的时间

$$30000\times(2+2+1+2)+1+2+2=210005$$

关于指令周期(指令所需要的机器周期数)的描述在各个手册中都有,表 3.11 所列为不同指令的机器周期,按 7 种寻址方式分类。

表 3.11 MSP430 指令的机器周期与指令的长度(摘自 slua144j.pdf 第 61 页)

Addressig Mode		No. of Cycles	Length of Instruction	Example	
Src	Dst				
Rn	Rm	1	1	MOV	R5,R8
	PC	2	1	BR	R9
	x(Rm)	4	2	ADD	R5,4(R6)
	EDE	4	2	XOR	R8,EDE
	&EDE	4	2	MOV	R5,&EDE
@Rn	Rm	2	1	AND	@R4,R5
	PC	2	1	BR	@R8
	x(Rm)	5	2	XOR	@R5,8(R6)
	EDE	5	2	MOV	@R5,EDE
	&EDE	5	2	XOR	@R5,&EDE
@Rn+	Rm	2	1	ADD	@R5+,R6
	PC	3	1	BR	@R9+
	x(Rm)	5	2	XOR	@R5,8(R6)
	EDE	5	2	MOV	@R9+,EDE
	&EDE	5	2	MOV	@R9+,&EDE
#N	Rm	2	2	MOV	#20,R9
	PC	3	2	BR	#2AEh
	x(Rm)	5	3	MOV	#0300h,0(SP)
	EDE	5	3	ADD	#33,EDE
	&EDE	5	3	ADD	#33,&EDE
x(Rn)	Rm	3	2	MOV	2(R5),R7
	PC	3	2	BR	2(R6)
	TONI	6	3	MOV	4(R7),TONI
	x(Rm)	6	3	ADD	4(R4),6(R9)
	&TONI	6	3	MOV	2(R4),&TONI
EDE	Rm	3	2	AND	EDE,R6
	PC	3	2	BR	EDE
	TONI	6	3	CMP	EDE,TONI
	x(Rm)	6	3	MOV	EDE,0(SP)
	&TONI	6	3	MOV	EDE,&TONI

续表 3.11

Addressig Mode		No. of Cycles	Length of Instruction	Example	
Src	Dst				
&EDE	Rm	3	2	MOV	&EDE,R8
	PC	3	2	BRA	&EDE
	TONI	6	3	MOV	&EDE,TONI
	x(Rm)	6	3	MOV	&EDE,0(SP)
	&TONI	6	3	MOV	&EDE,&TONI

综上所述，实现本实验"P1.0 上 LED 灯亮 0.1 s 再灭 0.3 s"就要以使用"for(int i=0;i<xx;i++);"语句。其中，0.3 s 时 xx 的值为(300 000−5)/7=42 856，0.1 s 时 xx 的值为(100 000−5)/7=14 285。

测试时会发现，LED 灯一直是熄灭的，根本不亮，问题在哪儿呢？调试！通过调试几乎可以解决一切问题。现场如图 3.31 所示：在"P1OUT.0=0"处设置了断点，而程序却一直不能执行到断点处，问题就在这里！同时，还有"!"警告出现。如果到不了断点处，那么"P1OUT |= 0x01;"这条语句就执行不了，LED 灯就不会亮。

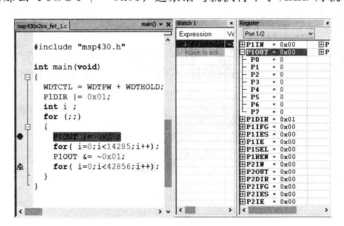

图 3.31　程序执行情况

再单步运行，发现跳不出"for(i=0;i<42856;i++);"循环。检查程序：变量 i 定义为 int 类型，int 为系统默认的有符号 16 位数。注意是有符号的，那么这个变量只能表示−32 768~32 767，42 856 已经超出此范围(同时该语句旁的"!"也提醒有语法警告)，所以程序退不出这个循环。最简单的办法就是定义该变量为无符号变量，或可以表示更大范围的 long 类型：

```
unsigned int   i;
```

或

```
    long  i;
```
其余程序不变。

实验 3-6 LED 灯亮度调控

读者测试下面的程序试试看。

```
int main(void)
{
    WDTCTL = WDTPW + WDTHOLD;        //Stop watchdog timer
    P1DIR |= 0x01;                   //Set P1.0 to output direction
    unsigned int i;
    for (;;)
    {
        P1OUT |= 0x01;               //亮
        for( i=0;i<1000;i++ );
        P1OUT &= ~0x01;              //熄灭
        for( i=0;i<3000;i++ );
    }
}
```

上述程序中将延时参数调整了,但还是 1∶3 的关系,理论上来讲还是亮的时间是熄灭时间的 1/3,然而这次看到的闪烁不明显了,基本都是亮的。继续修改循环中的语句:

```
for (;;)
{
    P1OUT |= 0x01;                   //亮
    for( i=0;i<1;i++ );
    P1OUT &= ~0x01;                  //熄灭
    for( i=0;i<300;i++ );
}
```

结果还是不闪烁,一直亮,只是比较微弱。继续修改:

```
for (;;)
{
    P1OUT |= 0x01;                   //亮
    for( i=0;i<20;i++ );
    P1OUT &= ~0x01;                  //熄灭
    for( i=0;i<300;i++ );
}
```

此时,亮度增加了一点点,继续修改:

```
for(;;)
{
    P1OUT | = 0x01;                    //亮
    for( i = 0;i<300;i++);
    P1OUT & = ~0x01;                   //熄灭
    for( i = 0;i<20;i++);
}
```

此时,LED 灯很亮了。该实验中的 LED 灯确实是按照一定的时间间隔闪烁,但是由于视觉暂留的原因看不到闪烁,只是看到了亮度的变化。请读者自行编写程序使 P1.0 上的 LED 灯慢慢亮起来,再慢慢暗下去。

在程序设计中,函数的应用很重要,再大型的程序都是一个个小函数构成的,所以要养成编写函数的好习惯。本实验先编写亮度控制函数,该函数有两个参数——入口参数和出口参数,这里不需要出口参数,入口参数可以是亮度值(大致的),函数框架如下:

```
void brightness(int xx)              //xx 表示亮度参数
{
}
```

函数主体与刚才的测试程序一样:

```
void brightness(int xx)              //xx 表示亮度参数
{
    P1OUT | = 0x01;                  //亮
    for( i = 0;i<xx;i++);
    P1OUT & = ~0x01;                 //熄灭
    for( i = 0;i<300 - xx;i++);
}
```

完整程序略,请读者自行完成。

3.3.3 端口输出举例 2——音频应用

在单片机系统中通过简单的硬件实现音频输出会给应用增色不少。物体振动会发出声音,扬声器或蜂鸣器就是利用这一原理通过振膜的振动来发声的。一般情况下,无源蜂鸣器由线圈、永磁铁、振膜构成,线圈直流电阻一般为 42 Ω 左右。如果前面的实验将 P1.0 输出的"0""1"输送给蜂鸣器,则振膜就会往复运动从而发声,请读者自行实验。

实验 3-7 蜂鸣器发声实验

蜂鸣器常用无源蜂鸣器,其直流电阻一般为 42 Ω 或 16 Ω。常用两种方法驱动:

正端驱动与负端驱动。正端驱动：将其中一个引脚接地，另一个引脚接驱动，这里还用前面驱动 LED 的 P1.0 端口。将与发光管连接的短接块去掉，并设置相关寄存器（P1DIR 与 P1OUT），让 P1.0 输出高电平，注意听蜂鸣器是否发声，此时会发现蜂鸣器没有发声。负端驱动：将蜂鸣器的一端接电源 VCC，另一端连接到 P1.0，当输出低电平时，理论上蜂鸣器会发声，但依旧没有发声。

两次实验结果一样，蜂鸣器基本没有发声。蜂鸣器的直流电阻为 42 Ω，问题就在这里。刚刚用到的两种驱动方式都需要有电流流过蜂鸣器：

$$3\text{ V}/42\text{ Ω}=70\text{ mA}$$

这个电流需要由 P1.0 提供（流出或流入），但 MSP 端口提供不了这么大的电流（除了 MSP432 的个别大电流输出端口外）。图 3.32 已显示了 MSP 通用端口的驱动能力。

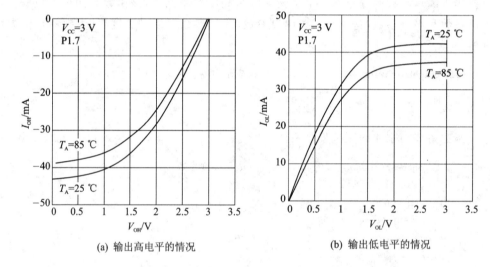

(a) 输出高电平的情况　　　　　(b) 输出低电平的情况

图 3.32　MSP 通过端口输出电流的能力（摘自 MSP430G2552.pdf 第 26 页）

上述两种情况正好是图 3.32 所示的情况。一种情况是，当蜂鸣器的一个引脚接地时，用的是高电平驱动，如图 3.32(a)所示，当流过太大电流时，输出高电平会降低到单片机不认识的电平（不知道是高还是低），而实现不了输出高电平；另一种情况是，将蜂鸣器的一个引脚接 VCC 引脚，另一个引脚接端口，用的是 "0"，低电平驱动，如图 3.32(b)所示，当电流太大时，低电平输出也实现不了。前面的 LED 为什么没有问题呢？这是因为 LED 只需要较小的电流，该端口才能驱动。

怎么解决这个问题呢？MSP 端口驱动电流不够是主要原因，当然 MSP432 有大电流端口。常用三极管进行扩流驱动，见图 3.33，当 P1.6

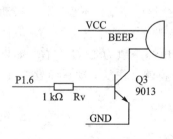

图 3.33　蜂鸣器驱动电路

第 3 章　MSP 以及片内基础外设

(笔者设计的摇摇棒插在 G2 Launchpad 上时是 P1.6)是高电平时,三极管导通,电流流过蜂鸣器(BEEP);当 P1.6 为低电平时,没有电流流过蜂鸣器。

继续实验,只是更改寄存器的值,注意千万不要将蜂鸣器贴近耳朵!因为这次电流足够,声音会比较大。更改寄存器的值,蜂鸣器有很明显的"啪"的一声。同时,当 P1DIR.6＝1 时,无论 P1OUT.6 是"0"还是"1"都可以听到蜂鸣器发声,但都只是短促的一声。原因是输出"1"线圈通电,将振膜拉往一边,而输出"0"线圈没有电流,振膜由于自身弹性将弹向另一边,所以都有振动,都发声了。

继续用第一次的实验程序,当延时较长时,会听到"啪""啪"的响声,下面将延时变短:

```
while(1)
{                              //循环体
    P1OUT ^= BIT6;             //对输出置反
    for(i=0;i<300;i++);        //延时
}
```

这时发出了某个频率的声音。继续改变延时参数,可得到不同频率的声音。

实验结论:蜂鸣器的发声频率就是控制端口输出信号的频率。

实验 3-8　让单片机唱歌

本实验通过单片机来控制蜂鸣器唱歌。一首简单的歌曲主要有两个要素:节拍与音阶,音阶是各个音符的频率,节拍是各音符的时长,因此循环输出一定时长的频率信号给蜂鸣器即可。此时需要两个数组:一个表示时长,一个表示音阶,其中时长以最短时长为单位。比如下面的歌曲:

> 1 2 3 1 | 1 2 3 1 | 3 4 5 | 3 4 5 | 5 6 5 4 |
> 两只老虎,两只老虎,跑得快,跑得快。一只没有
>
> 3 1 | 5 6 5 4 | 3 1 | 2 5 | 1 0 | 2 5 | 1 0 ‖
> 眼睛,一只没有尾巴,真奇怪!　真奇怪!

以第一节为例,该节共有 4 个音阶"1""2""3""1",时长一样,所以两个数组分别为:

```
int  data1[] = {aa,bb,cc,dd};    //时长,播放某音符的时间
int  data2[] = {a,b,c,d};        //音阶,a、b、c、d 为具体数值
```

定义一变量用于表示播放音符的序号:

```
int index = 0;
```

主循环结构:

```
    for(;;)
    {
        for(i=0;i<data1[index];i++)
            song(data2[index]);
        index++;
        if(index>=4)
            index=0;
    }
```

发出不同音阶的函数 song(变量值决定音阶)：

```
void song(int xx)
{
int i;
    P1OUT ^= BIT6;
    for(i=0;i<xx;i++);
}
```

(1) 计算频率参数

首先音阶与频率的关系如下：

| 音符： | 1 | 2 | 3 | 4 | 5 | 6 | 7 | （C调简谱音符） |
| 频率： | 520 | 585 | 650 | 693 | 780 | 867 | 975 | （Hz） |

若发"1"，则 P1.6 应输出 520 Hz 的频率信号。实验 3-5 已经得到延时函数：

for(i=0;i<xx;i++);

该函数运行所需的机器周期数与 xx 的关系为

$$机器周期数 = 7 \times xx + 5$$

由于单片机默认运行频率为 1 MHz，机器周期数为 1 μs，所以 520 Hz 信号的周期为

$$1\,000\,000/520 = 1\,923\ \mu s$$

延时函数需要花费的时间为

$$1\,923/2 = 961\ \mu s$$
$$xx = (961-5)/7 = 136$$

同理，可以得出其他音符对应的 xx 值：

音符：	1	2	3	4	5	6	7	（C调简谱音符）
频率：	520	585	650	693	780	867	975	（Hz）
xx 值：	136	121	109	102	91	81	72	

(2) 计算时长参数

时长与频率是相关的，如果频率高，且时长相同，则时长参数应该大，时长参数实际上就是某频率音符播放的次数。当使用下面的程序段时，需要 data1[]数组中对应

的数据与 data2[ ] 数组中对应的数据的乘积是某固定值。

```
for(i = 0;i<data1[index];i++)
    song(data2[index]);
```

读者可以这样定义数组中的值：

```
const int data2[4] = {136,121,109,136};
const int data1[4] = {520,585,650,520};
```

读者将程序完善后测试，同时将完整的歌曲播放出来。此处只写了 4 个音符，所以 index 最大为 4：

```
index ++;
if(index >= 4)
    index = 0;
```

实验 3-9　音乐彩灯

上述实验可以让 LED 灯以某频率闪烁，也可以让蜂鸣器唱歌，本实验将把这二者融合起来，让单片机一边唱歌一边闪着灯，或者让灯跟着节拍闪烁。

注意：单片机唱歌需要精确计算延时参数，LED 灯按照某固定频率闪烁也需要精确计算延时参数，这两个参数会相互冲突，相互影响，但硬件不冲突，唱歌使用 P1.6，LED 灯闪烁使用 P1.0。

具体实施由读者自行完成。

3.3.4　端口输入应用

MSP 所有的数字端口都有输入功能，输入功能的实现依然由相关的寄存器完成，最主要的寄存器有两个：

- PxDIR：必须将要输入的端口设置为输入方向。
- PxIN：输入到这个端口的高低电平信息存储在该寄存器中，读取即可。

实验 3-10　按钮感知（端口输入）实验

如图 3.34 所示，电路中有两个按钮，其中一个按钮连接在 P1.3 上，另一个连接在 RST/SBWTDIO 引脚上。连接在复位引脚上的按钮只能让程序重新启动，而连接在 P1.3 上的按钮则是该实验的主角。

由图 3.34 可知，按钮 S2 一端连接在 P1.3 上，另一端接地；P1.3 一边通过电阻 R34 连接到 VCC，一边通过电容 C24 接地。当设置 P1.3 为输入，按钮 S2 未按下时，P1IN.3 应为高电平，因为此时 P1.3 通过电阻 R34 连接到了 VCC；当按下按钮 S2 时，P1IN.3 应为低电平，因为此时直接连接到地。打开实验 1-1，进入调试状态，设

第 3 章　MSP 以及片内基础外设

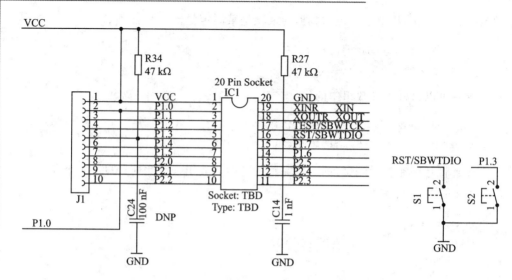

图 3.34　按钮电路图（摘自 slau318f.pdf 第 19 页）

置 P1DIR.3＝0，关注 P1IN.3 的变化。当按下按钮 S2 并单步执行一次（目的是调试环境读取 MCU 内部的信息）时，P1IN 的状态如图 3.35 所示。

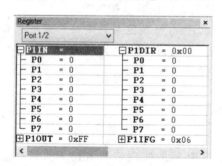

图 3.35　P1 相关寄存器的状态

释放按钮 S2 后，再任意单步执行一次，端口状态依旧如图 3.35 所示，由图可知，P1IN.3 的值并未变为"1"，还是"0"。这显然不对！仔细检查发现，没有在板上焊接电阻 R34，如图 3.36 所示。

图 3.36 中的 G2 Launchpad 板子上没有焊接 P1.3 的电阻 R34（J1 上面一点，或 PWR 灯的右边一点）与电容 C24，也就是说，P1.3 只连接了按钮 S2，当按下按钮 S2 时，P1IN.3＝0；当未按下按钮 S2 时，P1IN.3 是不确定的值，因为此时 P1.3 是悬空的，处于不确定状态，所以电阻 R34 是必须要焊接的，但 G2 Launchpad 确实没有该电阻。解决的办法是：MSP 单片机的大多数 I/O 都有内置电阻，MSP430G2553 也有内置电阻，可以通过相关寄存器进行控制：

- PxREN：内置电阻使能寄存器，0 为禁用，1 为使能。
- PxOUT：上下拉电阻选择寄存器，在使能内置电阻后，1 为上拉，0 为下拉。

具体说明如图 3.37 所示。

继续通过实验找到解决办法：

① 设置 P1DIR.3＝0，P1.3 为输入；

② 设置 P1REN.3＝1，P1.3 使用内置电阻；

③ 设置 P1OUT.3＝1，内置电阻上拉。

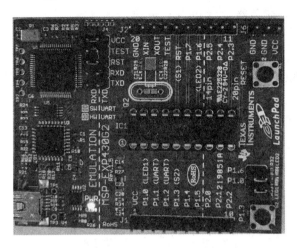

图 3.36　实验 3-10 的 G2 Launchpad 实物图

8.2.2 Output Registers PxOUT

Each bit in each PxOUT register is the value to be output on the corresponding I/O pin when the pin is configured as I/O function, output direction, and the pullup/down resistor is disabled.

　　Bit = 0: The output is low
　　Bit = 1: The output is high

If the pin's pullup/pulldown resistor is enabled, the corresponding bit in the PxOUT register selects pullup or pulldown.

　　Bit = 0: The pin is pulled down
　　Bit = 1: The pin is pulled up

8.2.3 Direction Registers PxDIR

Each bit in each PxDIR register selects the direction of the corresponding I/O pin, regardless of the selected function for the pin. PxDIR bits for I/O pins that are selected for other functions must be set as required by the other function.

　　Bit = 0: The port pin is switched to input direction
　　Bit = 1: The port pin is switched to output direction

8.2.4 Pullup/Pulldown Resistor Enable Registers PxREN

Each bit in each PxREN register enables or disables the pullup/pulldown resistor of the corresponding I/O pin. The corresponding bit in the PxOUT register selects if the pin is pulled up or pulled down.

　　Bit = 0: Pullup/pulldown resistor disabled
　　Bit = 1: Pullup/pulldown resistor enabled

图 3.37　关于上下拉电阻的原文说明（摘自 slau144j.pdf 第 328 页）

第3章 MSP 以及片内基础外设

设置上述 3 个寄存器后就相当于焊接了图 3.34 中的电阻 R34。再继续实验 3-10,没有按下按钮 S2 时可以读到高电平输入(P1IN.3=1),按下按钮 S2 后 P1IN.3=0。

编写程序实现按下按钮 S2 时连接在 P1.0 上的 LED 灯亮,不按按钮 S2 时 LED 灯不亮。程序中主要的语句就是判断 P1.0 是不是输入了低电平(按下按钮 S2 时),可以用下面的语句实现:

```
if((P1IN&BIT3) == BIT3)           //没有按下
    P1OUT &= ~BIT0;
else                              //按下了
    P1OUT |= BIT0;
```

当然前面的 3 条设置语句不可少:

```
P1DIR  &=  ~BIT3;
P1REN  |=  BIT3;
P1OUT  |=  BIT3;
```

由此可见,单片机的应用程序设计与硬件电路密不可分,相互的依赖性较强。

实验 3-11 按钮控制 LED 灯闪烁(练习如何通过调试找问题)

先来考察实验 1-1,其主循环为

```
while(1)
{
    P1OUT ^= BIT0;
    for(int i = 0;i<6000;i++);
}
```

如果让按钮来控制 LED 灯的闪烁:按一下停止闪烁,再按一下继续闪烁,周而复始,则按钮的判断语句应添加到循环体中,添加一个记按钮次数的计数器:

```
int  Key_time = 0;                //记按钮次数的计数器,每按一次加一
while(1)
{
    if((P1IN&BIT3) != BIT3)        //按下
        Key_time++ ;
    if(Key_time & BIT0)            //按下奇数次闪烁
    {
        P1OUT ^= BIT0;
        for(int i = 0;i<6000;i++);
    }
}
```

第 3 章 MSP 以及片内基础外设

在上述程序中,每按一次按钮,Key_time 值加一,然后判断 Key_time 值的奇偶性,如果是奇数则运行 LED 灯闪烁程序,否则不运行 LED 灯闪烁程序,此时再次按下按钮,使得 Key_time 值为奇数,然后运行 LED 灯闪烁程序。思路没有问题,但运行起来总实现不了本实验的目的,这是为什么呢?通过调试来查找原因,在图 3.38 所示的位置处设置断点。

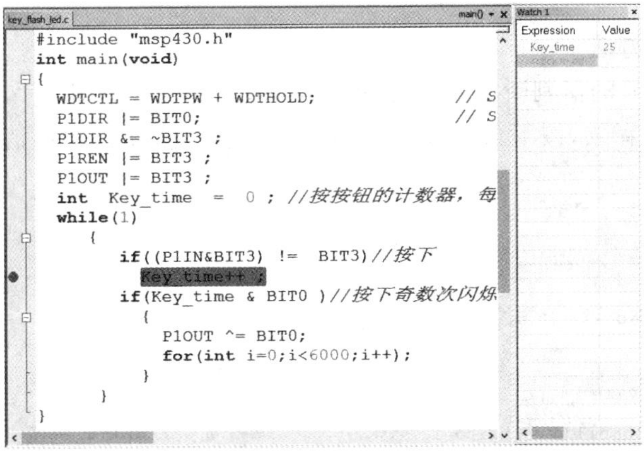

```
#include "msp430.h"
int main(void)
{
    WDTCTL = WDTPW + WDTHOLD;         // S
    P1DIR |= BIT0;                    // S
    P1DIR &= ~BIT3 ;
    P1REN |= BIT3 ;
    P1OUT |= BIT3 ;
    int Key_time = 0 ; //按按钮的计数器,奇
    while(1)
    {
        if((P1IN&BIT3) != BIT3)//按下
            Key_time++ ;
        if(Key_time & BIT0 )//按下奇数次闪烁
        {
            P1OUT ^= BIT0;
            for(int i=0;i<6000;i++);
        }
    }
}
```

图 3.38 断点位置

将变量 Key_time 放入观察窗口,连续运行,若不按按钮则不停留在断点处。通过按按钮与运行程序使 Key_time 值的奇偶性发生变化,以此来测试思路正确与否:当 Key_time 为奇数时,不按按钮,运行程序,LED 灯闪烁;再次按按钮,程序停在断点处,Key_time 值为偶数,再次运行程序,发现 LED 灯不闪烁。思路没有问题!那为什么去掉断点后连续运行却不能实现所设定的目标(通过按按钮实现 LED 灯闪烁的控制)呢?问题出在哪里呢?如果不按按钮,而是直接更改 Key_time 的值,然后连续运行,则发现没有问题:当 key_time 的值为奇数时 LED 灯闪烁,当 key_time 的值为偶数时,LED 灯不闪烁。这又是为什么呢?

(1) 原 因

单片机运行时的时钟频率默认为 1 MHz,这看似很慢(与计算机相比),但与手按按钮的动作相比,这已经非常快了! 可以做这样一个实验:不设置断点,先复位MCU,也就是 Key_time 的初始值为 0,然后运行程序,只按一次按钮,停下来观察Key_time 值的大小,此时会发现 Key_time 的值由初始值 0 直接跳变到了 10 左右(具体值随机),增加了较多的数,而不是按一次按钮增加 1。程序有问题吗?没有问题,因为再次断点或单步调试,按一次按钮确实增加了"1",而不是十多个数。为什么实际连续运行按一次按钮却增加了十多个数呢?这是因为 MCU 是顺序执行程序的,在 while(1)循环体内反复顺序执行其中的程序:首先是否判断有没有按钮按下,其次根据 key_time 值的奇偶性来决定 LED 灯是否闪烁。如果闪烁,则判断按钮是否按下的语句将等待 LED 灯闪烁程序执行完毕，大约 42 ms 判断一次按钮是否被按下。当 key_time 的值为偶数时，由于 LED 灯闪烁程序不被执行，所以几个 μs 就会判断一次按按钮的动作，一旦 key_time 的值为奇数，就会执行 LED 灯闪烁程序，此时的判断时间即为 42 ms 左右。如果按下按钮的动作很慢，超过 42 ms，则会导致 key_time 的值不断累加，那么按一次按钮就不能确定 key_time 的值是奇数还是偶数（随机的）。

(2) 解决的办法

依赖 PxIN.n 的值判断没有问题，但还不够，还需要其他辅助手段。最简单的办法就是等待按钮释放，按下再释放才算一次，排除重复，如果增加消除抖动则更好。修改后的程序为

```
while(1)
{
    if((P1IN&BIT3) != BIT3)                   //按下
    {
        Key_time ++ ;
wait: if((P1IN&BIT3) != BIT3)                 //如果没有释放按钮则等待，直到释放
        goto wait;
    }
    if(Key_time & BIT0 )                      //按下按钮奇数次时 LED 灯闪烁
    {
        P1OUT ^= BIT0;
        for(int i = 0;i<6000;i++);
    }
}
```

实验 3-12 按钮控制 LED 灯的亮度

在实验 3-11 的基础上实现本实验的功能：LED 灯设置 10 级亮度，通过按钮改变其亮度。前文已介绍如何设置亮度，此处不再赘述；按钮的使用已在实验 3-10 中介绍，此处也不再赘述。

请读者自行完成本实验。

3.3.5 端口中断与 MCU 程序的执行细节剖析

MSP430 端口的 P1、P2 的各位都具有中断能力，而 MSP432 有 48 条 I/O 端口都有中断能力。本小节还是使用 G2 Launchpad 板上的 P1.3 所连接的按钮做实验。与中断相关的寄存器都有（用 P1 举例）：

P1IE：中断使能。

该寄存器定义一个端口的哪些位允许中断，比如"P1IE=8;"表示 P1.3 可

以中断。

P1IES：中断沿选择：

    0：该端口由低电平变为高电平时触发中断；

    1：该端口由高电平变为低电平时触发中断。

比如"P1IES=8;"表示当 P1.3 引脚由高变低时，P1IFG.3=1；而其他位将在端口有由低变高的改变时，对应的 P1IFG 位置"1"，表示有中断发生。

P1IFG：中断标志：

    0：没有中断；

    1：有中断。

打开实验 1-1 或其他实验项目，进入调试状态，设置相关寄存器：

```
P1DIR = 0;              //P1.3 输入
P1REN = 8;              //P1.3 使用内部电阻
P1OUT = 8;              //P1.3 内部电阻上拉
P1IES = 8;              //选择 P1.3 下降沿中断
P1IFG = 0;              //清除标志位
```

设置相关寄存器，如图 3.39 所示。按下连接在 P1.3 上的按钮，单步执行程序（读取 MCU 内部信息），会发现 P1IFG.3=1。这是因为在 P1.3 端口上发生了由高电平变到低电平的事件，由 P1IN.3 的值由"1"变为"0"可知。

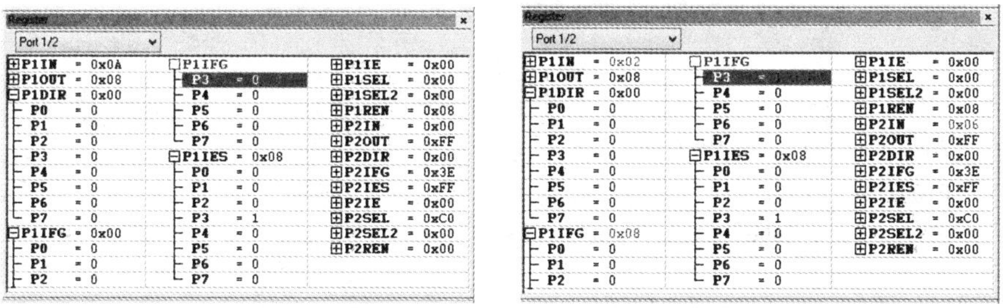

(a) 按下按钮前　　　　　　　　　　(b) 按下按钮后

图 3.39　P1 中断相关寄存器

继续实验，改变 P1IES 的值：

```
P1IES = 0;              //设置 P1.3 为上升沿中断
```

按住按钮，再单步运行一次，发现 P1IFG.3 的值没有改变，而释放按钮再单步执行一次，则发现 P1IFG.3=1。原因：P1IES=0 表明 P1.3 设置为上升沿中断，而按下按钮让 P1IN.3=0 时，在 P1.3 端口产生下降沿；当释放按钮时，P1IN.3=1（有上拉电阻），在 P1.3 产生上升沿，使得中断标志置位。

实验 3-13　按钮中断方式控制 LED 灯的亮度——体会有中断的程序结构

程序中的中断必须由两部分构成：中断初始化与中断函数主体。中断初始化完成中断函数可能被执行的相关设置，而中断函数主体才是中断真正要完成的任务。中断函数有固定格式，只需要在函数名与函数体处填入设计者的代码。中断函数的格式如下：

```
#pragma vector = PORT1_VECTOR
__interrupt void key(void)
{
}
```

其中，PORT1_VECTOR 表示此函数为端口 P1 中断，key 为设计者定义的函数名，大括号内为函数体，由设计者自行编制，如下：

```
#pragma vector = …
__interrupt…           //均为格式性关键词
```

完整程序由两部分构成：主函数与中断函数。主函数用于完成中断初始化与灯亮的操作，中断函数用于改变亮度参数。亮度借用实验 3-6 的程序：

```
void brightness(int xx)               //xx 表示亮度参数
{
    P1OUT |= 0x01;                    //亮
    for( i = 0;i<xx;i++);
    P1OUT &= ~0x01;                   //熄灭
    for( i = 0;i<300-xx;i++);
}
```

亮度分 10 级，参数 xx 分别为 1、3、6、12、20、40、80、120、200、290，表示（大致）亮度等级。

首先，编写主程序：

① 中断设置（基本同前）：

```
P1DIR = 0;           //P1.3 输入
P1REN = 8;           //P1.3 使用内部电阻
P1OUT = 8;           //P1.3 内部电阻上拉
P1IES = 8;           //选择 P1.3 下降沿中断
P1IE = 8;            //允许 P1.3 中断
P1IFG = 0;           //清除标志位
_EINT();             //允许整个 MCU 中断
```

② 设置 P1.0 为输出：

P1DIR |= BIT0;   P1.0 为输出

③ 亮灯：

```
while(1)                //反复执行一定亮度的LED灯点亮程序
{
    brightness;         //亮度参数
}
```

其次，编写中断服务程序，这里很简单，只是改变亮度值：

亮度值++ ;

注意：加到 10 时回 0。

完整的程序：

```
#include "msp430.h"
int bright_xx[] = {1,3,6,12,20,40,80,120,200,290};  //亮度参数表,大致的
int Key_time = 0;
void brightness(int xx)                             //xx 表示亮度参数
{
    int i;
    P1OUT |= 0x01;                                  //亮
    for( i = 0; i<xx; i++ );
    P1OUT &= ~0x01;                                 //熄灭
    for( i = 0; i<300 - xx; i++ );
}


int main(void)
{
    WDTCTL = WDTPW + WDTHOLD;                       //关闭看门狗
    P1DIR |= BIT0;                                  //P1.0 输出
    P1DIR &= ~BIT3;
    P1REN |= BIT3;
    P1OUT |= BIT3;
    P1IE |= BIT3;
    _EINT();                                        //整个 MCU 总中断开关打开
    while(1)
    {
        brightness(bright_xx[Key_time]);            //此函数将使LED灯发参数指定亮度的光
        _NOP();                                     //增加一个空操作
    }
}
```

第 3 章　MSP 以及片内基础外设

```
#pragma vector = PORT1_VECTOR
__interrupt void key1(void)
{
    Key_time ++ ;
    if(Key_time >= 10 )
        Key_time = 0;
    P1IFG = 0;
}
```

通过上述程序体会前台后台的程序编写思路,其中主程序为死循环,一般被称为前台程序,中断程序常被称为后台程序。

中断程序什么时候被执行呢？当中断响应后才被执行。其不像主程序那样,是被安排好的,周而复始,知道下一步将会执行哪条语句。而 MCU 运行到何时或在什么地方进入中断程序呢？不知道,但知道当按下按钮时会进入中断,而按下按钮时 MCU 执行到哪里了不知道。中断程序执行完后,必须返回刚刚执行的地方继续执行主程序死循环。程序刚写入芯片时的状态如图 3.40 所示,此时打开了源码窗口、寄存器窗口、反汇编窗口、RAM 窗口。

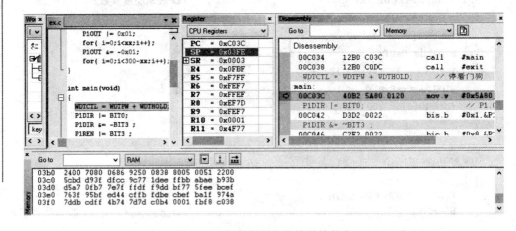

图 3.40　程序刚写入芯片时的状态

此时需要关注的第一点是:寄存器 PC(程序指针)的数据,该寄存器的数据表明 MCU 即将执行的指令是位于地址 0xC03C 处的指令,通过反汇编窗口可以发现该地址正好是 main()函数在存储器中的位置,因此第一条被执行的语句位于存储器地址 0xC03C 处的 main()函数中。但是,MCU 的真正的第一条语句将被放在上电复位向量所指向的地址,而上电复位向量所在的地址在哪里呢？首先来看中断向量表,如表 3.12 所列。

表 3.12 中断向量表(摘自 MSP430G2553 手册第 12 页)

中断源	中断标志	系统中断	字地址	优先级
加电 外部复位 安全装置定时器＋ 违反闪存密钥 PC 超出范围	PORIFG RSTIFG WDTIFG KEYV	复位	0FFFEH	31,最高
NMI 振荡器故障 闪存存储器访问冲突	NMIIFG OFIFG ACCVIFG	(不)可屏蔽 (不)可屏蔽 (不)可屏蔽	0FFF0H	30
Timer1_A3	TA1CCR0 CCIFG	可屏蔽	0FFFAH	29
Timer1_A3	TA1CCR2 TA1CCR1 CCIFG,TAIFG	可屏蔽	0FFF8H	28
比较器_A+ (Comparator_A+)	CAIFG[(4)]	可屏蔽	0FFF6H	27
安全装置定时器＋	WDTIFG	可屏蔽	0FFF4H	26
Timer0_A3	TA0CCR0 CCIFG	可屏蔽	0FFF2H	25
Timer0_A3	TA0CCR2 TA0CCR1 CCIFG,TAIFG	可屏蔽	0FFF0H	24
USCI_A0/USCI_B0 接收 USCI_B0 I^2C 状态	UCA0RXIFG,UCB0RXIFG	可屏蔽	0FFEEH	23
USCI_A0/USCI_B0 发送 USCI_B0 I^2C 收/发	UCA0TXIFG,UCB0TXIFG	可屏蔽	0FFECH	22
ADC10 (仅限 MSP430G2x53)	ADC10IFG	可屏蔽	0FFEAH	21
			0FFE8H	20
I/O 端口 P2(多达 8 个标志)	P2IFG.0～P2IFG.7	可屏蔽	0FFE6H	19
I/O 端口 P1(多达 8 个标志)	P1IFG.0～P1IFG.7	可屏蔽	0FFE4H	18
			0FFE2H	17
			0FFE0H	16
			0FFDEH	15
			0FFDEH～ 0FFC0H	14～0,最低

在表 3.12 中从左到右依次为中断源、中断标志、系统中断、字地址、优先级,其

第3章 MSP以及片内基础外设

中,优先级表明该中断的优先等级,最高表示在其他中断源也存在的情况下,其他将被忽略,优先级最高的优先被响应;字地址即指中断向量,表示中断程序所存放的位置,只有一个字的位置,该位置内的数据是该中断服务程序在程序存储器中所处的起始位置。实验3-13用到表3.12中的两个中断,也可以是一个中断:P1中断与加电复位中断。"加电(上电复位)"可以算是中断,也可以不算是中断,因为所有的MCU都是由"加电复位"开始执行的,整个程序开始启动的位置都存放于此。MSP430将第一条被执行的语句放在了存储器的0FFFEH处。

表3.12的最左列是中断源,当第一行中的任一条件发生时,触发该中断,使系统复位。当MCU加电或外部复位时,将触发该中断,引起系统复位,MCU将会把该向量0FFFEH地址内的数据送给PC指针(程序指针)。该地址内是什么数据呢?图3.41所示是将反汇编窗口下拉到最后的情况,可以发现是这样描述的:

```
? reset_vector:
00FFFE   C014    0000    bic.w   0x0,    R4
```

"00FFFE C014"表明当MCU一加电时,第一条被执行语句的位置是"C014",而其后的反汇编"bic.w 0x0,R4"没有意义。注意,"C014"不是一条指令,只是地址。

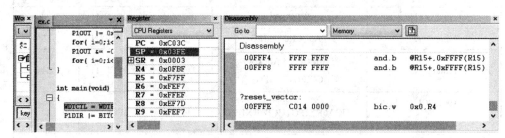

图3.41 反汇编窗口中的情况

但是,图3.41与图3.40所示的PC值都是0xC03C,而不是0xC014!将图3.40所示的反汇编窗口再往前看一点,如图3.42所示。

在图3.42所示的反汇编窗口中找到了地址"00C014",由其后的反汇编语句可知,该处的语句含义为初始化堆栈指针、R12、R13赋值等:

```
mov.w   #0x400,SP
mov.w   #0x214,R12
mov.w   #0x2,R13
  :
Call    #main
Call    #exit
```

这些语句由C编译器安排,而不是程序设计者编写的。在编写C程序时没有对堆栈进行任何处理(当然也可以处理),而在计算机系统中堆栈又非常重要,所以C

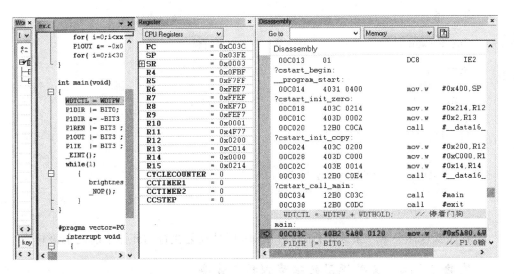

图 3.42 main()之前的程序

语言编译环境在帮我们做这件事,在 00C014 处的第一条语句是:

mov.w 0x400,SP   //将堆栈指针设置到 RAM 的 0x400 处

其后的语句:

mov.w #0x214,R12

mov.w #0x2,R13

⋮

这些都可以不管,但是紧接着的语句:

call #main

是很重要的:其调用了我们编写的程序,也就是说,我们编写的程序要在 MCU 加电复位后,经历如此曲折的过程才可以被执行。图 3.40～图 3.42 所示的 PC 值直接指向 main()函数的位置处,其实已是 MCU 执行了一段程序之后的事情了;而 PC 的值为 main()函数的地址就是因为"call #main"被执行,要进入函数 main(),所以此时 PC 的值为 0xC03C,而不是复位向量内的数据 00C014。

要关注的第二点是:SP 的值为什么不是第一条语句"mov.w #0x400,SP"执行的结果(SP=0x400),而是 0x3FE 呢? 图 3.40～图 3.42 所示的 SP 值都是 0x3FE。这是因为"call #main"语句执行的是函数调用,函数的调用将执行一次压栈操作,而 MSP430 的栈操作是字操作,压栈操作将栈指针减 2,故 SP=0x400−2=0x3FE。

在主程序中,程序语句被顺序执行。

第一条：

```
WDTCTL = WDTPW + WDTHOLD;           //关闭看门狗
```

第二条：

```
P1DIR |= BIT0;                      //P1.0 为输出
 ⋮
while(1)
{
    brightness(bright_xx[Key_time]);
    _NOP();
}
```

程序就这样一条一条地执行,然后在 while 处反复执行循环体中的两条语句。

实验 3-14 函数调用的细节剖析与体会

在循环体的第一条语句处设断点或将程序运行到此停下来,状态如图 3.43 所示,此时为程序执行到函数将要被调用的地方,如果再执行一步,则发生函数调用。这时需注意当前的状态：

PC = 0xC062;
SP = 0x03FE;

还要注意 RAM 内最后几个地址的数据：

```
03F0    7DDB CDFF 4B74 7D7D C0B4 0001 FBF8 C038
```

这些数据是 RAM 内 03F0 后面 8 个字的数据,分别是（左边是地址,右边是地址内数据）：

```
03FE    C038
03FC    FBF8
03FA    0001
 ⋮
03F0    7DDB
```

其实就关注地址后面的几个数据。现在单步执行进入子程序,如图 3.44 所示。由图 3.44 可以看出程序进入子函数的情况,还是关注上述的那些地方：

PC = 0xC06A;
SP = 0x03FC;

还要注意 RAM 内最后几个地址的数据：

```
03F0    7DDB CDFF 4B74 7D7D C0B4 0001 C066 C038
```

第 3 章 MSP 以及片内基础外设

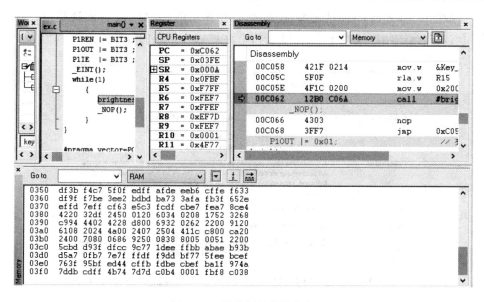

图 3.43　函数调用前的状态

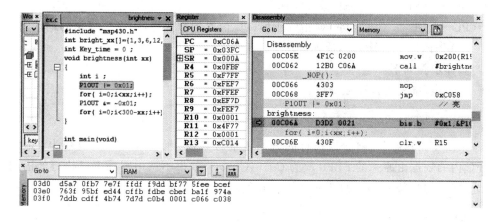

图 3.44　进入子程序的状态

上述数据是 RAM 内 03F0 后面 8 个字的数据,前几个没有变,只是 03FC 地址内的数据改变了：

```
03FE   C038
03FC   C066
03FA   0001
  ⋮
```

具体分析：

PC＝0xC06A 表示程序正要执行的语句所在存储器中的位置,同时,图 3.44 中反汇编的光标带也正好指向这个位置,是函数 brightness() 的第一条语句。

现在 SP=0x03FC,而这之前,在图 3.43 中所示的 SP 为 0x03FE,这是因为程序调用时需执行一句压栈操作。在 TI 文档中对 CALL 指令的解释如图 3.45 所示。

```
                                                    Instruction Set
CALL              Subroutine
Syntax            CALL      dst
Operation         dst       -> tmp        dst is evaluated and stored
                  SP – 2    -> SP
                  PC        -> @SP        PC updated to TOS
                  tmp       -> PC         dst saved to PC
Description       A subroutine call is made to an address anywhere in the 64K address space.
                  All addressing modes can be used. The return address (the address of the
                  following instruction) is stored on the stack. The call instruction is a word
                  instruction.
Status Bits       Status bits are not affected.
Example           Examples for all addressing modes are given.
                  CALL      #EXEC     ; Call on label EXEC or immediate address (e.g. #0A4h)
                                      ; SP–2 → SP, PC+2 → @SP, @PC+ → PC
```

图 3.45 TI 对 CALL 指令的解释(摘自 slau056l.pdf 第 69 页)

在 TI 文档的指令系统部分对 CALL 调用进行了解释,大意如下:

SP−2→SP　　　　　SP 减 2 操作
PC→@SP　　　　　将 PC 指针压堆(PC 值送到堆栈指针 SP 所指示的地址内)
tmp→PC　　　　　当前地址送 PC 指针

具体步骤如下:

第一步,堆栈指针减 2 操作。

SP　0x03FE→0x03FC

第二步,将调用之前即将执行的语句地址(PC 值)压栈,RAM 的改变为:地址 03FC 内的数据由原来的 FBF8 改为 C066(C066 为如果不调用则马上要执行的语句地址,即语句"_NOP();"的地址),其余未变。具体如下:

03FC　FBF8→C066

在图 3.44 所示的反汇编部分,调用执行完后要执行的语句是"_NOP();",该语句的地址在图 3.44 中显示的正好是 C066。所以该步是将 C066 压入堆栈,即压入堆栈指针 SP 的值所指向的 RAM 地址 0x03FC 内,故 RAM 的改变为

03FC　FBF8→C066

第三步,PC 值的改变。

PC=0xC06A 表示程序正要执行的语句所在存储器中的位置,是函数 brightness()第一条语句的地址,或被调用函数所在的开始位置。

子程序内语句的执行依旧是顺序执行,但请注意最后一条指令是程序中没有写的:ret,返回指令,如图 3.46 所示。其中,TI 对 ret 指令的解释如图 3.47 所示。

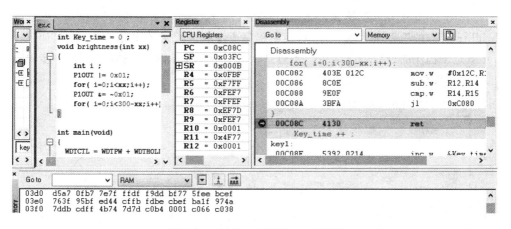

图 3.46 停在 ret 处的 MCU 现场

Instruction Set	
* RET	Return from subroutine
Syntax	RET
Operation	@SP→PC SP + 2 → SP
Emulation	MOV @SP+,PC
Description	The return address pushed onto the stack by a CALL instruction is moved to the program counter. The program continues at the code address following the subroutine call.
Status Bits	Status bits are not affected.

图 3.47 TI 对 ret 指令的解释（摘自 slau056l.pdf 第 96 页）

该解释正好与调用反过来了：

@SP→PC　　　　　　　将 PC 指针出栈

SP+2→SP　　　　　　 堆栈指针加 2 操作

看看实际情况，将程序执行到 ret 处停下来观察现场，如图 3.46 所示。
依旧关注上述的那些地方：

PC = 0xC08C;
SP = 0x03FC;
RAM: 03F0   7DDB CDFF 4B74 7D7D C0B4 0001 C066 C038

这些数据是 RAM 内 03F0 后面的数据，分别是

03FE   C038
03FC   C066
03FA   0001
⋮
03F0   7DDB

在图 3.46 中，反汇编窗口的光标带指向 ret，同时源程序光标带指向程序 brightness() 的后一个大括号处，这表明程序还没有执行完，依旧在子程序中，印证了 ret 就是子程序的最后一条指令。不过这次主要是看 ret 指令的执行情况，单步执行该指令，MCU 现场如图 3.48 所示。

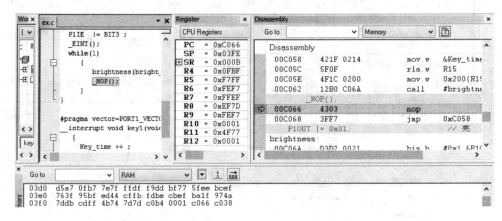

图 3.48 ret 执行之后的 MCU 现场

现场情况：

PC = 0xC066；

SP = 0x03FE；

RAM：03F0   7DDB CDFF 4B74 7D7D C0B4 0001 C066 C038

这些数据是 RAM 内 03F0 后面 8 个字的数据，没有改变！

首先将堆栈中的数据送 PC 指针，那么该数据是堆栈中的哪个数据呢？当然是堆栈指针 SP 所指的 RAM 数据。注意，这时的堆栈指针是 ret 执行之前的数据 SP=0x03FC，因为这个操作完成之后才会操作堆栈指针。同时将 RAM 地址 0x03FC 中的数据"C066"送给 PC 指针。

然后堆栈指针进行加 2 操作：SP=0x03FC+2=0x03FE。

上述内容主要是对图 3.40 所示现场情况的解释，当然也对 MCU 运行程序进行了详细说明。重新观察程序刚写入时的现场，如图 3.49 所示。

小结：

- 为什么 PC 的值不是复位向量内的数据？这是因为编译器安排了一段重要的初始化程序放在了我们编写的主函数之前。
- 为什么初始化的 SP 的值为 0x400，而实际是 0x03FE？这是因为已经执行了一次函数调用。
- 为什么 RAM 内地址 0x03FE 处的值是 C038？这是因为"call ♯main"执行完要执行程序存储器 C038 处的指令。

第 3 章　MSP 以及片内基础外设

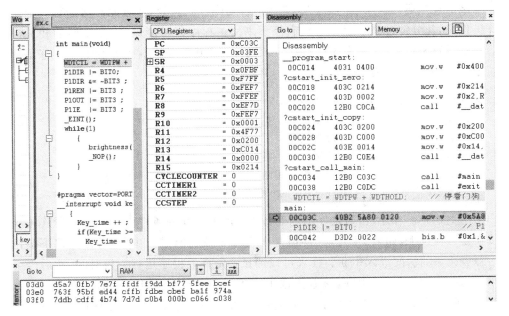

图 3.49　刚写入程序时的现场

实验 3-15　中断的细节剖析与体会

表 3.12 所列为 MSP430G2553 的中断向量表,并且已介绍最高级别的复位中断,本实验要实现的是使用键盘中断来调整 LED 灯的亮度。下面将介绍如何进入中断。

在中断函数体内设置断点,就在中断函数的第一条语句处,如图 3.50 所示。

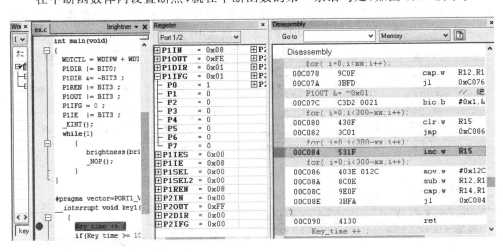

图 3.50　在中断函数体内设置断点

然后连续运行程序,如果进入中断函数,则停在断点处,注意此时勿进行其他操作。但是,几分钟过去了程序也没有停下来。主程序将可能进入 P1 中断的相关内容都已设置好,为什么程序还没有停下来呢?进入中断的条件又是什么呢?仔细分析 P1 中断的相关设置:

```
P1DIR &= ~BIT3;        //P1.3 设置为输入
P1REN |= BIT3;         //P1.3 上下拉使能
P1OUT |= BIT3;         //P1.3 上拉
P1IFG = 0;             //清除 P1.3 中断标志
P1IE |= BIT3;          //使能 P1.3 中断
_EINT();               //开启整个 MCU 中断
```

由上述分析可知,初始化程序是正确的。进入中断的条件是,与 P1.3 所连接的按钮是否被按下,如果 P1IES.3 的值是 1 则按下按钮时进入中断,否则是按下按钮后释放按钮的瞬间进入中断。读者可以测试:先将主程序运行一段时间,然后停下来,注意此时没有进入中断,接着更改 P1IES.3=1,或者 P1IES=8,或者 P1IES=0xFF,只要 P1IES.3=1 就行了。继续连续运行程序,此时程序不会停下来并进入中断程序,但按下按钮时程序会立刻进入中断并停下来;再继续运行程序,然后释放按钮,此时没有进入中断。同样更改 P1IES.3=0,重新做实验,按住按钮,程序不会进入中断,而一旦释放按钮,则程序会马上进入中断。

小结:
- 初始化进入中断的条件,否则没有进入中断的可能。
- 满足进入中断的条件,即触发条件,这里是 I/O 的跳变。

再仔细阅读表 3.12,复制其局部,如图 3.51 所示。由图 3.51 可知,最左边为中断源,前文讲述的加电复位是第一个中断源,现在用的是 P1 端口的中断源。中断源是一个事件的发生,当 P1IES=0xFF 时,事件就是 P1 端口的下降沿。实验 3-21 的

中断源	中断标志	系统中断	字地址	优先级
加电 外部复位 安全装置定时器+ 违反闪存密钥 PC 超出范围(1)	PORIFG RSTIFG WDTIFG KEYV(2)	复位	0FFFEh	31,最高
NMI 振荡器故障 闪存存储器访问冲突	NMIIFG OFIFG ACCVIFG(2)(3)	(不)可屏蔽 (不)可屏蔽 (不)可屏蔽	0FFFCh	30
Timer1_A3	TA1CCR0 CCIFG(4)	可屏蔽	0FFFAh	29
...				
(仅限 MSP430G2x53)		可屏蔽	0FFEAh	21
			0FFE8h	20
I/O 端口 P2(多达 8 个标志)	P2IFG.0 至 P2IFG.7(2)(4)	可屏蔽	0FFE6h	19
I/O 端口 P1(多达 8 个标志)	P1IFG.0 至 P1IFG.7(2)(4)	可屏蔽	0FFE4h	18
			0FFE2h	17

图 3.51 中断向量表的局部

端口初始化为端口上拉,输入方向。电路上按钮的一端连接地线,另一端连接端口 P1.3,如图3.52所示。

当按钮S2按下时P1.3将发生"1"→"0"的变化,这个就是进入中断的触发器或可能引起中断的条件;而当P1IES=0时,情况正好相反,按下按钮S2时发生的"1"→"0"不是中断源,而当释放按钮S2发生的"0"→"1"的变化才是中断源。

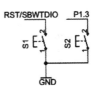

图3.52 键盘电路

中断源是引起中断的必要条件,它会导致相关的中断标志置位。本实验中的中断标志为P1IFG的相应位P1IFG.3。当中断标志位置位后,如果该中断被允许,同时总中断也被允许,则会进入中断程序。不按按钮,将程序连续执行一段时间,再停下来,注意P1端口相关寄存器的值(见图3.50):

P1IFG   0x01
P1IES   0x00

连续运行程序,然后按住按钮,程序没有进入中断;继续按住按钮停止程序,观察P1IFG,发现其值没有变化,因为不满足条件。继续运行程序,然后释放按钮,程序停在断点处,中断发生了,如图3.53所示。

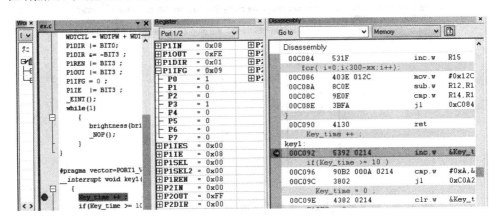

图3.53 中断发生的现场

在图3.53中P1IFG=0x09,其中P1IFG.3=1,说明在P1.3端口发生了中断事件,引起相应的中断标志位P1IFG.3置位。中断源只是中断请求,请求是否会被响应呢?如果该中断被允许,总中断被开启,则该请求将被响应。响应后MCU将查找中断程序所在的位置,就是中断向量表。图3.51所示的P1的中断位于存储器地址0xFFE4处。同样在反汇编窗口中拉到最后,可以找到该地址的数据,如图3.54所示。

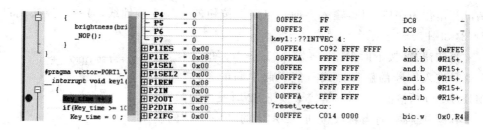

图 3.54 P1 端口中断向量

在图 3.54 中,地址"00FFE4"内的数据"C092"就是 P1 端口中断服务程序所在的位置。而在图 3.53 中,中断函数 key1 正好位于地址 C092 处,MCU 将在存储器地址 C092 处寻找指令并继续执行。MCU 是如何找到地址 C092 的呢? 这就要看中断函数的进入细节了。TI 文档讲述了如何进入中断,如图 3.55 所示。

The interrupt latency is 5 cycles (CPUx) or 6 cycles (CPU), starting with the acceptance of an interrupt request and lasting until the start of execution of the first instruction of the interrupt-service routine, as shown in Figure 2-6. The interrupt logic executes the following:
1. Any currently executing instruction is completed.
2. The PC, which points to the next instruction, is pushed onto the stack.
3. The SR is pushed onto the stack.
4. The interrupt with the highest priority is selected if multiple interrupts occurred during the last instruction and are pending for service.
5. The interrupt request flag resets automatically on single-source flags. Multiple source flags remain set for servicing by software.
6. The SR is cleared. This terminates any low-power mode. Because the GIE bit is cleared, further interrupts are disabled.
7. The content of the interrupt vector is loaded into the PC: the program continues with the interrupt service routine at that address.

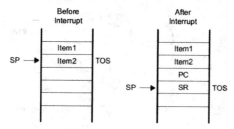

Figure 2-6. Interrupt processing

图 3.55 TI 文档关于进入中断的描述(摘自 slau144j.pdf 文件第 35 页)

该文描述:从 CPU 接收到中断请求到执行中断服务程序第一条指令需要 5 或 6 个机器周期,在这期间将 PC 与 SR 两个重要寄存器压入堆栈,如图 3.55 中的示意图所示。文中详细描述如下:

① 完成任何当前正在执行的指令;
② 已经指向下一条指令的 PC 指针压入堆栈;
③ 将 SR 压栈;
④ 如果有多个中断发生,则判断优先级,选择具有最高优先级的中断;
⑤ 中断标志的清除处理,多源标志将保持;

⑥ SR 寄存器被清除,终止任何低功耗模式;
⑦ 中断向量内容加载到 PC。

具体到本实验,上述事情都做完之后,MCU 现场如图 3.56 所示。我们看不到这些操作的详情,只能看中断进入前后的 MCU 现场,然后通过现场的差异结合 MCU 厂家提供的详情(比如图 3.55 所示内容)进行分析、揣摩。

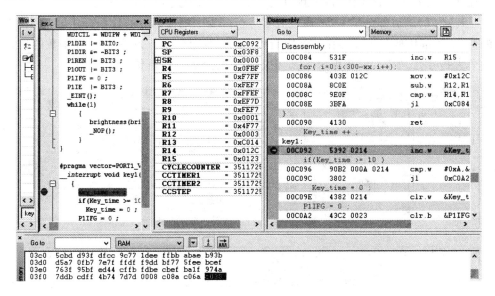

图 3.56　进入中断后的 MCU 现场

在图 3.56 中,SP=0x03F8,是进行了多次压栈的结果。而 TI 的解释只有两次,这是为什么呢? 这里可以用剥皮的方法来分析究竟压栈多少次。

当前的 SP=0x03F8,那么最后一次压栈的数据应该在地址 0x03FA 处,是 SR 的内容,也就是说,进入中断前的 SR 是 RAM 中 0x03FA 内的数据 0008(注意观察 RAM 区域的信息)。

那么第一次压栈的数据应该在 RAM 中 0x03FC 中的 C08A,这个数据属于进入中断之前的 PC(该值表示如果没有中断,将要执行的指令的位置)。由此可以得到进入中断前的 3 个关键信息:

PC = 0xC08A
SP = 0x03FC
SR = 0008

这是图 3.55 所示的 7 步操作的两步压栈操作。
紧接着是中断的判断与选择。这里只有一个中断源,就是 P1 端口中断。
所以进入图 3.55 所示的第 5 步,由于这里是多源中断,不清除中断标志,所以需要在程序中主动清除中断标志,见源码最后一条语句:

P1IFG = 0;

图 3.55 所示的第 6 步，SR 寄存器被清除，终止任何低功耗模式。如图 3.56 所示，SR 寄存器的值是"0"。

图 3.55 所示的第 7 步，中断向量内容加载到 PC，如图 3.56 所示的 PC 值。这一步操作实质上是复制操作，将中断向量 0xFFE4 内的数据复制给 PC。

RAM 的最后部分是堆栈，通过观察运行过程中堆栈部分的数据变化以及 SP 值的变化，了解压栈与出栈操作。将中断程序的全部语句执行完，停在中断函数的最后一个大括号处，如图 3.57 所示（这是中断函数的最后一条语句）。

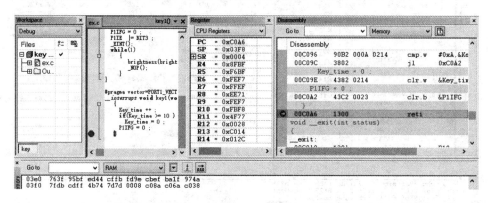

图 3.57 运行程序到中断函数的最后一句

程序的执行会导致图 3.57 中 SR 与 PC 值的改变，而 SP 值未变。SP 值未变说明函数没有进行堆栈操作，所以 RAM 区域的堆栈部分（RAM 最后几个地址，具体的是 SP 的值（0x03F8）到栈顶（0x0400））的数值未改变。

再看图 3.57 所示的反汇编指令，源码程序停在了大括号处，反汇编停在了指令 reti 处。编译器将中断函数的后一半大括号翻译为"reti"指令。reti 指令的执行将使程序返回主程序（或者进入中断之前的程序处）。先执行该指令，如图 3.58 所示。

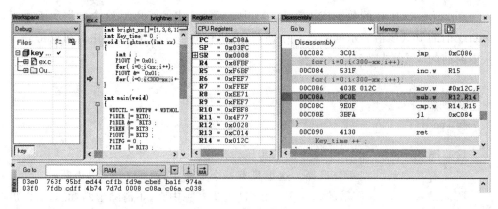

图 3.58 中断返回现场

程序进入中断前的情况就是中断返回后的现场(图 3.58 所示寄存器窗口中前 3 个数据)：

PC = 0xC08A
SP = 0x03FC
SR = 0008

图 3.58 所示为 reti 语句的执行情况。reti 的主要功能就是中断程序执行完后对进入中断函数前的现场恢复。为了进入中断，MCU 进行了如图 3.55 所示的 7 项隐含操作。中断对于 MCU 而言是一件突发事件，不知道何时会进入中断，而 MCU 做了上述 7 项操作后，通过两次压栈操作就可以保护现场，而保护现场就是为退出时恢复现场做准备！这正是 reti 指令的工作。TI 原始文档用了较多篇幅来描述 reti 指令，如图 3.59 所示。

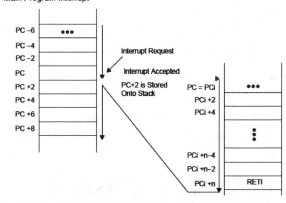

图 3.59　TI 对 reti 指令的解释(摘自 slau561.pdf 第 97 页)

第 3 章 MSP 以及片内基础外设

执行 reti 指令完成了 3 件事：
- SR 出栈；
- PC 出栈；
- 每次堆栈操作都会修改栈指针。

将图 3.57 与图 3.58 复制到此，如图 3.60 所示。

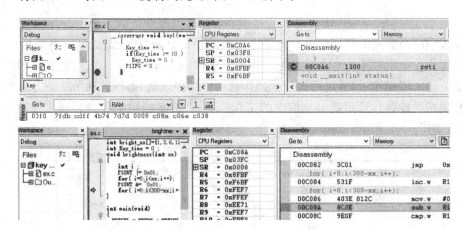

图 3.60 中断返回前后的情况

图 3.60 中的上半部分是中断返回 reti 即将被执行，下半部分是 reti 执行之后的情况。按照 TI 的解释：

SR 出栈：
$$SR=@SP=@0x03F8=0008$$

SP 加 2 修改：
$$SP=SP+2=0x03F8+2=0x03FA$$

PC 出栈：
$$PC=@SP=@0x03FA=0xC08A$$

SP 加 2 修改：
$$SP=SP+2=0x03FA+2=0x03FC$$

reti 执行完后如图 3.60 中下半部分所示。随着 PC 值的改变，程序光标条也跟着改变，指示到地址 00C08A 处的指令。

如果反复做这个实验则会发现，每次进入中断的位置都不一定相同，因为本程序太短，所以相同的概率较大。如果程序很大，那就真不知道中断是在何处发生的了。MCU 完善的中断进入与返回机制可使设计者不必关心这件事，因为程序是安全的。所有的 MCU 都有类似的机制。

3.3.6 MSP 单片机端口其他功能的应用

MSP 端口多是功能复用，即一个端口不止一种功能。例如图 3.61 所示的

MSP430G2553 引脚图,除第 1 和第 20 引脚外,其余引脚均不止一种功能。

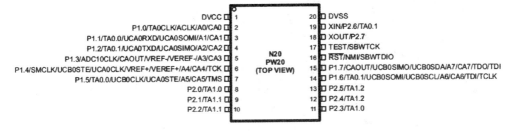

图 3.61　MSP430G2553 引脚图

图 3.61 中的第 1 引脚和第 20 引脚是一对电源引脚,第 2 引脚的功能描述为 P1.0/TA0CLK/ACLK/A0/CA0,具体解释:

- P1.0:通用型数字 I/O 引脚;
- TA0CLK:Timer0_A,时钟信号 TACLK 输入;
- ACLK:ACLK 信号输出;
- A0:ADC10 模拟输入 A0(1);
- CA0:Comparator_A+,CA0 输入。

本小节主要介绍第 2 引脚的其余功能。

实验 3-16　P1.0 引脚的功能——P1.0 的输出 ACLK 信号

由图 3.61 可知,第 2 引脚可以输出 ACLK 信号,端口 P1.0 的第二功能使能寄存器将端口切换到 ACLK 信号,使用寄存器 P1SEL。

在实验 3-15 的基础上,将 32 768 Hz 晶体焊上,其余不做任何改动,用示波器测试 P1.0 的输出,可以观察到周期的方波,将寄存器 P1SEL 设置为 1,然后观察示波器。

图 3.62(a)所示是实验 3-15 得到的波形,该波形通过改变高电平的宽度可以使连接在 P1.0 上的 LED 灯的亮度不同,大致为 500 Hz 频率的方波(程序运行的结果,实测是 500 Hz)。当 P1SEL=1 时,P1.0 输出的波形如图 3.62(b)所示,很明显频率变大了,周期变小了。调整示波器横轴,再测量 P1.0 输出的波形周期,如图 3.62(c)所示。图 3.62(c)显示的波形频率为 32.8 kHz 左右,实际上是 32.768 kHz,因为焊接的是 32.768 kHz 的晶体,该晶体振荡后的信号在 MSP 内部被称为 ACLK,可以被片内很多资源使用,比如定时器的输入时钟、串口通信的输入时钟等。本实验将其引到外部端口。与程序实现方法一样,将 TI 网站中 slac485g.zip 文件夹中的 msp430g2xx3_clks.C 文件加入空项目(注:此处的空项目为一个空的项目框架,没有具体的程序文件,为了方便实验,请读者建立这样的项目框架,后续内容会用,如"将某文件加入项目",就是指该项目框架)即可,源码如下(含注释,竖线"|"部分是元器件示意图):

第3章　MSP以及片内基础外设

```
//                  MSP430G2xx3
//            /|\             XIN| -
//            | |                 | 32kHz
//            - -|RST       XOUT| -
//            |                |
//            |       P1.4/SMCLK| - - >SMCLK = Default DCO
//            |           P1.1 | - - >MCLK/10 = DCO/10
//            |       P1.0/ACLK| - - >ACLK = 32kHz
#include <msp430.h>
int main(void)
{
    WDTCTL = WDTPW + WDTHOLD;
    P1DIR |= 0x13;                //P1.0,1 and P1.4 outputs
    P1SEL |= 0x11;                //P1.0,4 ACLK,SMCLK output
    while(1)
    {
        P1OUT |= 0x02;            //P1.1 = 1
        P1OUT &= ~0x02;           //P1.1 = 0
    }
}
```

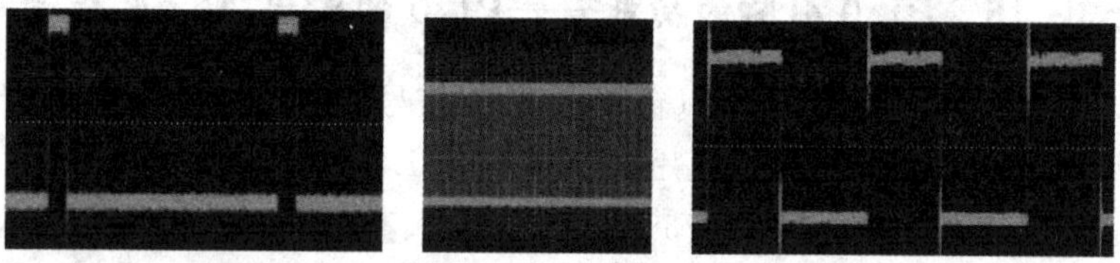

(a) P1.0取反的方波　　(b) 32 768 Hz波形　　(c) 32 768 Hz方波

图3.62　P1.0的输出波形

该程序输出3个波形：
- P1.0：ACLK；
- P1.1：MCLK/10；
- P1.4：SMCLK。

ACLK与SMCLK的输出直接使用端口P1.0和P1.4的第二功能，通过P1SEL寄存器实现，而P1.1=MCLK/10是怎么实现的呢？依照最古老的软件延时，是在主程序的死循环中实现的。

实验3-17　P1.0引脚的功能——做模拟引脚用于ADC输入

本实验的内容有些超前，这里只做简单介绍，详见后面相应章节。直接打开slac485g.zip文件夹中的msp430g2x33_adc10_16.c文件并加入空项目中。程序代码如下：

```c
//            >---|P1.0/A0     P1.2|--> TACCR1-0-1024 PWM
//                        //P1.0/A0 为输入模拟量的地方,在 P1.2 输出一个 PWM 波形
#include <msp430.h>
int main(void)
{
    WDTCTL = WDT_MDLY_32;              //WDT~45 ms interval timer
    IE1 |= WDTIE;                      //Enable WDT interrupt
    ADC10CTL0 = ADC10SHT_2 + ADC10ON;
    ADC10AE0 |= 0x01;                  //P1.0 ADC option select
    ADC10DTC1 = 0x001;                 //1 conversion
    P1DIR |= 0x04;                     //P1.2 = output
    P1SEL |= 0x04;                     //P1.2 = TA1 output
    TACCR0 = 1024-1;                   //PWM Period
    TACCTL1 = OUTMOD_7;                //TACCR1 reset/set
    TACCR1 = 512;                      //TACCR1 PWM Duty Cycle
    TACTL = TASSEL_2 + MC_1;           //SMCLK,upmode
    while(1)
    {
        __bis_SR_register(LPM0_bits + GIE);  //LPM0,WDT_ISR will force exit
        ADC10SA = (unsigned int)&TACCR1;     //Data transfer location
        ADC10CTL0 |= ENC + ADC10SC;          //Start sampling
    }
}
```

在上述程序中讲解 P1.0 端口其他功能的语句只有一条：

`ADC10AE0 |= 0x01;`

该语句将 P1.0 设置为 ADC 的模拟输入端,表示第 2 引脚的功能为 A0。
P1.0 端口的其余功能部分在 PxSEL 寄存器中定义,部分在相关的功能模块内部定义。注意,不可以重复定义,比如 P1.0 不能同时用于 A0 与 TA0CLK。例如实验 3-12,将 P1.0 用于输出,而将 P1SEL 设置为"1"时,P1.0 通常意义上的输出功能就没了,当然此时还是输出,只是输出的不是 P1OUT 寄存器的值,而是输出 ACLK 信号。

3.3.7 课外实践

课外实践如下：

① 完善实验 3-1,制作音乐彩灯。
② 设计音乐盒,比如有 3 支曲子,可以通过按钮选择下一曲。
③ 按钮深入实践——长键识别。在应用中由于条件限制,可能只有少量按钮,此时可以通过长键识别来实现更多按键。
④ 多按钮键盘实现。请自行查阅相关资料,实现行列扫描键盘。

3.4 定时器

MSP 单片机除了 MSP432 有两个 32 位定时器外,大多为 16 位定时器,分别是:看门狗定时器(WDT)、基本定时器(Basic Timer)、定时器 A(Timer_A)、定时器 B(Timer_B)、实时时钟(RTC)等。这些模块都能实现定时功能,但不是所有器件都有这些模块。比如看门狗定时器是所有器件都有,而基本定时器就不是所有系列都有。前文介绍的定时功能都是用 CPU 执行一定数量的指令、花费一定的时间来实现的,而这里所介绍的定时功能是通过专门的硬件部件实现的,免除了 CPU 的占用,为多任务的实现带来了便利。

3.4.1 看门狗定时器

WDT 的主要作用是:当程序发生故障时使受控系统重新启动。如果 WDT 计时超出其所设定的时间,则发生系统复位;如果系统不需要看门狗功能,也可将 WDT 当作一个定时器使用,当到达 WDT 所设定的时间时产生中断。图 3.63 所示为不同系列的 WDT 原理图,有小的差异,但基本原理都相同。这里以图 3.63(a)所示的 MSP430G 系列的 WDT 为例。

WDT 的特点如下:
- 其主体是一个 16 位计数器;
- 需要口令才能对其操作;
- 有看门狗与定时器两种模式;
- 有 8 种可选的定时时间。

1. WDT 的寄存器

WDT 有一个专门的寄存器 WDTCTL、一个计数器,中断允许与中断标志在 SFR 中。WDT 的计数器 WDTCNT 是一个 16 位增计数器,它不能直接用软件访问,需要经 WDTCTL(地址为 0120H)对 WDTCNT 进行访问。从图 3.63 中可以看出,WDTCTL 被分成两部分:高 8 位用作口令,低 8 位是对 WDT 操作的控制命令。而要写入操作 WDT 的控制命令,则必须先写出高字节口令。口令为 5AH,如果口令写错则会导致系统复位。

在读 WDTCTL 时,不需要口令,可直接读取其中的内容,读出数据的低字节为 WDTCTL 的值,高字节始终为 69H。

下面是 WDTCTL 寄存器各位的定义:

15	14	13	12	11	10	9	8
\multicolumn{8}{c}{WDTPW, Read as 069H Must be written as 05AH}							

7	6	5	4	3	2	1	0
WDTHOLD	WDTNMIES	WDTNMI	WDTTMSEL	WDTCNTCL	WDTSSEL	WDTISx	

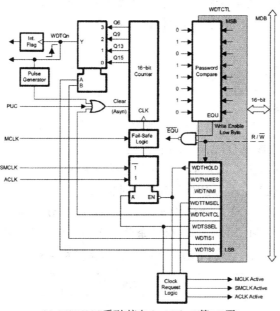

(a) MSP430G系列(摘自slau144i.pdf第351页)

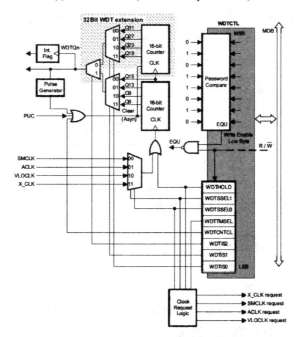

(b) MSP430FR系列(摘自slau445f.pdf第348页)

图 3.63 不同系列的 WDT 原理图

说明：

WDTISx：选择 WDT 的 4 个输出之一。这两位是图 3.63 中数据选择器的两个

第3章 MSP以及片内基础外设

地址选择端,能够选择4个输出频率:Q6、Q9、Q13、Q15(对于MSP430FR系列来说还有扩展的位),具体频率为

Q6:$f/64$;

Q9:$f/512$;

Q13:$f/8192$;

Q15:$f/32768$。

其中,f为WDTCNT输入时钟CLK的频率。

WDTSSEL:选择WDTCNT的时钟源:

0:选择SMCLK作为WDTCNT的时钟源;

1:选择ACLK作为WDTCNT的时钟源。

提示:由IS0、IS1、SSEL三位便可确定WDT的定时时间。表3.13所列为在ACLK=32768 Hz、SMCLK=1 MHz的条件下WDT可选的定时时间。

表3.13 ACLK=32768 Hz、SMCLK=1 MHz条件下WDT可选的定时时间

SSEL	IS1	IS0	大致时间/ms	计算方法
0	1	1	0.064	$t_{SMCLK} \times 2^6$
0	1	0	0.5	$t_{SMCLK} \times 2^9$
1	1	1	1.9	$t_{ACLK} \times 2^6$
0	0	1	8	$t_{SMCLK} \times 2^{13}$
1	1	0	16	$t_{ACLK} \times 2^6$
0	0	0	32	$t_{SMCLK} \times 2^{15}$
1	0	1	250	$t_{ACLK} \times 2^{13}$
1	0	0	1000	$t_{ACLK} \times 2^{15}$

WDTCNTCL:清除WDTCNT:

1:当该位为"1"时,对于WDT的两种模式,WDTCNT都将从"0"开始计数,清零看门狗计数器内的值;

0:不操作。

WDTTMSEL:工作模式选择:

0:工作在看门狗模式下;

1:工作在定时器模式下。

WDTNMI:选择RST/NMI引脚功能,在PUC后被复位:

0:RST/NMI引脚为复位端;

1:RST/NMI引脚为边沿触发的非屏蔽中断输入。

WDTNMIES:在选择RST/NMI引脚为非屏蔽中断输入时,该位选择引脚的电平跳变沿情况如下:

0:由低向高的上升沿触发NMI中断;

1：由高向低的下降沿触发 NMI 中断。

WDTHOLD：停止看门狗定时器工作：

0：WDT 功能激活；

1：时钟禁止输入，计数停止。

WDT 的中断允许位 WDTIE 位于 IE1.0，中断标志位 WDTIFG 位于 IFG1.0。

2. WDT 的工作模式

用户可通过 WDTCTL 寄存器中的 WDT TMSEL 控制位来设置工作在看门狗模式还是定时器模式，同时还可将 WDT 关闭。

(1) 看门狗模式

当 WDT TMSEL=0 时，WDT 工作在看门狗模式。在这种模式下，一旦 WDT 的定时时间到或写入错误的口令都会触发 PUC 信号，同时自动清除系统寄存器中的各位，WDT 被再次设置为看门狗(WDT TMSEL=0)，RST/NMI 引脚为复位模式。

由于在上电复位或系统复位时，WDT 自动进入看门狗模式，WDTCNT、WDTCTL 的内容被全部清除，而 WDT 的时钟来源 ACLK、SMCLK 都有信号，所以将导致 WDT 运行。因此，用户软件都需要进行 WDT 的初始化设置，以保证 WDT 的正确使用。

看门狗的目的在于发现程序跑飞，其原理为：WDT 设置一定时时间，比如 250 ms(这个时间是所有用户程序均能执行完的一个时间)，设置好之后，所有用户程序就必须在这个设定的时间内将看门狗计数器的值清零，使看门狗计数器重新计数，如果 CPU 执行程序正确，则看门狗计数器始终能在规定的时间内被用户程序清零；如果 CPU 执行程序跑飞(PC 值指向用户程序以外)，则看门狗计数器就不能被清零，此时就会发生溢出，导致 CPU 复位，这样 CPU 又会重新运行用户程序。所以使用看门狗时，用户软件必须周期性地在 WDTCTL 的 CNTCL 位上写"1"，使看门狗计数器复位，以防止其超过设定的定时时间而导致系统不正确复位。

(2) 定时器模式

当 TMSEL=1 时，WDT 工作在定时器模式下。这时在设置好中断条件后，WDT 将按设定的时间周期产生中断请求，得到中断服务后中断标志自动清除。

(3) 关闭 WDT

当系统不需要 WDT 时，可关闭 WDT 以降低功耗。当 HOLD=1 时关闭 WDT，这时看门狗计数器停止工作。

3. 应用举例

实验 3-18　看门狗做定时器

将 TI 网站中 slac485f.zip 文件夹中的 msp430g2xx3_wdt_01.c 文件添加到空项

目,代码如下:

```c
int main(void)
{
    WDTCTL = WDT_MDLY_32;                    //Set Watchdog Timer interval to~30 ms
    IE1 |= WDTIE;                            //Enable WDT interrupt
    P1DIR |= 0x01;                           //Set P1.0 to output direction
    __bis_SR_register(LPM0_bits + GIE);      //Enter LPM0 w/ interrupt
}
//Watchdog Timer interrupt service routine
#if defined(__TI_COMPILER_VERSION__) || defined(__IAR_SYSTEMS_ICC__)
#pragma vector = WDT_VECTOR
__interrupt void watchdog_timer(void)
#elif defined(__GNUC__)
void __attribute__ ((interrupt(WDT_VECTOR))) watchdog_timer (void)
#else
#error Compiler not supported!
#endif
{
    P1OUT ^= 0x01;                           //Toggle P1.0 using exclusive-OR
}
```

上述程序中的关键语句如下:

```
WDTCTL = WDT_MDLY_32;        //设置定时器时间为 32 ms
IE1 |= WDTIE;                //允许看门狗中断
```

实验 3-19 WDT 做看门狗应用实验

将 TI 网站中 slac485f.zip 文件夹中的 msp430g2xx3_wdt_07.c 文件添加到空项目,代码如下:

```c
int main(void)
{
                                            //WDT is clocked by fSMCLK (1 MHz)
    //WDTCTL = WDT_MRST_32;                 //~32 ms interval (default)
    //WDTCTL = WDT_MRST_8;                  //~8 ms
    //WDTCTL = WDT_MRST_0_5;                //~0.5 ms
    //WDTCTL = WDT_MRST_0_064;              //~0.064 ms
                                            //WDT is clocked by fACLK (32 kHz)
    //WDTCTL = WDT_ARST_1000;               //1 000 ms
    WDTCTL = WDT_ARST_250;                  //250 ms
    //WDTCTL = WDT_ARST_16;                 //16 ms
```

```
//WDTCTL = WDT_ARST_1_9;              //1.9 ms
P1DIR |= 0x01;
P1OUT ^= 0x01;
__bis_SR_register(LPM3_bits + GIE);   //Enter LPM3 w/interrupt
}
```

本实验需要 32 768 Hz 晶体,因为有用到 ACLK 的地方。程序中定义了看门狗的溢出时间,然后将端口 P1.0 输出求反。这里只求反了一次,而我们看到的却是发光二极管连续闪烁(当用较快的速度时可能看不出闪烁,此时就需要示波器观察 P1.0 输出的方波,这里使用的参数为 250 ms)。

在上述程序中没有端口输出周期性求反的语句,却实现了端口所连接发光二极管闪烁的效果。这是因为使用了看门狗,同时没有将看门狗计数器的值设定在定时范围内,而是使看门狗计数器计数溢出,从而导致 MCU 复位,程序重启,再次端口求反。程序中只有 4 条语句:设置看门狗溢出时间,端口输出,端口求反,开中断休眠。

3.4.2 基本定时器 Basic Timer1

基本定时器是 MSP430F4xx 系列器件中的模块,它通常向其他外围模块提供低频控制信号。Basic Timer1 可以是两个 8 位定时器,也可以是一个 16 位定时器,它有两个计数器(BTCNT1、BTCNT2)与一个控制寄存器(BTCTL)。通过设置控制寄存器 BTCTL,用户可以方便地使用 Basic Timer1。图 3.64 所示为 Basic Timer1 的结构。

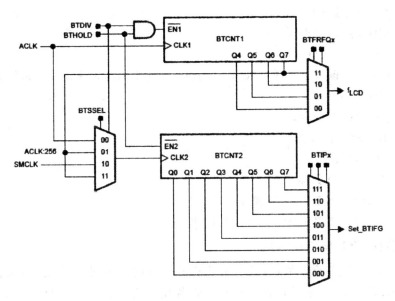

图 3.64 Basic Timer1 的结构

1. BTCTL

BTCTL 的内容决定了 Basic Timer1 的运行,由 BTCTL 各位的值选择频率源、中断频率、LCD 控制电路的帧频率。BTCTL 各位的含义如下:

7	6	5	4	3	2	1	0
SSEL	HOLD	DIV	FRFQ1	FRFQ0	IP2	IP1	IP0

IP0、IP1、IP2:此 3 位定义中断间隔时间,即中断标志 BTIFG 置位的间隔时间。

在图 3.64 中,IP0～IP2 为 8 选 1 数据选择器的选择端,而数据输入端为定时器计数器 BTCNT2 的 8 个计数输出,具体如下:

000:$f_{ACLK}/2$;

001:$f_{ACLK}/4$;

010:$f_{ACLK}/8$;

011:$f_{ACLK}/16$;

100:$f_{ACLK}/32$;

101:$f_{ACLK}/64$;

110:$f_{ACLK}/128$;

111:$f_{ACLK}/256$。

FRFQ0、FRFQ1:此两位选择 f_{LCD} 的频率。具体如下:

00:$f_{ACLK}/32$;

01:$f_{ACLK}/64$;

10:$f_{ACLK}/128$;

11:$f_{ACLK}/256$。

SSEL、DIV:该两位选择 BTCNT2 的输入时钟 CLK2 的来源。具体如下:

00:ACLK;

01:ACLK/256;

10:SMCLK;

11:ALK/256。

HOLD:停止计数器:

HOLD=1,BTCNT2 停止工作。

HOLD=1 且 DIV=1,BTCNT1 停止工作。

2. BTCNT1 与 BTCNT2

在图 3.64 中除了基本定时器控制寄存器外,还有两个重要单元:计数器 BTCNT1 与 BTCNT2。它们的输入时钟不一样,输出用途也不一样:BTCNT1 的输入时钟只有 ACLK,输出信号为 f_{LCD}(液晶显示单元的时钟);BTCNT2 的输入时钟源有 3 个,分别是 ACLK、MCLK、ACLK/256,由 SSEL、DIV 两位选择,其输出是为了产生中断,使中断标志置位。同时,Basic Timer1 也可以工作在 16 位定时器/计数器模式下,因为 CLK2 可以来源于 BTCNT1 的最高位输出。当 Basic Timer1 工作在 16 位计数器模式下时,时钟源只能是 ACLK。

3. Basic Timer1 的中断
- Basic Timer1 中断允许位,BTIE 位于 IE2.7;
- Basic Timer1 中断标志位,BTIFG 位于 IFG2.7,该标志自动复位。

实验 3-20　基本定时器定时案例

将 TI 网站中 slac019n.zip 文件夹中的 fet440_tb_02.c 加入空项目,代码如下:

```
int main(void)
{
    WDTCTL = WDTPW + WDTHOLD;              //Stop WDT
    FLL_CTL0 |= XCAP18PF;                  //Set load cap for 32k xtal
    P5DIR |= 0x02;                         //Set P5.1 as output
    BTCTL = BTDIV + BT_fCLK2_DIV16;        //ACLK/(256×16)
    IE2 |= BTIE;                           //Enable BT interrupt
    __bis_SR_register(LPM3_bits + GIE);    //Enter LPM3,enable interrupts
}

//Basic Timer Interrupt Service Routine
#if defined(__TI_COMPILER_VERSION__) || defined(__IAR_SYSTEMS_ICC__)
#pragma vector = BASICTIMER_VECTOR
__interrupt void basic_timer_ISR(void)
#elif defined(__GNUC__)
void __attribute__ ((interrupt(BASICTIMER_VECTOR))) basic_timer_ISR (void)
#else
#error Compiler not supported!
#endif
{
    P5OUT ^= 0x02;                         //Toggle P5.1
}
```

程序让信号 ACLK/(256×16)为计数器 BTCNT2 的输入信号。

3.4.3　16 位定时器 A

Timer_A 是 MSP 所有系列都有的模块,是一个用途非常广泛的通用 16 位定时器/计数器。其具有以下特点:
- 16 位计数器,4 种工作模式;
- 多种可选的计数器时钟源;

第3章 MSP 以及片内基础外设

- 多个可配置输入端的捕获/比较寄存器；
- 有 8 种输出模式的多个可配置的输出单元。

Timer_A 可以支持同时进行的多种时序控制、多个捕获/比较功能、多种输出波形(PWM)，也可以是几种功能的组合，并且每个捕获/比较寄存器都可以以硬件方式支持实现串行通信。

Timer_A 具有中断能力。中断可以由计数器溢出引起，也可以来自具有捕获或比较功能的捕获/比较寄存器。每个捕获/比较模块都可以独立编程，通过捕获或比较外部信号来产生中断。注意，外部信号可以是上升沿，也可以是下降沿，也可以都是。

在不同的 MSP 器件中，Timer_A 模块中的捕获/比较寄存器的数量也不一样，比如在 MSP430FR4133 中 Timer_A 模块含有 3 个捕获/比较寄存器(简称 CCR)，因此也经常将其称为 Timer_A3，表示该模块含有 3 个 CCR。

Timer_A 的结构原理图如图 3.65 所示，可以将 Timer_A 分解成 3 个部分：计数器部分、捕获/比较寄存器、输出单元。其中，计数器部分完成时钟源的选择、分频，

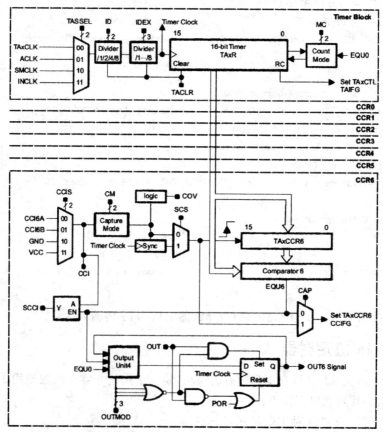

图 3.65　Timer_A 的结构原理图(MSP430FR4xx 系列)(摘自 slau445f.pdf 第 355 页)

模式控制、计数等功能；捕获/比较寄存器用于捕获事件发生的时间或产生时间间隔；输出单元用于产生用户需要的输出信号。

1. Timer_A 的寄存器

对 Timer_A 的所有操作都是通过操作该模块的寄存器实现的。例如 Timer0_A3 的寄存器（器件为 MSP430FR4133）以及寄存器中的位命名如图 3.66 所示。其中，有的寄存器中包含了大量控制位，比如 TA0CTL 等；而有的寄存器中只是数据，比如 TA0R 是计数器，TA0CCR0 是捕获/比较寄存器等。

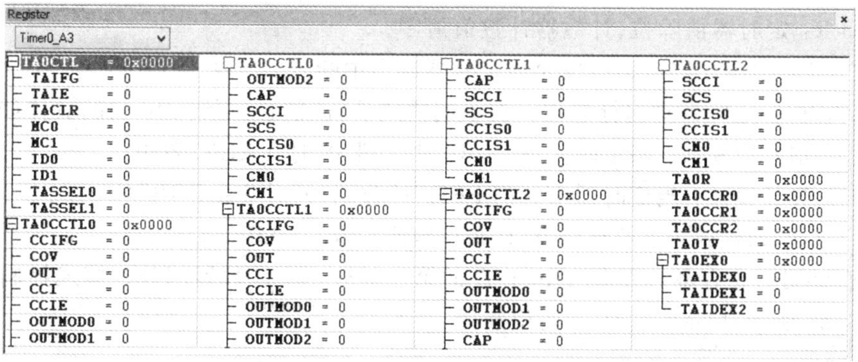

图 3.66　Timer_A 的寄存器（MSP430FR4133）

（1）TA0CTL

TA0CTL（其中数字 0 表示 Timer_A 的序号，比如一个器件有 4 个 Timer_A，则用 0、1、2、3 分别表示）寄存器中含有全部的 Timer_A0 的控制位，其为 16 位寄存器，必须使用字指令对其访问。该寄存器在 POR 信号后全部复位，但在 PUC 信号后不受影响。下面是 TA0CTL 寄存器中各位的含义：

15~10	9	8	7	6	5	4	3	2	1	0
未用	SSEL1	SSEL0	ID1	ID0	MC1	MC0	未用	CLR	TAIE	TAIFG

SSEL1、SSEL0：选择输入分频器的输入时钟源，具体如表 3.14 所列。

表 3.14　SSEL1 和 SSEL0 用于选择输入分频器的输入时钟源

SSEL1	SSEL0	输入信号	输入信号说明
0	0	TACLK	使用外部引脚信号作为输入
0	1	ACLK	辅助时钟
1	0	MCLK	系统主时钟
1	1	INCLK	外部输入时钟

ID1、ID0：选择输入分频器的分频系数：

00：直通，不分频；

01：1/2 分频；

10：1/4 分频；

10：1/8 分频。

MC1、MC0：选择定时器模式：

00：停止模式，用于暂停定时器；

01：增计数模式，该模式下计数器计数到 CCR0，再清零计数；

10：连续增计数模式，计数器增计数到"FFFFH"，再清零计数；

11：增/减模式，增计数到 CCR0，再减计数到 0。

CLR：定时器清除位，计数器计数值清零。

TAIE：中断允许位。该位允许定时器溢出中断。

TAIFG：定时器溢出标志位。在不同模式下，该位置位条件不一样，具体如下：

增计数模式：当定时器由 CCR0 计数到"0"时 TAIFG 置位；

连续模式：当定时器由"0FFFFH"计数到"0"时 TAIFG 置位；

增/减模式：当定时器由"1"减计数到"0"时 TAIFG 置位。

TA0CTL 寄存器控制了 Timer_A 的第一部分——计数器部分。模式控制原理如图 3.67 所示，由 MC1、MC0 两位选择。

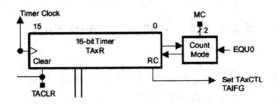

图 3.67　模式控制原理图

计数器输入时钟源的选择与分频控制如图 3.68 所示。由 SSEL0、SSEL1 两位选择时钟源，然后再由 ID0、ID1 选择分频系数将输入信号分频，分频后的信号才是计数器的计数信号。

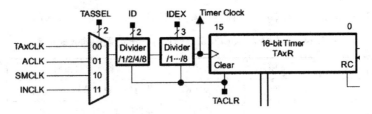

图 3.68　计数器输入时钟源的选择与分频控制

对于在该控制寄存器中选定的定时器工作模式将在后面相应章节详细介绍。

(2) TAxR(16 位计数器)

TAxR 是执行计数的单元，其内容可读可写，其值可增可减，可以被清零，也可以保持不变,是计数器主体。其中,x 表示定时器序号。

(3) TAxCCTLn(捕获/比较控制寄存器)

Timer_A 有多个捕获/比较模块,每一个模块都有它自己的控制寄存器 TAxCCTLn。这里 x 为定时器的序号,n 为捕获/比较模块序号。在寄存器中各位名称一样。下面是捕获/比较寄存器中各位的含义:

15	14	13	12	11	10	9	8	7	6	5	4	3	2	1	0
CM1、CM0		CCIS1、CCIS0		SCS	SCCI		CAP	OUTMODx			CCIEx	CCIx	OUT	COV	CCIFG

CM1、CM0:这两位用于选择捕获模式(Capture Mode)。
    00:禁止捕获模式;
    01:上升沿捕获;
    10:下降沿捕获;
    11:上升沿、下降沿都捕获。
CCIS1、CCIS0:这两位用于选择输入信号。在捕获模式中选择捕获事件的输入信号源,在比较模式中不用。
    00:选择 CCIxA 为捕获事件的输入信号源;
    01:选择 CCIxB 为捕获事件的输入信号源;
    10:选择 GND 为捕获事件的输入信号源;
    11:选择 VCC 为捕获事件的输入信号源。
SCS:用于使捕获输入信号与定时器时钟信号同步还是异步。
    0:异步捕获;
    1:同步捕获。
SCCI:同步捕获/比较输入。
CAP:模式选择位,选择捕获模式还是比较模式。
    0:比较模式;
    1:捕获模式。
OUTMODx:该 3 位用于选择输出模式。输出模式将在后面相应章节详细介绍。
    000:输出;
    001:置位;
    010:PWM 翻转/复位;
    011:PWM 置位/复位;
    100:翻转;
    101:复位;
    110:PWM 翻转/置位;
    111:PWM 复位/置位。

CCIEx：中断允许位，用于设置相应的捕获/比较模块能否提出中断请求。

　　0：禁止；

　　1：允许。

CCIx：捕获/比较模块的输入信号。由 CCIS0、CCIS1 选择的输入信号可通过该位读出。

OUT：输出信号。

COV：捕获溢出标志。在比较模式下(CAP=0)，捕获信号复位，捕获事件不会使 COV 置位；在捕获模式下(CAP=1)，如果捕获寄存器的值被读出前再次发生捕获事件，则 COV 置位，COV 在读捕获值时不会复位，必须使用软件复位。

CCIFG：各模块的捕获比较中断标志。具体含义如下：

　　在捕获模式下，CCIFG=1，表示在寄存器 TAxCCRn 中捕获了定时器 TAxR 中的值；

　　在比较模式下，CCIFG=1，表示定时器 TAxR 中的值等于寄存器 TAxCCRn 中的值。

　　在 3 个中断标志中，CCIFG0 在被中断服务时能自动复位，而 CCIFG1、CCIFG2 两位在读中断向量字 TAxIV 后自动复位。

(4) TAxCCRn(捕获/比较寄存器)

该寄存器可读可写。

在捕获模式下，当满足捕获条件时，硬件自动将计数器 TAxR 中的数据写入该寄存器。比如要测量某脉冲的高电平宽度时，可定义在上升沿和下降沿都捕获，在上升沿捕获定时器数据，该数据可在捕获寄存器中读出；当下降沿到来时，在下降沿又捕获一次定时器数据，那么两次捕获的定时器数据之差就是该脉冲的高电平宽度。

在比较模式下，用户程序需根据定时长短，配合定时器工作方式以及定时器输入信号，写入该寄存器相应的数据。比如定时 1 s，定时器工作在模式 1，输入信号为 ACLK(32 768 Hz)，那么写入比较寄存器的数据为 32 768。

(5) TAxIV(中断向量寄存器)

该寄存器用于确定中断请求的中断源，各位定义如下：

15…5	4…1	0
0…0	中断向量	0

该寄存器共 16 位，位 5～位 15 与位 0 全为"0"，位 1～位 4 的数据由相应的中断标志产生，具体数据如表 3.15 所列(其余保留)。

第3章 MSP 以及片内基础外设

表 3.15 TA 中断标志

中断优先级	中断源	缩写	TAxIV 的内容
最高	捕获/比较器 1	CCIFG1	2
↓	捕获/比较器 2	CCIFG2	4
最低	定时器溢出	TAIFG	10
	没有中断将挂起	—	0

如果有 Timer_A 中断标志置位,则 TAxIV 为相应的数据。该数据与 PC(程序计数器)的值相加,可使系统自动进入相应的中断服务程序。如果 Timer_A 的多个中断标志置位,则系统根据优先级判断后再执行相应的中断程序。

2. 定时器模式

Timer_A 定时器共有 4 种工作模式,由控制寄存器 TAxCTL 中的 MC0、MC1 两位定义。

(1) 停止模式

当 MC1=MC0=0 时,定时器暂停,暂停时定时器的值(TAxR 的内容)不受影响。当定时器重新计数时,计数器将从暂停时的值开始以暂停前的计数方向计数。

(2) 增计数(UP)模式

当 MC0=1,MC1=0 时,定时器工作在增计数模式。捕获/比较寄存器 TAxCCR0 的数据定义定时器的循环计数间隔。

增计数模式的计数器活动规则:当计数器 TAxR 增计数到 TAxCCR0 的值或当计数值与 TAxCCR0 相等(或定时器值大于 TAxCCR0 的值)时,定时器复位并从"0"开始重新计数。图 3.69 所示为增计数模式的计数过程。

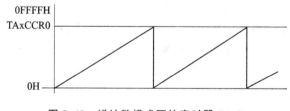

图 3.69 增计数模式下的定时器 TAxR

标志位的设置过程如图 3.70 所示。当定时器的值等于 TAxCCR0 的值时,设置标志位 CCIFG0 为"1";而当定时器计数到"0"时,设置标志位 TAIFG 为"1"。

(3) 连续计数(Continuous)模式

该模式典型的应用是产生多个独立的时序信号。在这种计数模式下,TAxCCR0 的工作方式与其他比较寄存器的工作方式相同。

连续计数模式的计数器活动规则:定时器从它的当前值开始计数,当计数到 0FFFFH 后又从"0"开始重新计数,如图 3.71 所示。

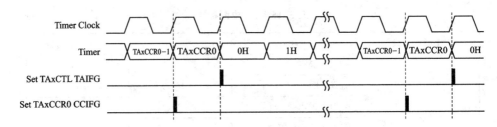

图 3.70 增计数模式下的标志位设置

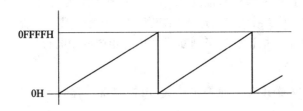

图 3.71 连续计数模式下的定时器 TAxR

在连续计数模式下,标志位的设置过程如图 3.72 所示。当定时器从"0FFFFH"计数到"0"时,设置标志位 TAIFG。

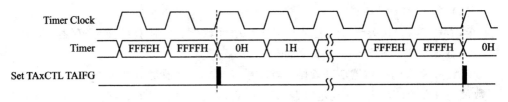

图 3.72 连续计数模式下的标志位设置

如果相应的中断允许,则每当一个定时间隔到时都会产生中断请求。如果在连续模式下,则须将下一事件发生的时间在当前的中断程序中加到 TAxCCRn 中。如图 3.73 所示,若每隔 Δt 产生中断,则须在定时器等于 TAxCCR0a 时产生的中断服务程序中,将 TAxCCR0b 加到 TAxCCR0 寄存器中。

(4) 增/减计数模式

在该模式下,计数器 TAxR 的值先增后减:当增计数到 TAxR=CCR0 时,计数器停止增计数,变为减计数,当减到"0"时,设置标志位 TAIFG。由此可见,这种模式的计数周期为 CCR0 值的两倍。这种模式下计数器中的数值变化情况如图 3.74 所示。

在增/减模式下,中断标志 CCIFG0、TAIFG 会在相等的时间间隔置位。当定时器 TAxR 的值从 CCR0-1 增计数到 CCR0 时,中断标志 CCIFG0 置位;当定时器从"1"减计数到"0"时,中断标志 TAIFG 置位。图 3.75 说明了标志位在何时设置,并且还可以看出定时器 TAxR 的值是先增加再减少。

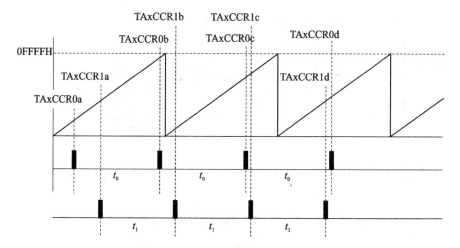

图 3.73　在连续模式下中断与 TAxCCRn 的关系

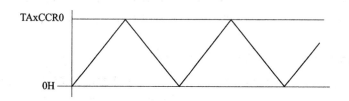

图 3.74　增/减计数模式下的计数器 TAxR

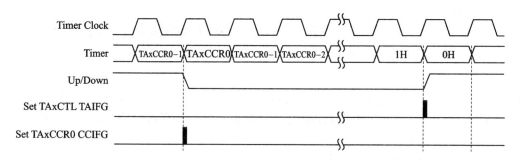

图 3.75　标志位在增/减模式下的设置

3. 捕获/比较模块

该定时器有多个相同的捕获/比较模块,每个模块都可以用于捕获事件发生的时间或产生一定的时间间隔,它为实时处理提供了灵活的手段。当发生捕获事件或定时时间到时,都可以引起中断。该模块可以用于捕获模式也可以用于比较模式,用 TAxCCTLn 中的 CAPx 选择模式,用 CCMx1 和 CCMx0 选择捕获条件。捕获/比较模块的逻辑结构如图 3.76 所示。

图 3.76 中的输入信号由 CCISx1、CCISx0 选择,而输入信号可以来自外部引脚

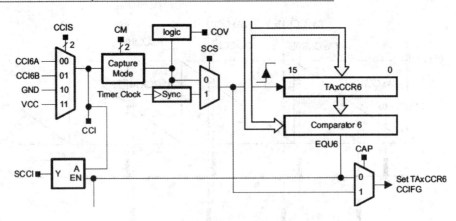

图 3.76 捕获/比较模块的逻辑结构

也可以来自内部信号。输入信号还可以暂存在一个触发器中,由 SCCIx 信号输出。该模块有捕获/比较寄存器,与定时器总线相连,可以在满足捕获条件时将定时器 TAxR 的值写入捕获寄存器,也可以在定时器 TAxR 的值与比较器的值相等时设置相关中断标志位。

(1) 捕获模式

当 TAxCCTLn 中的 CAPx=1 时,该定时器工作在捕获模式。这时如果在选定的引脚上发生选定的脉冲触发沿(上升沿、下降沿或任意跳变),则定时器 TAxR 中的值将写入 TAxCCRn 中。此模式多用于确定事件发生的时间,比如速度的计算与时间的测量等。

当捕获完成时,中断标志位 CCIFGn 将被置位,如果总的中断允许位 GIE 允许,相应的中断允许位 CCIEn 也允许,则将产生中断请求并被响应。

(2) 比较模式

当 TAxCCTLn 中的 CAPx=0 时,该模块工作在比较模式。这时与捕获有关的硬件均停止工作。当计数器 TAxR 中的计数值与比较寄存器中的值相等时,设置相关标志位,产生中断请求。

4. 输出单元

每个捕获/比较模块都包含一个输出单元,该单元用于产生输出信号。每个输出单元都有 8 种工作模式,可以产生基于 EQUx 的多种信号。输出单元的结构以及时序如图 3.77 所示。

由图 3.77 可以看出,最终的输出信号源于一个 D 触发器,该触发器的数据输入源于输出控制模块,输出控制模块又将 3 个输入信号(EQU0、EQU1/2、OUTn)经模式控制位 OMx0、OMx1、OMx2 运算后再输出到 D 触发器。D 触发器的置位端与复位端也将影响最终的输出。

输出模式由模式控制位 OMx0、OMx1、OMx2 决定,共有 8 种,分别对应

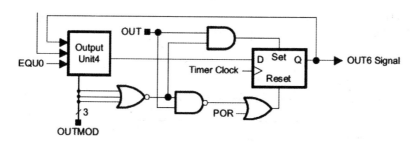

图 3.77 输出单元的结构以及时序

OMx2、OMx1、OMx0 的值。比如 OMx2、OMx1、OMx0 分别为 0、1、1 时为模式 3。除了模式 0 外,所有的输出都在定时器时钟的上升沿发生变化。输出模式 2、3、6、7 不适合输出单元 0。所有的输出模式定义如下:

- 输出模式 0:输出模式。输出信号 OUTn 由每个捕获/比较模块中控制寄存器 TAxCCTLn 中的 OUTn 位定义,输出信号在写入该控制寄存器后立即更新。
- 输出模式 1:置位模式。输出信号在定时器 TAxR 的值等于 TAxCCRn 时置位,且保持置位到定时器复位或选择另一种输出模式为止。
- 输出模式 2:PWM 翻转/复位模式。输出在定时器的值等于 TAxCCRn 的值时翻转,当定时器的值等于 TAxCCR0 的值时复位。
- 输出模式 3:PWM 置位/复位模式。输出在定时器的值等于 TAxCCRn 时置位,当定时器的值等于 TAxCCR0 的值时复位。
- 输出模式 4:翻转模式。输出电平在定时器的值等于 TAxCCRn 的值时翻转,输出周期是定时器周期的两倍。
- 输出模式 5:复位模式。输出在定时器的值等于 TAxCCRn 的值时复位,输出保持低电平直到选择另一种输出模式为止。
- 输出模式 6:PWM 翻转/置位模式。输出电平在定时器的值等于 TAxCCRn 的值时翻转,当定时器的值等于 TAxCCR0 的值时置位。
- 输出模式 7:PWM 复位/置位模式。输出电平在定时器的值等于 TAxCCRn 的值时复位,当定时器的值等于 TAxCCR0 的值时置位。

输出模块在输出控制位的控制下有 8 种模式的输出信号,与定时器 TAxR 的值、TAxCCRn 的值、TAxCCR0 的值有关:

在增计数模式下,当定时器 TAxR 的值增加到 TAxCCRn 的值或从 TAxCCR0 计数到"0"时,OUTn 信号按选择的输出模式变化,如图 3.78 所示。图 3.78 中实斜线为定时器计数值 TAxR,当计数值到 TAxCCR0、TAxCCR1 时,输出信号。下面为在各种模式下输出的波形。

第一个波形为模式 1 的输出:开始时为低,当 TAxR = TAxCCR1 时,输出高

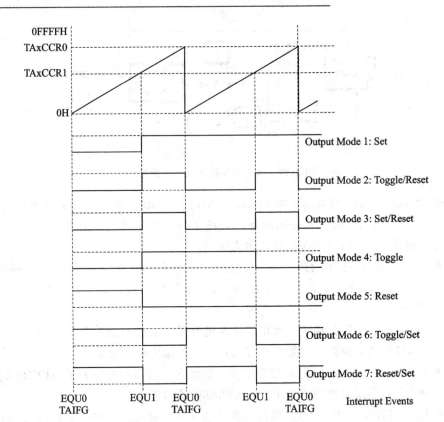

图 3.78 增计数模式下的输出(摘自 slau445f. pdf 第 363 页)

电平。

第二个波形为模式 2 的输出：每当 TAxR=TAxCCR1 时输出发生翻转，在 TAxR>TAxCCR1 时输出高电平；当 TAxR<TAxCCR1 时输出低电平，而高低电平的时间由 TAxCCR1 与 TAxCCR0 两个寄存器的值决定。这样定时器 TAxR 的值在"0"与 TAxCCR0 的值之间发生变化，输出波形的高低也由 TAxCCR1、TAxCCR0 的内容决定，通过改变 TAxCCR1、TAxCCR0 的值就可以改变输出波形的占空比，这样就输出了我们通常所说的脉冲宽度调制 PWM 波。

第三个波形为模式 3 的输出：该模式输出的波形与模式 2 的输出一样。输出在定时器 TAxR 的值等于 TAxCCR1 的值时为高电平，直到定时器增加到 TAxCCR0 的值。

第四个波形为模式 4 的输出：每当增计数到 TAxCCR1 的值时，输出电平发生变化。这样在定时器 TAxR 的值增计数到 TAxCCR1 的值时的输出为整个波形的一部分，因此整个波形的周期为定时器定时周期的两倍。

第五个波形为模式 5 的输出：该输出波形与模式 1 的输出正好相反。当增计数到 TAxCCR1 的值时输出复位并一直保持。

第六个波形为模式 6 的输出：与模式 2 的输出波形正好相反。

第七个波形为模式 7 的输出：与模式 6 的输出波形一样。

图 3.79 所示为在连续计数模式下的输出波形，可以看出波形与增计数模式一样，只是计数器在增计数到了 TAxCCR0 的值之后还要继续增计数到"0FFFFH"，这样就延长了计数器计数到 TAxCCR1 的值之后的时间。这是与增计数模式不一样的地方。

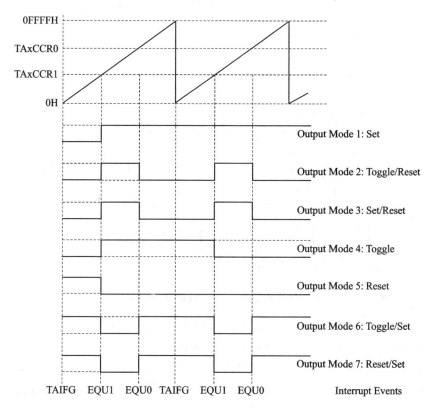

图 3.79　连续计数模式下的输出实例(摘自 slau445f.pdf 第 364 页)

图 3.80 所示为增/减计数模式下的输出实例，可以看出，这时的各种输出波形与定时器增计数或连续计数模式都不一样，当定时器在任意计数方向上出现等于 TAxCCRn 值的情况时，OUTn 信号都按选择的输出模式发生变化。下面以 TAxCCR2 为例进行说明。

第一个波形为模式 1 的输出：与定时器的增计数模式或连续计数模式的输出波形相同。

第二个波形为模式 2 的输出：每当 TAxR＝TAxCCR2 时输出发生翻转，从"0"增计数到 TAxCCR2 时以及从 TAxCCR0 减计数到 TAxCCR2 时都翻转。在 TAxCCR0＞TAxR＞TAxCCR2 时输出高电平，当 0＜TAxR＜TAxCCR2 时输出低电

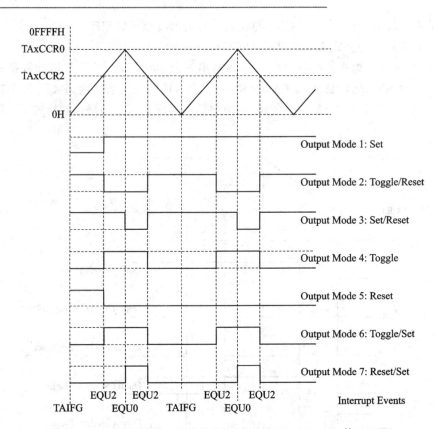

图 3.80 增/减计数模式下的输出实例(摘自 slau445f.pdf 第 365 页)

平,而高低电平的时间由 TAxCCR2 与 TAxCCR0 两个寄存器的值决定。这样定时器 TAxR 的值就会在"0"与 TAxCCR0 的值之间增变化或在 TAxCCR0 与"0"之间减变化,输出波形的高低由 TAxCCR2、TAxCCR0 的值决定,通过改变 TAxCCR2、TAxCCR0 的值就可以改变输出波形的占空比,输出我们通常所说的脉冲宽度调制 PWM 波。

第三个波形为模式 3 的输出:输出在定时器 TAxR 的值等于 TAxCCR2 的值时为高电平,直到定时器增加到 TAxCCR0 的值时变为低电平。

第四个波形为模式 4 的输出:每当增计数到 TAxCCR2 时(无论增计数还是减计数),输出电平都将发生翻转(与之前的电平相反)。

第五个波形为模式 5 的输出:该输出波形与模式 1 的输出正好相反。当增计数到 TAxCCR2 的值时,输出复位并一直保持。

第六个波形为模式 6 的输出:与模式 2 的输出波形正好相反。

第七个波形为模式 7 的输出:当 TAxR 的值等于 TAxCCR2 的值时输出为"0",当 TAxR 的值等于 TAxCCR0 的值时输出为"1"。

总结:各种输出模式的输出与定时器的关系。回顾图 3.78,可以这样看整个输出单元:有两个输入信号 EQU1/2、EQU0,3 个控制信号 OMx2、OMx1、OMx0,一个输出信号 OUTn,可将它简化为图 3.81。在时钟上升沿时输出由这 5 个信号共同决定,具体如表 3.16 所列。

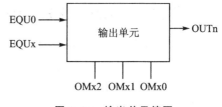

图 3.81 输出单元简图

表 3.16 定时器时钟在上升沿时各模式下 OUTn 的状态

输出模式	EQU0	EQUx	OUTn 的状态(或触发器输入端 D)
0	×	×	×(OUTn 位)
1	×	0	OUTn(不变)
1	×	1	1(置位)
2	0	0	OUTn(不变)
2	0	1	$\overline{\text{OUTn}}$(与之前相反)
2	1	0	0
2	1	1	1(置位)
3	0	0	OUTn(不变)
3	0	1	1(置位)
3	1	0	0
3	1	1	1(置位)
4	×	0	OUTn(不变)
4	×	1	$\overline{\text{OUTn}}$(与之前相反)
5	×	0	OUTn(不变)
5	×	1	0
6	0	0	OUTn(不变)
6	0	1	$\overline{\text{OUTn}}$(与之前相反)
6	1	0	1
6	1	1	0
7	0	0	OUTn(不变)
7	0	1	0
7	1	0	1
7	1	1	0

3.4.4 定时器 Timer_A 的应用

通过前文的描述可知,使用定时器需明确以下 4 点:

① 计数信号源(定时器本身就是计数器),由 TPSSEL1、TPSSEL0 选择 TACLK、ACLK、SMCLK、INCLK。

② 分频系数,由 ID1、ID0 选择 1、2、4、8 分频。

③ 定时器、捕获/比较器、输出模块等的工作模式。

④ TAxCCRn 内的值。

实验 3-21 Timer_A 全方位(各控制位)体会

打开实验 1-1,将源程序替换为 TI 网站中 slac485f.zip 文件的 MSP430G2xx3_Code_Examples 目录下 C 路径中的 msp430g2xx3_ta_01.c,代码如下:

```c
#include <msp430.h>
int main(void)
{
    WDTCTL = WDTPW + WDTHOLD;              //Stop WDT
    P1DIR |= 0x01;                          //P1.0 output
    CCTL0 = CCIE;                           //CCR0 interrupt enabled
    CCR0 = 50000;
    TACTL = TASSEL_2 + MC_2;                //SMCLK,contmode
    __bis_SR_register(LPM0_bits + GIE);    //Enter LPM0 w/ interrupt
}
#if defined(__TI_COMPILER_VERSION__) || defined(__IAR_SYSTEMS_ICC__)
#pragma vector = TIMER0_A0_VECTOR
__interrupt void Timer_A (void)
#elif defined(__GNUC__)
void __attribute__ ((interrupt(TIMER0_A0_VECTOR))) Timer_A (void)
#else
#error Compiler not supported!
#endif
{
    P1OUT ^= 0x01;                          //Toggle P1.0
    CCR0 += 50000;                          //Add Offset to CCR0
}
```

由上述内容可知,此程序与实验 1-1 的程序结构不一样:主程序中没有死循环!另外,主程序中没有一条语句可以实现闪灯的功能,仅有一条语句用于设置与 LED 灯相连的 I/O 为输出。那么 CPU 是怎么完成闪灯的任务的呢?

这里在定时器中断服务程序中有两条语句:

```
P1OUT ^= 0x01;           //P1OUT.0 状态求反,可以理解为闪灯操作
CCR0 += 50000;           //TA0CCR0 的值再增加 50 000
```

闪灯的程序就在定时器中断服务程序中实现了。

由此可见：主程序只做了中断或其他相关的初始化,设置后,主程序也就完成,此时 CPU 工作在 LPM0 功耗模式,系统主频还开着,这是因为定时器要用到 SMCLK,定时器选择 TASSEL_2 为 SMCLK。此时,计数信号不断涌入定时器 Timer_A 硬件计数器,硬件自动不断地将 TA0CCR0 的值与 TA0R 中的值比较,一旦到达 TA0CCR0 寄存器内的数值,就发生中断。程序跳转到中断服务程序,将 P1OUT.0 求反,闪灯。

闪烁周期为

$$2 \times 50\,000 \times T_{\text{SMCLK}} = 100\,000 \times 1\ \mu s = 100\ \text{ms}$$

运行后寄存器的状态如图 3.82 所示,注意各相关控制位的值,同时观察灯的闪烁频率,并记住该闪烁频率。

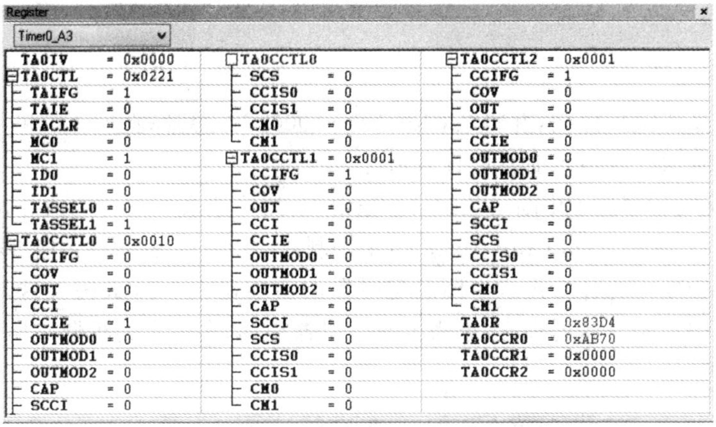

图 3.82 Timer_A 各寄存器的状态

TI 原始例程运行的结果就是这样：让发光二极管以某频率闪烁。这是因为,输入信号的频率是固定的,定时器的定时间隔是固定的,所以闪烁频率就变固定了。下面通过更改定时器的各种要素来实现不同的效果,以进一步深入体会定时器的控制字。

第一步,修改 ID1、ID0 的值。图 3.82 中是 00,将其改为 01、10、11 等不同的值,再连续运行程序(不必修改程序),此时发现灯的闪烁频率改变了,按照 ID1、ID0＝00、01、10、11 的顺序逐渐慢下来。因为将输入的时钟进行了不同系数的分频,所以输入到计数器的信号本身就慢了。

第二步,修改时钟信号源 TASSEL 的值。原始是 TASSEL1、TASSEL0＝10,选择的是 SMCLK,现在改为 01,选择 ACLK。注意,ID1、ID0＝00,不然会非常慢,同时 32768 晶体需要焊接。此时,灯的闪频率在没有分频时就已经很慢了,慢于选择

SMCLK(大约 1 MHz)为输入时钟并用最大分频系数时的 LED 闪烁。

第三步,改程序,将程序中的"CCR0 += 50000;"删除,然后运行程序,会发现灯的闪速度变慢,不是很明显。由于定时器设置为"TACTL＝TASSEL_2＋MC_2;",其中 MC_2 表示连续运行,计数器将计数到 0xFFFF 再回到 0 继续增加,所以实际的定时间隔为 65 535 个计数周期,比原来的 50 000 个多了一点儿,所以速度变慢了一点儿。

第四步,去掉"CCR0 += 50000;"之后,修改寄存器的 MC1 和 MC0,改计数模式为增计数模式,MC1、MC0＝01,再观察灯闪频率。

第五步,继续更改 TA0CCR0 的值,再运行程序,发现灯闪频率直接与 TA0CCR0 的值有关。

第六步,继续修改程序:

```
P1OUT ^= 0x01;
_NOP();
_NOP();
_NOP();
//CCR0 += 50000;
```

增加几条空操作语句,并将"CCR0＋＝50 000;"注释掉,此时 CCR0 不累计。通过不同的计数模式观察计时器的计数情况。

首先,运行程序进入中断函数的第一条语句,然后记录 TA0R 的值。如图 3.83 所示,TA0R＝0xC359,TA0CCR0＝0xC350(十进制数 50 000)。此程序定时 50 000 个计数值后将进入中断。为什么进入中断后定时器的值会比 50 000 大呢? 这是因为 CPU 进入中断后需要做一些处理,这就需要花费机器周期,多出来的机器周期就是用在这里(中断处理)了。

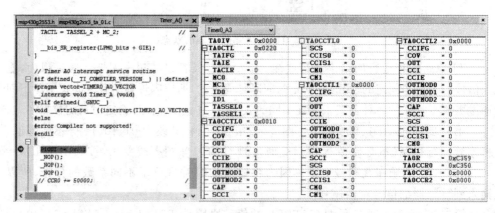

图 3.83　第一次进入中断的现场

然后,单步执行该程序。注意观察 TA0R 的值,发现 TA0R＝0xC35D,比刚刚进入中断时多了 4 个数,这是因为执行"P1OUT ^= 0x01;"语句需要花费 4 个机器周期,如图 3.84 所示。

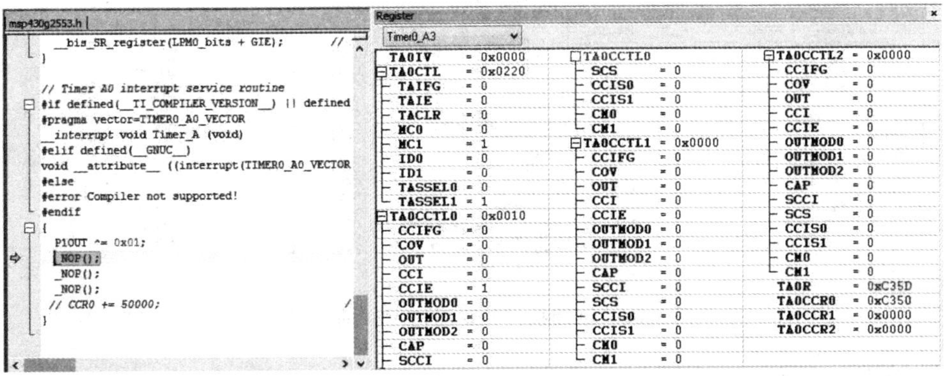

图 3.84 继续运行的现场

接着继续执行"_NOP();",TA0R 变为 0xC35E,比刚才又多一个数,因为执行语句"_NOP();"花费了一个机器周期。

第七步,继续修改,输入时钟为 ACLK,主程序改为"TACTL=TASSEL_1+MC_2;",然后运行到中断函数处,现场情况如图 3.85 所示。

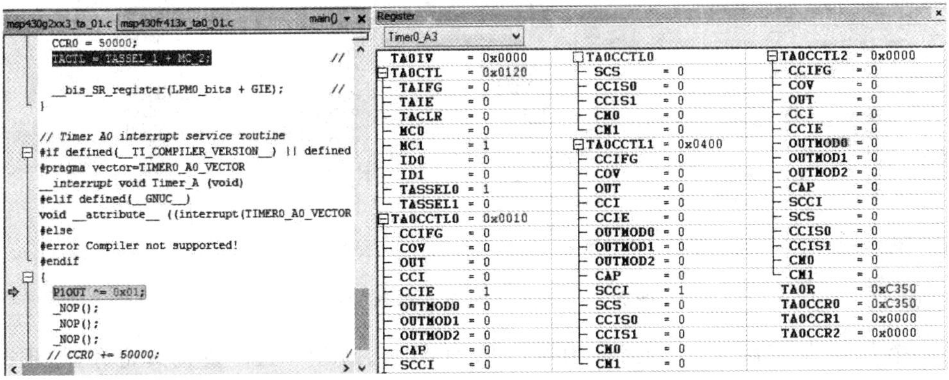

图 3.85 输入时钟为 ACLK 时第一次进入中断(注意 TA0R 的值)

图 3.85 中的 TA0R=0xC350=TA0CCR0,当用 SMCLK 作为输入时钟时,TA0R=0xC359,为什么呢?继续单步运行,执行了几条语句后 TA0R 的值还是 0xC350,如图 3.86 所示。这是因为定时器用的是 ACLK,而系统用的是 MCLK,默认状态下 ACLK=32 768 Hz,而 MCLK 大致为 1 MHz,要使 TA0R 增加一个值,需要 31 个左右的机器周期,而刚才的几条语句却不够 31 个机器周期。读者可以继续增加语句,验证之。

第八步,继续修改,时钟还是 SMCLK,计数模式为模式 1(增计数模式):

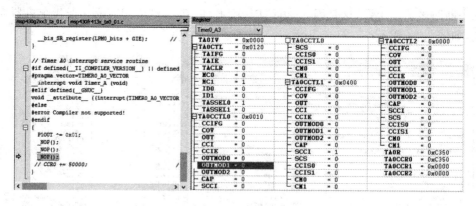

图 3.86 继续执行的现场(TA0R 的值不变)

TACTL = TASSEL_2 + MC_1;

然后直接运行到中断处,现场如图 3.87 所示,注意观察 TA0R 的值。这时 TA0R=0x0008,在增计数模式下,定时器计数到 TA0CCR 的值将回"0"。

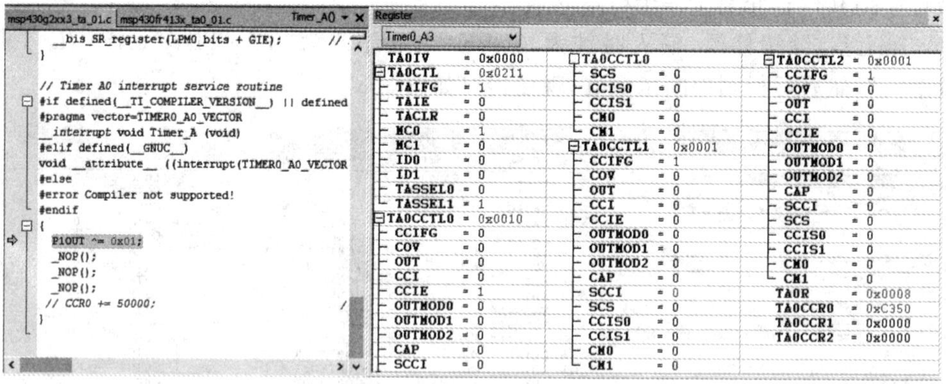

图 3.87 模式 1 刚进入中断的现场

第九步,继续修改,将模式改为模式 3,即 MC1、MC0=11。直接改寄存器,不改程序。然后两次进入中断,关注第二次,如图 3.88 所示。

图 3.88 中 TA0R=0xC347,表示刚刚进入时是 0xC350(TA0CCR0 值),然后进入了减计数模式,如果继续单步执行程序则会发现 TA0R 的值在一点点地减小。

通过上面的 9 次操作相信读者对定时器的定时部分理解得更加清楚了,同时加强了对 CPU 程序的执行、中断的进入等的理解。

实验 3-22 日历时钟设计

在很多应用中都需要日历时钟用于描述当前的年、月、日、时、分、秒等。读者可以使用定时器设定最小的秒信号,然后用中断程序完成日历的其余计数。设计时需

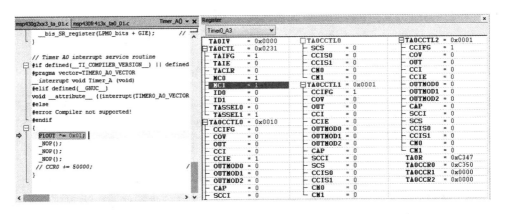

图 3.88　模式 3 第二次进入中断

要注意的是,闰年、闰月、大月、小月等细节问题。请读者自行完成。

实验 3-23　频率计实验(捕获功能)

频率计设计是利用 MSP 单片机的定时器 Timer_A 的捕获功能,将周期信号引入 Timer_A 捕获引脚,通过两次捕获输入信号上升沿(或下降沿)时的定时器计数值之差(注意不让 TAxR 值溢出)实现输入信号周期测量,进而实现频率测量。当然,如果输入信号频率很高,那么直接计数单位时间内标准周期信号的个数也能实现频率测量。本实验使用前者。

如何实现捕获功能？先打开 TI 例程(依旧使用 MSP430G2553 芯片),将 TI 网站中 slac485f.zip 文件的 MSP430G2xx3_Code_Examples 目录下 C 路径中的 msp430g2xx3_ta_03.c 加入空项目,代码如下:

```
int main(void)
{
    WDTCTL = WDTPW + WDTHOLD;              //Stop WDT
    P1DIR |= 0x01;                         //P1.0 output
    TACTL = TASSEL_2 + MC_2 + TAIE;        //SMCLK,contmode,interrupt
    __bis_SR_register(LPM0_bits + GIE);    //Enter LPM0 w/ interrupt
}
//Timer_A3 Interrupt Vector (TAIV) handler
#if defined(__TI_COMPILER_VERSION__) || defined(__IAR_SYSTEMS_ICC__)
#pragma vector = TIMER0_A1_VECTOR
__interrupt void Timer_A(void)
#elif defined(__GNUC__)
void __attribute__ ((interrupt(TIMER0_A1_VECTOR))) Timer_A (void)
#else
#error Compiler not supported!
```

```
#endif
{
    switch( TA0IV )
    {
        case  2: break;                    //CCR1 not used
        case  4: break;                    //CCR2 not used
        case 10: P1OUT ^= 0x01;            //overflow
            break;
    }
}
```

TI 例程中没有捕获功能的例子,所以以该程序为基础进行修改。该程序的本意为定时器本身溢出就闪灯,现在利用该程序实现捕获功能,捕获条件为 P1.2 引脚的上升沿。具体做法是:利用 P1.2 引脚的第二功能(TA0.1),用导线将 DVCC 碰一下 P1.2 引脚会直接引起捕获事件。图 3.89 所示为 MSP430G2553 引脚图,图 3.90 所示为 MSP430G2553 引脚 P1.2 的定义,图 3.91 所示为 P1.2 端口的原理图。

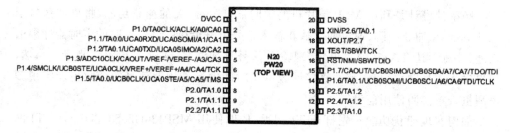

图 3.89 MSP430G2553 引脚图

P1.2/ TA0.1/ UCA0TXD/ UCA0SIMO/ A2/ CA2	4	4	2	I/O	通用型数字I/O引脚 Timer0_A,捕获:CCI1A输入,比较:Out1输出 USCI_A0 UART模式:发送数据输出 USCI_A0 SPI模式:从器件数据输入/主器件数据输出 ADC10模拟输入A2 Comparator_A+,CA2输入

图 3.90 MSP430G2553 引脚 P1.2 的定义(摘自 MSP430G2553.pdf 第 7 页)

首先直接更改寄存器,测试捕获实现的可能性,如图 3.92 所示。

```
P1SEL.2 = 1;             //选择 P1.2 的第二功能
CAP = 1;                 //选择捕获功能
CM1、CM0 = 01;           //选择上升沿
CCIS = 00;               //选择 CCIxA
CCIE = 1;                //允许 TA0CCR1 中断
```

然后在"case 2: break;"处设置断点,直接运行程序,程序不会停在断点处,利

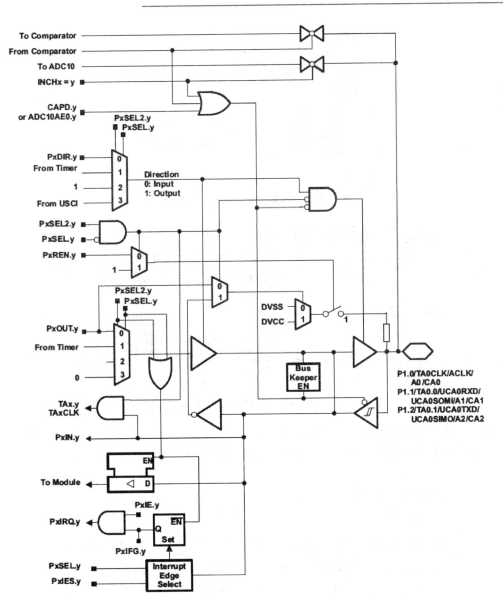

图 3.91 P1.2 端口的原理图(摘自 MSP430G2553.pdf 第 43 页)

用导线将 DVCC 碰一下 P1.2 引脚(如果用 G2 Launchpad 则需要将 RXD、TXD 短接块去掉),程序将停留在断点处。但是,在"case 2:break;"处设置不了断点,需要增加一条语句"_NOP();",然后才可以设置断点。程序运行现场如图 3.93 所示。

在测试 P1.2 的第二功能时,端口呈低电平,所以利用导线将 DVCC 引脚碰一下该端口,该端口将产生上升沿。上升沿产生捕获事件(P1.2 就是 TA0 的 CCIxA 引脚,故而发生捕获)时 TA0CCR1=TA0R=0x230B,如图 3.93 所示。捕获发生的实

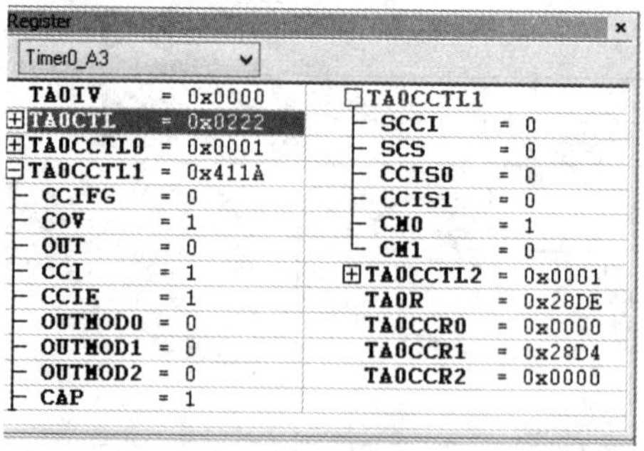

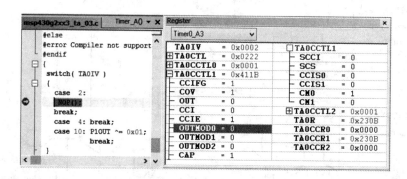

图 3.92 更改寄存器的值,测试捕获实现的可能性

图 3.93 捕获发生时的现场

质就是捕获定时器计数器(TA0R)的值。一个周期信号的两次上升沿将捕获两次,其差值就是输入信号的周期。下面将通过更改程序来实现频率计的功能。

需要更改两个地方:

① 主程序,配置捕获发生的条件;
② 中断服务程序,就是图 3.94 所示断点处的程序。

图 3.94 连续运行后停在断点处的现场

主程序需要添加:

P1SEL |= BIT2;

```
TACCTL1 = CAP + CM_1 + CCIE + SCS + CCIS_0;
```

中断服务程序需要添加：

```
if(time & BIT0 )
{
    t2 = TA0CCR1;
    T = t2 - t1;
}
else
{
    t1 = TA0CCR1;
}
time ++;
```

需设置几个变量：

```
long t1,t2,T;
char time = 0;
```

其中，变量 t1、t2 和 T 用于保存两次捕获到的值，以及两者之差；time 用于判别捕获次数的奇偶性，偶数次读取一次，奇数次再读取一次，在奇数次计算差值以及频率。此程序的调试与以前不一样，是不能进行单步等操作的，只能连续运行。将 P1.0 输出的方波作为被测信号与 P1.2 相连接，P1.2 为被测信号输入端。

现在进行测试，在语句"T=t2-t1;"处设置断点，将所有变量送入观察窗口。断点的设置方法为：让程序连续运行一段时间后再设置断点(让程序停下来)，这时变量值可真实地反映方波参数，如图 3.94 所示。

观察图 3.94 会发现，变量 T 始终为 0，问题出在哪里呢？原来是使用的方波出了问题。仔细阅读原程序：用定时器连续计数直到定时器溢出再进行 P1OUT.0 求反。频率计与方波发生器使用相同的时钟 SMCLK，所以频率计得到的值为两倍 P1OUT.0 求反值(65536×2)，超出了定时器的范围。修改信号源：用 CCR2 产生方波信号，求反间隔为 10000 个 SMCLK，程序如下：

主程序添加：

```
CCTL2 = CCIE;
CCR2 = 10000;
```

中断服务程序添加：

```
case 4:
CCR2 = CCR2 + 10000;
P1OUT ^= 0x01;
break;
```

将定时器溢出处的输出求反程序屏蔽：

```
case 10: //P1OUT ^= 0x01;           //overflow
break;
```

再次测试,此时得到的结果非常完美,如图 3.95 所示,图中变量 T=20000,正好是两次求反的时间间隔,而 t1、t2 分别是前后两次捕获到的数据。

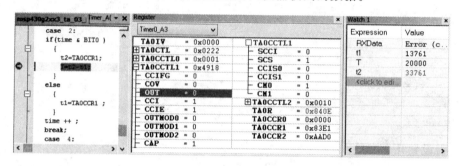

图 3.95　正确的测试结果

对于频率的计算比较简单：已知机器周期,测出被测信号的周期是 20 000 个机器周期,那么被测信号的周期就可以计算出来了,频率为周期的倒数。

实验 3-24　用定时器控制 LED 灯的亮度(PWM 输出)

此实验主要应用定时器的输出功能,直接将源代码更换为 TI 网站中 slac485f.zip 文件的 MSP430G2xx3_Code_Examples 目录下 C 路径中的 msp430g2xx3_ta_19.c。如果已将 LED 连接到 P1.2,则不用修改程序；如果使用了 G2 Launchpad 板上的 P1.6,则需要修改程序,修改后的程序如下：

```
int main(void)
{
    WDTCTL = WDTPW + WDTHOLD;           //Stop WDT
    P1DIR |= 0x44;                      //P1.2 and P1.6 output
    P1SEL |= 0x44;                      //P1.2 and P1.6
    CCR0 = 128;                         //PWM Period/2
    CCTL1 = OUTMOD_6;                   //CCR1 toggle/set
    CCR1 = 122;                         //CCR1 PWM duty cycle
    TACTL = TASSEL_2 + MC_3;            //SMCLK, up-down mode
    mode
    for(;;);
//  __bis_SR_register(LPM0_bits);       //Enter LPM0
}
```

其中,程序中增加了"for(;;);"语句以便于修改变参数,注释掉了最后一条语句,增加了 P1.6 的相关(输出与第二功能)设置。连续运行程序,记住 LED 灯此时的明亮程度,然后停止程序,直接修改寄存器 CCR1 的值,接着继续运行程序,发现 LED 灯的明亮程度改变了。注意,程序中没有改变 LED 灯明亮程度的语句,死循环为空操作,真正使其改变的是定时器的 PWM 输出功能。读者可以利用示波器观察定时器的 PWM 输出,通过改变 CCR1 的值得到不同脉冲宽度的方波信号。其中,CCR1 定义了脉宽,CCR0 定义了方波的周期。

实验 3-25 用定时器实现 DAC 输出(PWM 应用)

本实验与实验 3-12 和实验 3-13 基本相同,但实现了 DAC 功能。在 TI 的 slaa116.pdf 文件中描述了如何使用 Timer_B 来实现 DAC 功能,其核心就是定时器的 PWM 输出。当然,这里用 Timer_A 也是一样的。首先,PWM 输出通过硬件滤波器将可以得到与脉宽相对应的模拟信号,如图 3.96 所示,其使用的滤波电路如图 3.97 所示。

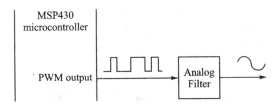

图 3.96 PWM 滤波为正弦信号

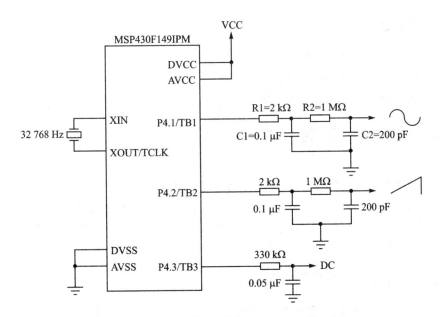

图 3.97 具体硬件电路(摘自 slaa116.pdf 第 6 页)

在图 3.100 中输出了 3 个模拟信号：P4.1、P4.2、P4.3 通过滤波电路分别输出了正弦波、三角波和直流电压。所有输出都是对地的，如果要让 P4.1 输出的正弦波上下移动，则需要增加可调的直流分量。如图 3.98 所示，可以将增加的直流分量由 P4.3 输出，与由 P4.1 输出的正弦信号进行运算后实现有偏置的正弦。

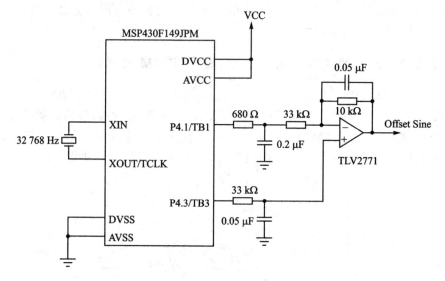

图 3.98　可调偏置的正弦输出电路

本实验程序请读者自行完成。

课外实践

① 将按钮与定时器相结合设计电子琴。
② 设计音乐盒，可选听不同乐曲，可进行暂停等操作。
③ 结合实验 3-25 实现产生语音的功能，比如自己说的话。

3.5　MSP 模/数转换模块

MSP 系列单片机大部分都内嵌模/数转换模块，且转换分辨率为 10 位、12 位、14 位、16 位、24 位不等，而其他没有硬件模/数转换模块的型号可利用内嵌的模拟比较器配合定时器来实现模/数转换功能。所以，用 MSP 系列单片机进行数据采集非常方便。这里只介绍 MSP 的 ADC10 模块，其余的大同小异。

3.5.1　ADC10 模/数转换模块

ADC10 是在 MSP 很多系列中都有的高速 10 位模/数转换器。

1. ADC10 的特点与结构

ADC10 的主要特点如下:
- 最大转换速率为 200 ksps;
- 10 位的转换分辨率,其非线性微分误差是 1 LSB,其非线性积误差是 1 LSB;
- 采样和保持电路;
- 内置 RC 振荡器,产生采样时序;
- 温度测量传感器内置;
- 多路模拟输入(分成两组外部参考输入);
- 多路外部输入以及 4 路内部模拟输入;
- 4 个内部转换通道:温度、AVCC、外部参考等;
- 芯片内部产生参考电压:1.5 V 或者 2.5 V,由软件选择;
- 每个通道都可以单独选择参考电压:内部的、外部的;
- 多种可选转换时钟源 ADC10OSC (RC-oscillator in ADC10)、ACLK、MCLK、SMCLK;
- 转换模式包括单通道单次、单通道多次、序列通道、重复序列通道,共 4 种;
- 每次转换后都将转换的结果存入对应寄存器(缓冲器)中;
- ADC 的核心和参考电压发生器可以关闭,以降低能耗。

ADC10 模/数转换器(见图 3.99)有 5 个主要的功能模块:
- 带有采样和保持的 ADC 内核;
- 参考电压发生器;
- 转换时钟源选择电路;
- 采样与转换时序控制电路;
- 存储控制电路。

ADC10 的核心是带采样与保持的 10 位模/数转换器内核,其输入为 16 选 1 的模拟多路器,转换所需的参考电压可由内部发生也可外接,转换所需的时序有多种选择。

ADC10 能够转换 12 个外部输入(A0~A7,A12~A15)或者 4 个内部电压(A8~A11)。

ADC10 有采样保持电路。采样占 4 个 ADC10CLK 周期,它由软件(ADC10SC),或硬件信号 ADC10I1、ADC10I2 或 ADC10I3 触发。典型的触发信号来自 MSP 定时器,如 Timer_A 等。

ADC10 的内核为 10 位模/数转换器,所以只能有 10 位的量化结果。转换后,结果存放在 ADC10MEM 的相应寄存器中。它的核心使用两个可编程/可选择的参考电平(V_{R+} 和 V_{R-})来定义转换范围的高低极限。当输入的信号等于或大于 V_{R+} 时,输出满值 1023;当输入的信号等于或小于 V_{R-} 时,输出为零。当输入电压在参考电

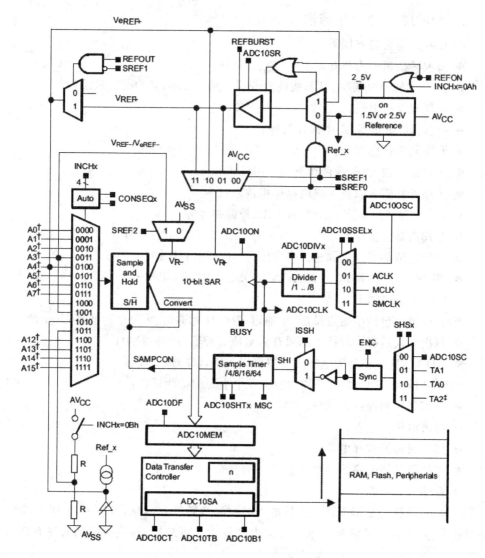

图 3.99　ADC10 结构框图（摘自 slau144.pdf 第 549 页）

压（V_{R+} 和 V_{R-}）范围内时，转换后得到的数据是输入电压与参考电压的比值乘以 $(2^{10}-1)$，即

$$N_{\text{ADC}} = \frac{V_{\text{in}} - V_{R-}}{V_{R+} - V_{R-}} \times (2^{10}-1)$$

2. 2ADC10 的寄存器

ADC10 模块使用了如图 3.100 所示的寄存器，其中有转换控制寄存器，也有存放转换结果的寄存器。

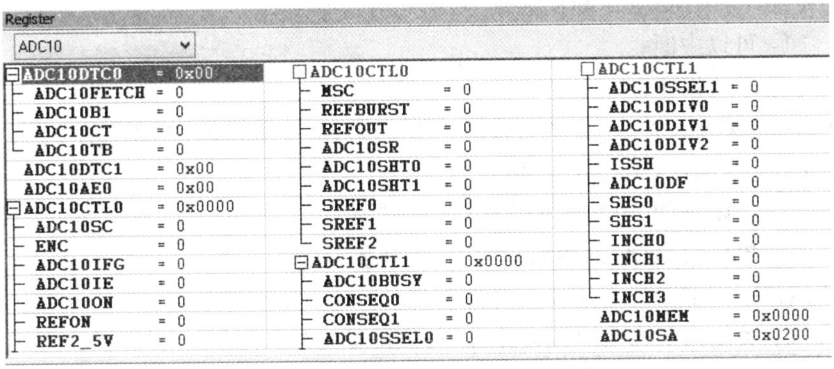

图 3.100　ADC10 寄存器以及相关控制位（MSP430G2553）

(1) ADC10 控制寄存器 0(ADC10CTL0)

ADC10 的所有操作都由 ADC10CTL0 与 ADC10CTL1 两个寄存器的相应位控制，而且大多数位（阴影部分）只有在 ENC＝0 时才可被修改，而其他位可在任意时刻修改。ADC10CTL0 中的位及其含义如下：

15～13	12、11	10	9	8	7
SREF2、1、0	ADC10SHT1、0	ADC10SR	REFOUT	REFBURST	MSC
6	5	4	3	2	1	0
REF2_5V	REFON	ADC10ON	ADC10IE	ADC10IFG	ENC	ADC10SC

- ADC10SC：采样/转换控制位。该位用于转换控制，当 ENC＝1 时，可以被修改，此时最好 ISSH 也为低电平。当 ISSH＝0 或 ISSH＝1 时，ADC10SC 将进行采样、转换操作。当 ADC10 完成转换（BUSY＝0）时，ADC10SC 将自动复位。
- ENC：转换使能位。只有在 ENC＝1 时才可以通过软件或外部信号启动转换，而在 ADC10CTL0 与 ADC10CTL1 中大多数控制位只有在 ENC＝0 时才可以改变。

  0：没有转换。

  1：在 SHI 的第一个上升沿开始第一次采样与转换。

  注意：CONSEQ＝0，ADC10BUSY＝1，ENC 为 1→0：在这种模式下，如果 ENC 复位，则当前的转换立即停止，转换结果不可信；CONSEQ≠0，ADC10BUSY＝x，ENC 为 1→0：在这种模式下，如果 ENC 复位，则当前的转换将完成，转换结果是正确的，在当前转换完成后停止。
- ADC10IFG：ADC10 转换中断标志。如果 ADC10MEM 已经存放了转换结果，则该标志被置位。若中断服务已经开始，则该位可以自动复位，也可以软件清零。

ADC10IE：ADC10 中断使能信号。
  1：可以中断；
  0：不可以中断。
注意：前提条件是，总中断被设置（GIE=1），有中断请求（ADC10IFG=1）。
ADC10ON：ADC10 内核电源控制位。
  0：关闭 ADC10 内核的电源，不能转换；
  1：提供给 ADC10 内核能量，可以转换。
REFON：内部参考电压发生器控制位。
  0：关闭内部参考电压发生器，可以降低能耗；
  1：打开内部参考电压发生器。
REF2_5V：内部参考电压值选择位。
  0：当参考电压发生器打开时，选择内部 1.5 V 参考电压；
  1：当参考电压发生器打开时，选择内部 2.5 V 参考电压。
MSC：多重采样/转换控制位。只有当 ADC10 选择在重复单通道、序列通道、重复序列通道模式时有效。
  0：每次采样与转换时，由 SHI 的上升沿触发采样定时器；
  1：由 SHI 的第一个上升沿触发采样定时器，后面的采样与转换由前一次转换完成后立即执行，而不需要 SHI 的上升沿信号。
REFBURST：参考电压 BURST 操作位。
  0：在连续转换时，参考电压缓冲；
  1：在采样与转换期间，参考电压缓冲。
REFOUT：内部参考电压是否输出控制位。
  0：不输出；
  1：输出。
ADC10SR：最大采样速率选择位。
  0：最大采样速率可高达 200 ksps；
  1：最大采样速率可高达 50 ksps。
ADC10SHT1、0：对于采样时间，选择 ADC10CLK 的个数。
  00：4×ADC10CLK；
  01：8×ADC10CLK；
  10：16×ADC10CLK；
  11：64×ADC10CLK。
SREF2、1、0：ADC10 参考电源选择位。该 3 位共有 8 种组合，用于选择参考电源的 8 种情况，如下：
  000：$V_{R+}=V_{CC}$，$V_{R-}=AV_{SS}$；
  001：$V_{R+}=V_{REF+}$，$V_{R-}=AV_{SS}$；

010：$V_{R+}=V_{eREF+}$（带缓冲），$V_{R-}=V_{SS}$；

011：$V_{R+}=V_{eREF+}$，$V_{R-}=V_{SS}$；

100：$V_{R+}=V_{CC}$，$V_{R-}=V_{REF-}/V_{eREF-}$；

101：$V_{R+}=V_{REF+}$，$V_{R-}=V_{REF-}/V_{eREF-}$；

110：$V_{R+}=V_{eREF+}$，$V_{R-}=V_{REF-}/V_{eREF-}$；

111：$V_{R+}=V_{eREF+}$（带缓冲），$V_{R-}=V_{REF-}/V_{eREF-}$。

(2) ADC10 控制寄存器 1(ADC10CTL1)

ADC10CTL1 与 ADC10CTL0 一起控制 ADC10 的相关操作，同时大多数位只有在 ENC=0 时才可被修改(阴影部分)，其他位可在任意时刻修改。ADC10CTL1 中的位及其含义如下：

15~12	11,10	9	8	7,6,5	4,3	2,1	0
INCH3,2,1,0	SHS1,0	ADC10DF	ISSH	ADC10DIV2,1,0	ADC10SSEL1,0	CONSEQ1,0	ADC10BUSY

ADC10BUSY：忙标志位。该标志位指示一次正在进行的采样或转换操作，只用于单通道单次转换模式。因为在此模式下，若 ENC 位复位，则转换立即停止，转换结果无效。所以，ADC10BUSY 位的测试应在 ENC=0 之前进行。

0：没有正在进行的转换；

1：有一个正在进行的转换。

CONSEQ1、0：转换模式选择位。一共有 4 种转换模式，如下：

00：单通道单次模式；

01：序列通道单次模式；

10：单通道多次模式；

11：序列通道多次模式。

ADC10SSEL1、0：转换内核时钟源选择控制位。该两位用于选择 ADC10 的采样与转换时钟。

00：选择 ADC10 内部振荡器提供的信号——ADC10OSC；

01：ACLK；

10：MCLK；

11：SMCLK。

ADC10DIV2、1、0：进入 ADC10 的时钟信号的分频因子选择位。分频因子就是该 3 位二进制数的值加 1。由分频器分频后，最终输出信号为 ADC10CLK。一次转换需要 11 个 ADC10CLK。

ISSH：采样输入信号反向控制位。

0：采样输入信号不反向；

1：采样输入信号反向。

ADC10DF：在 ADC10MEM 中数据格式选择位。

　　0：二进制格式。

　　1：二的补码格式。

SHS1、0：采样输入信号源选择控制位。

　　00：ADC10SC 位；

　　01：TA.OUT1；

　　10：TA.OUT0；

　　11：TA.OUT2。

INCH3、2、1、0：模拟通道选择位。模拟信号通道号为该 4 位二进制数的值：

　　0000：A0；

　　0001：A1；

　　0010：A2；

　　0011：A3；

　　0100：A4；

　　0101：A5；

　　0110：A6；

　　0111：A7；

　　1000：V_{eREF+}；

　　1001：V_{REF-}/V_{eREF-}；

　　1010：温度传感器，A10；

　　1011：$(AV_{CC}-AV_{SS})/2$；

　　1100：$(AV_{CC}-AV_{SS})/2$，A12；

　　1101：$(AV_{CC}-AV_{SS})/2$，A13；

　　1110：$(AV_{CC}-AV_{SS})/2$，A14；

　　1111：$(AV_{CC}-AV_{SS})/2$，A15。

(3) 转换结果寄存器(ADC10MEM)

每当转换结束时，转换结果都转存到该寄存器。ADC10MEM 为 16 位寄存器，但只用到 10 位。ADC10MEM 有两种数据格式：二进制格式与二的补码格式。

二进制格式如下：高 6 位为"0"，低 10 位为有效转换结果。

15～10	9	8	7	6	5	4	3	2	1	0
0	MSB									LSB

二的补码格式如下：高 10 位为有效数据，低 6 位为"0"。

15	14	13	12	11	10	9	8	7	6	5～0
MSB									LSM	0

(4) 模拟信号输入使能控制寄存器(ADC10AE)

当使用 ADC10 做精确的模拟转换时，相应的 ADC10AE.x 位必须设置为高电平，如下：

7	6	5	4	3	2	1	0
ADC10AE.7	ADC10AE.6	ADC10AE.5	ADC10AE.4	ADC10AE.3	ADC10AE.2	ADC10AE.1	ADC10AE.0

0：相应模拟输入禁用；

1：相应模拟输入使能。

(5) ADC10 数据传递的开始地址寄存器(ADC10SA)

在使用 DTC 功能时，该寄存器设置开始地址，因为 ADC10 的转换结果是字数据，所以这个地址必须是偶地址，最低位为"0"，具体如下：

15~1	0
数据传递开始地址	0

(6) ADC10 数据传递控制寄存器 0(ADC10DTC0)

ADC10DTC0 包含传递模式等控制位，具体如下：

7~4	3	2	1	0
保留	ADC10TB	ADC10CT	ADC10B1	ADC10Fetch

ADC10Fetch：该位用于调试。

  0：该功能无效；

  1：传递延迟数据，直到当前的 CPU 指令完成为止。

ADC10B1：存储块满标志，初始状态为"0"。当存储块 1 与存储块 2 被转换数据填满时，该标志位被置位。该位只有在 ADC10IFG 被置位后才有效。

ADC10CT：ADC10 连续传递使能控制位。

  0：传递完毕，数据传递将停止；

  1：数据传递将继续。

ADC10BT：ADC10 两块模式。

  0：一块传递模式；

  1：两块传递模式。

(7) ADC10 数据传递控制寄存器 1(ADC10DTC1)

该寄存器的内容为一个 8 位二进制数 n，该数据定义了需要传递的数量。

0：没有数据传递被使能。

1~255：数据传递使能，同时该寄存器的内容所表示的二进制数定义为需要传递的数量。

3. ADC10 内核、多路输入与采样保持电路

ADC10 内核、多路输入与采样保持电路如图 3.101 所示。

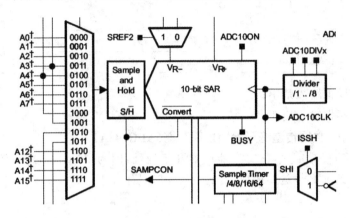

图 3.101 ADC10 内核、多路输入与采样保持电路

该电路由左至右依次为：多选 1 的模拟开关、采样保持、ADC10 内核。模拟输入由 INCH 位选择。

在采样过程中，模拟输入信号将连接到 A/D 内核的电容阵列上，所以电容网络的充电将由模拟信号源提供，并且在采样期间完成。充电时间也就是采样时间，由相关参数选择，采样由 SAMPCON 信号控制。

ADC10 转换内核是一个 10 位精度的模/数转换器，同时带有一个转换结果寄存器。它使用两个可编程的参考电压（V_{R+} 与 V_{R-}）来定义转换的最大值与最小值。

4. 参考电压及其设置

ADC10 包括一个参考电压发生器，输出值可选择 1.5 V 或 2.5 V。内部参考电压与外部引脚 VREF+ 上的电压值都可用于 ADC 的参考电压。另外，一个外部的参考电压也可以通过 VeREF+ 引脚提供给 VR+ 引脚。如果 VREF- /VeREF- 引脚无效，那么 VR- 引脚就被连接在 AVSS 引脚上。参考电压电路如图 3.102 所示。

参考电压的配置由 ADC10CTL0 寄存器的 SREF 位（第 13、14 和 15 位）完成，共有 8 种组合，如表 3.17 所列。

参考电压 VR+ 和 VR- 的值建立了可以得到的模拟输入的上下限，对应于满量程和零。在实际应用中，参考电低和模拟的输入不应超过供电电压 AVCC 以及低于 AVSS。当输入信号大于或等于 VR+ 时，转换结果为 O3FFH；当小于或等于 VR- 时，输出为零。

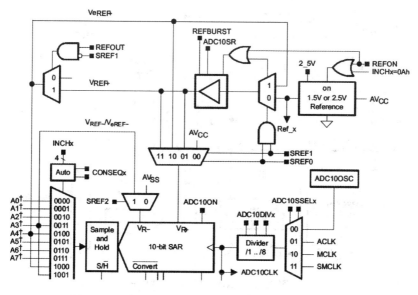

图 3.102　参考电压电路(摘自 slau144i.pdf 第 549 页)

表 3.17　参考源选择表

SREF	VR+	VR−
0	AVCC	AVSS
1	VREF+(内部)	AVSS
2	VeREF+(外部)	AVSS
3	VeREF+(外部带缓冲)	AVSS
4	AVCC	VREF−/VeREF−(内部或外部)
5	VREF+(内部)	VREF−/VeREF−(内部或外部)
6	VeREF+(外部)	VREF−/VeREF−(内部或外部)
7	VeREF+(外部带缓冲)	VREF−/VeREF−(内部或外部)

在内部参考电压用 REFON 开启后，在开始转换之前必须满足芯片手册中说明的建立时间，否则，在参考电压建立之前的转换结果会出错。一旦内部和外部的参考电压完成建立的过程，此后选择每个通道以及改变转换范围就不再需要建立时间了。

5. 转换时钟、转换速度与采样过程

转换速度与转换时钟(ADC10CLK)有着密切的关系，转换时钟的电路如图 3.103 所示。

由 ADC10SSLx 选择 ACLK、MCLK、SMCLK、ADC10OSC 作为输入信号，再被分频器分频，最终得到的信号作为 ADC10CLK 送往 ADC10 内核。ADC10OSC 信

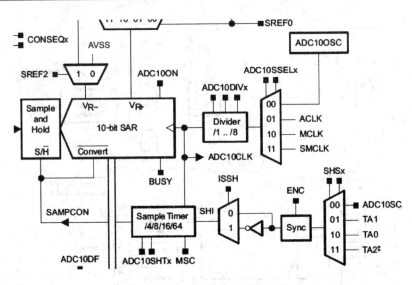

图 3.103 ADC10 转换时钟电路

号源自内部,其频率大致可达 5 MHz(详见器件手册),同时会随温度、电压以及器件的离散性的变化而变化。对于要求精确的转换需要稳定的转换时钟信号,因此建议使用由晶体产生的时钟信号。

在采样完成后,转换马上开始。完成一次转换需要 13 个 ADC10CLK,其中,12 个用于完成转换,一个用于将结果存储到 ADC10MEM 寄存器中。采样保持电路在转换之前完成模拟信号的采样,需要 4、8、16、64 个 ADC10CLK。ADC10 的采样与转换时序如图 3.104 所示。

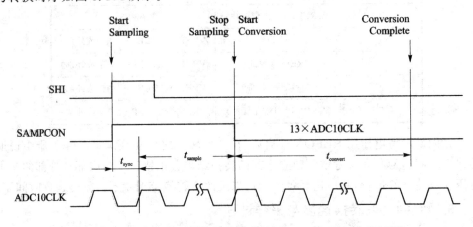

图 3.104 ADC10 的采样与转换时序(摘自 slau44j.pdf 第 538 页)

为了得到正确可靠的转换,模拟输入信号必须在采样期间保持稳定。在整个采样与转换期间不允许有相邻的其他通道引脚有数字信号活跃,这样可以减少对模拟信号转换的干扰,以确保得到正确的结果。

6. 转换模式

ADC10 模块有 4 种转换模式:
- 单通道单次转换;
- 单通道多次转换;
- 序列通道单次转换;
- 序列通道多次转换。

这 4 种转换模式由控制位 CONSEQ 决定,设计者可根据实际需要选择不同的转换模式,以满足应用要求。

(1) 单通道单次转换模式

在该模式下,ADC10 的状态转换图如图 3.105 所示。在该模式下,ADC10 将转换由 INCH 位决定的通道上的模拟信号一次。当转换完成时,转换结果存储在 ADC10MEM 中,同时标志位 ADC10IFG 被设置为"1",如果使能中断,则将发生中断请求。如果转换使能位(位于 ADC10CTL0 中的 ENC)被复位,则转换将立即停

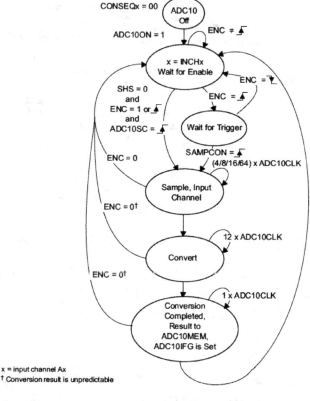

图 3.105　单通道单次模式下 ADC10 的状态转换图(摘自 slau44j.pdf 第 540 页)

止。得到的转换数据是不可靠的,或转换并没有执行。

当用户程序使用单通道单次转换模式时,可简单地设置 ADC10SC 位为"1"(ENC 位必须先被设置)来启动一次转换。在转换开始但没有完成之前,也可以改变转换模式,新的转换模式将在当前转换完成之后生效。

(2) 序列通道单次转换模式

在该模式下,ADC10 的状态转换图如图 3.106 所示。

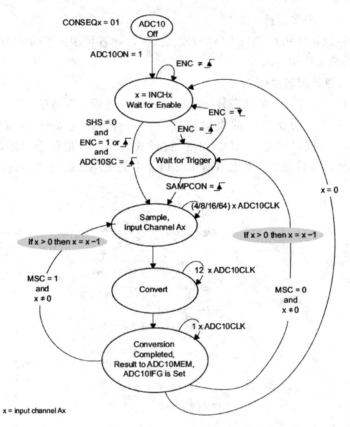

图 3.106 序列单通道单次转换模式下 ADC10 的状态转换图(摘自 slau44j.pdf 第 541 页)

序列单通道单次转换模式对通道从 A0(由 INCH 位选择的通道)直到 Ax 序列做一次转换,Ax 的转换结果存放在 ADC10MEM 之后转换停止。每次转换完成后,转换结果都存放在对应的存储器 ADC10MEM 中。每次寄存器 ADC10MEM 被装入数据时,中断标志 ADC10IFG 位就被置位。另外,如果中断允许位 ADC10IE 被置位,则将产生一次中断请求。

如果转换模式可以在转换开始但结束前且 NEC 位为高时改变,则转换就能正常结束。新的模式在原序列转换完成后生效,但是新模式是单通道单次转换的除外。这时,如果原模式未进行采样及转换或者正在进行采样及转换已完成,则原模式停止。原采样的序列可能未完成，但是已经完成的转换结果是有效的。

如果在序列转换已经开始但结束前且 NEC 位已经翻转时改变转换模式，则原序列转换能正常结束。新的模式在原序列转换完后有效，但是新模式是单通道单次转换的除外。如果新模式是单通道单次转换，则当没有活跃的采样与转换或活跃的采样与转换完成时，当前的序列通道转换将停止。这时，如果原模式未进行采样及转换或者正在进行采样及转换已完成或者 NEC 复位，则原模式停止。新模式在 NEC 再次置位后有效。

将 CONSEQ.1 复位选择单次通道单次转换，并且将 NEC 复位，这能使当前序列转换模式立即停止。此时，转换存储寄存器 ADC10MEM 中的数据不可靠，中断标志 ADC10IFG 可能置位也可能不置位。因此，这种处理方法应该避免，但在紧急的情况下仍可能使用。

(3) 单通道多次转换模式

单通道多次转换模式与单通道单次转换模式类似，只是转换在选定的通道上重复进行，直到用软件将它停止。每次转换结束后，转换的结果都存在 ADC10MEM 中，每次 ADC10MEM 被装入数据都将设置中断标志 ADC10IFG，如果这时允许中断则将产生中断请求。

单通道多次转换模式下 ADC10 的状态转换图如图 3.107 所示。

改变转换模式不必先停止转换，一旦模式改变，则必须在当前序列完成后有效。

有 3 种方法可以停止单通道多次转换，如下：

- 用 CONSEQ 位选择单通道单次转换模式来代替单通道多次转换模式，当前序列转换能正常结束，转换的结果存入 ADC10MEM，中断标志 ADC10IFG 将置位。
- 复位 NEC 位(ADC10CTL0.1)，则当前序列完成后停止。转换的结果存入 ADC10MEM，中断标志 ADC10IFG 将置位。
- 选择单通道单次转换模式代替单通道多次转换模式，并且将转换使能位 NEC 复位，可使当前转换模式立即停止。这时，ADC10MEM 中的数据不可靠，中断标志 ADC10IFG 可能置位也可能不置位，因此应避免使用这种处理方法。

(4) 序列通道多次转换模式

序列通道多次转换模式与序列通道单次转换模式类似，只是序列转换重复进行，直到用软件将它停止。每次转换结束后，转换的结果都存入对应的 ADC10MEM 中，中断标志 ADC10IFG 将置位指示转换结束，如果这时允许中断则将产生中断请求。

改变转换模式不必先停止转换，一旦模式改变，则必须在当前序列完成后有效。除非新的模式是单通道多次转换模式，不必等序列完成，新模式就可以立即有效。

有 4 种方法可以停止序列通道多次转换，如下：

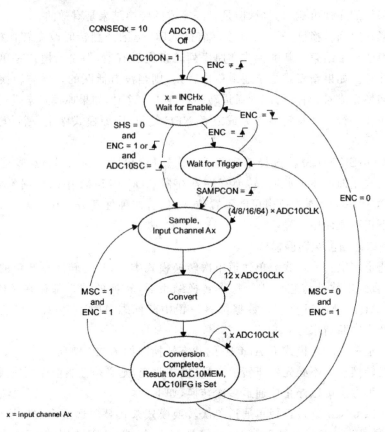

图 3.107　单通道多次转换模式下 ADC10 的状态转换图（摘自 slau44j.pdf 第 541 页）

- 用 CONSEQ=1 选择单通道多次转换模式来代替序列通道多次转换模式（CONSEQ=3），当前序列转换正常结束后不再转换，转换的结果存入 ADC10MEM 中，中断标志 ADC10IFG 置位。
- 用 NEC 复位使当前序列完成后停止，转换的结果存入 ADC10MEM 中，中断标志 ADC10IFG 置位。
- 用 CONSEQ=2 选择单通道多次转换模式来代替序列通道多次转换模式，然后选择单通道多次转换模式。当前序列转换正常结束，转换的结果存入 ADC10MEM 中，中断标志 ADC10IFG 置位。
- 用 CONSEQ=0 选择单通道单次转换模式来代替序列通道多次转换模式，并将 NEC 复位，能使当前系列转换模式立即停止。这时，ADC10MEM 中的数据不可靠，中断标志 ADC10IFG 可能置位也可能不置位，因此应避免使用这种处理方法。

序列通道多次转换模式下 ADC10 的状态转换图如图 3.108 所示。

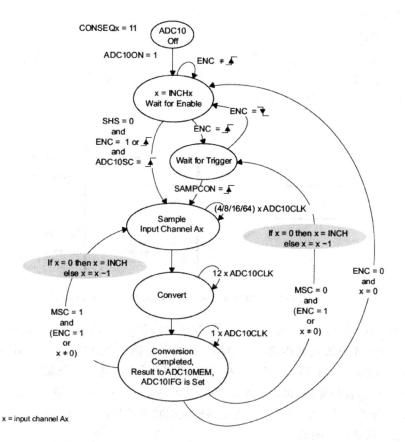

图 3.108　序列通道多次转换模式下 ADC10 的状态转换图（摘自 slau44j.pdf 第 543 页）

7. 数据传递控制逻辑 DTC

ADC10 模块内含一个数据传递控制逻辑（DTC），其通常被用作自动传递 ADC10 转换结果到存储器单元（通常是 RAM），而不通过处理器参与，所以能大大提高转换速度。而通常应用中，数据转换结束需要处理器参与方能完成大量数据的存储，所以一般达不到最高的转换速度。由于 ADC10 的 DTC 硬件的存在，转换结果将自动传递到被选择的目的 RAM 单元保存起来，只有当所选的存储单元被填满时，才需要处理器参与，进行数据处理，这样大大节省了 MCU 时间。另外，DTC 还有多种传递模式。

对于基于 DTC 的数据传递，由每一次转换结果装入 ADC10MEM 缓存引起（如果 DTC 使能并已经初始化）。当 DTC 被使用时，每一次 ADC10MEM 缓存数据更新将不引起 ADC10IFG 标志位的置位，而是在转换结果缓存块被填满时 ADC10IFG 置位，同时 DTC 支持一个或两个块的传递操作。

(1) 一块传递模式

当 DTC 被使能时,如果 n≠0,ADC10TB=0,则是一块传递模式,如图 3.109 所示。在这种模式下,数据传递的开始地址(目的)是 ADC10SA 寄存器中的值,而结束地址为 ADC10SA+2n+2,ADC10SA 为 ADC10SA 中的值,n 是 ADC10DTC1 寄存器中的值,表示一个转换缓存数据块的长度。

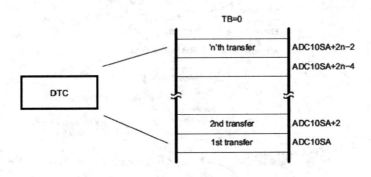

图 3.109 一块传递模式(摘自 slau144i.pdf 第 559 页)

ADC10MEM 第一次被装入数据时启动转换数据传递操作。DTC 将 ADC10MEM 中的数据传递到由 ADC10SA 所指的字地址中,下一个数据将放在指针加 2 的地址中。DTC 内部有一指针,初始为 n,每传递一次数据就会减 1,当该指针减为 0 时,操作完成,最后一个数据也被传递完,ADC10IFG 被置位。如果中断条件满足,则将发生中断服务。一块传递模式的状态图如图 3.110 所示。

(2) 两块传递模式

当 DTC 被使能时,如果 n≠0,ADC10TB=1,则是两块传递模式。在这种模式下,第一地块的地址变化范围是 ADC10SA~ADC10SA+2n-2,第二块的地址变化范围是 ADC10SA+2n~ADC10SA+4n-2。其中,SA 是 ADC10SA 寄存器中的值,n 是 ADC10DTC1 寄存器中的值。两块传递模式如图 3.111 所示。

与一块传递模式一样,整个操作由 ADC10MEM 的第一次装载(第一次 ADC10 转换完成,将转换结果存放在 ADC10MEM 中)来启动。DTC 传递数据的地址为 SA 指针所指的地址,地址指针每次增 2;内部指针初始化为 n,每次减 1。重复操作(将 ADC10MEM 中的数据传递到块),直到内部指针为"0"。这时第一块被转换数据填满,ADC10IFG 将被置位,如果条件满足,则可以引起中断;同时,ADC10B1 位被置位,指示第一块已满。紧接着,内部传递指针再次被使用,与第一块相同,进行第二块数据的传递。当两块都满时,ADC10IFG 被置位,同时 ADC10B1 位被清除。ADC10B1=0 表示第二块也填满了数据。两块传递模式的状态图如图 3.112 所示。

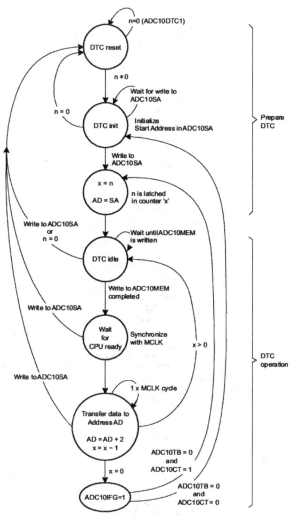

图 3.110　一块传递模式的状态图（摘自 slau44j.pdf 第 546 页）

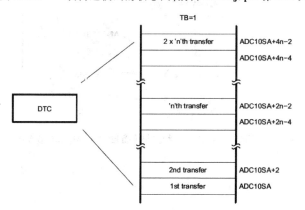

图 3.111　两块传递模式

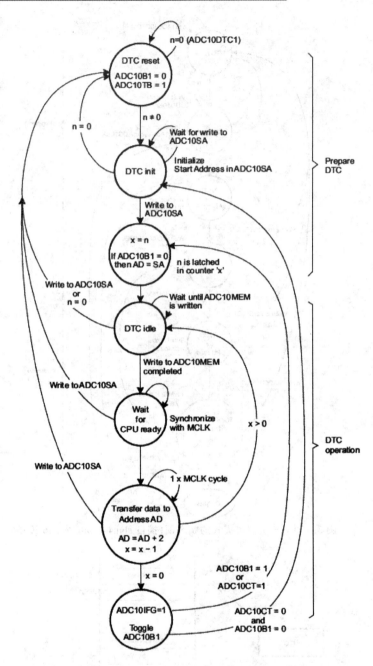

图 3.112　两块传递模式的状态图(摘自 slau44j.pdf 第 548 页)

3.5.2 ADC10 应用举例

实验 3-26 数字电压表

通过本实验彻底掌握 ADC10 模块的相关知识。将源代码更换为 TI 网站中的 slac485f.zip 文件的 MSP430G2xx3_Code_Examples 目录下 C 路径中的 msp430g2x33_adc10_01.c,源程序如下:

```c
int main(void)
{
    WDTCTL = WDTPW + WDTHOLD;              //Stop WDT
    ADC10CTL0 = ADC10SHT_2 + ADC10ON + ADC10IE;  //ADC10ON,interrupt enabled
    ADC10CTL1 = INCH_1;                    //input A1
    ADC10AE0 | = 0x02;                     //PA.1 ADC option select
    P1DIR | = 0x01;                        //Set P1.0 to output direction
    for(;;)
    {
        ADC10CTL0 | = ENC + ADC10SC;       //Sampling and conversion start
        __bis_SR_register(CPUOFF + GIE);   //LPM0,ADC10_ISR will force exit
        if (ADC10MEM < 0x1FF)
            P1OUT& = ~0x01;                //Clear P1.0 LED off
        else
            P1OUT| = 0x01;                 //Set P1.0 LED on
    }
}
//ADC10 interrupt service routine
#if defined(__TI_COMPILER_VERSION__) || defined(__IAR_SYSTEMS_ICC__)
#pragma vector = ADC10_VECTOR
__interrupt void ADC10_ISR(void)
#elif defined(__GNUC__)
void __attribute__ ((interrupt(ADC10_VECTOR))) ADC10_ISR (void)
#else
#error Compiler not supported!
#endif
{
    __bic_SR_register_on_exit(CPUOFF);    //Clear CPUOFF bit from 0(SR)
}
```

此例结构与前面的程序不同:在主程序中有睡眠,也有由睡眠中醒来继续执行的程序。主程序是死循环,所做的事情就是启动 ADC 并等待转换结束,然后处理。程序分 3 个部分:

第 3 章 MSP 以及片内基础外设

主程序中初始化：

```
ADC10CTL0 = ADC10SHT_2 + ADC10ON + ADC10IE;    //开启 ADC10,使能中断
ADC10CTL1 = INCH_1;                             //选择 A1 输入,参考电压为 VCC
ADC10AE0 |= BIT1;                               //P1.1 作为 ADC 输入引脚
```

主程序死循环：

```
for(;;)
{
    ADC10CTL0 |= ENC + ADC10SC;        //启动转换开始
    __bis_SR_register(CPUOFF + GIE);   //LPM0,睡眠模式
    if (ADC10MEM < 0x1FF)              //转换结束的处理
        P1OUT &= ~0x01;
    else
        P1OUT |= 0x01;
}
```

中断函数：

```
__bic_SR_register_on_exit(CPUOFF);     //退出睡眠模式,继续工作
```

主程序中初始化完成了 ADC10 的准备工作；主程序中死循环为整个程序的主体，不断启动 ADC 转换，等待转换完毕，并处理转换结果。"ADC10CTL0 |= ENC+ADC10SC;"语句执行后将启动转换，然后 CPU 进入低功耗睡眠模式，而此时 ADC10 模块正进行模/数转换操作，当转换结束时，ADC10 模块将中断标志位 ADC10IFG 置位，并通知 CPU 转换结束，然后 CPU 进入中断函数。中断函数只有一条指令："__bic_SR_register_on_exit(CPUOFF);"，执行该指令退出低功耗模式。当中断函数执行完毕，CPU 将返回并进入中断处继续执行主程序，处理转换结果。本实验是设计一个数字电压表，所以 TI 原始程序需要修改，转换结果的处理应该是还原电压值，故转换结果处理部分可以改为（下面程序的最后两条语句）：

```
for(;;)
{
    ADC10CTL0 |= ENC + ADC10SC;        //启动转换
    __bis_SR_register(CPUOFF + GIE);   //LPM0,睡眠模式
    v = ADC10MEM;                       //v 为全局变量,含义是电压值,扩大 100 倍
    v = v * 300/1024;                   //电压值的计算公式(电源电压 3.00 V)
    _NOP();
}
```

数字电压表的设计基本完成，此时在变量窗口可以查看输入的电压值。为了方便本实验，笔者设计的摇摇棒硬件（详见第 2 章的相关内容）上专门为此实验准备了可调电压源，如图 3.113 所示。

此硬件的目的就是为了方便实验,有可调的电压,电位器的一端连接 VCC 引脚,另一端连接 P1.7 引脚,所以需要将 P1.7 设置为低电平,方可产生可变电压;同时,ADC 输入引脚连接在 P1.3 引脚上,程序改动如下:

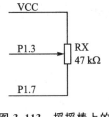

图 3.113 摇摇棒上的可调电压源

```
ADC10CTL1 = INCH_3;        //选择 A3 输入,参考电压为 VCC
ADC10AE0 | = BIT3;         //P1.3 作为 ADC 输入引脚
P1DIR | = BIT7;
P1OUT & = ~BIT7;           //P1.7 接地
```

程序中结果处理完后,特地增加了一条空语句"_NOP();",在此处设置断点,通过观察变量 v 与拨动电位器,以及用万用表测量 P1.3 处的电压值来验证程序的正确性。同时,通过进一步修改相关参数体会 ADC10,操作如下(程序不变,电位器处于某个位置也不变,即输入电压不变):

源程序没有指令操作 ADC10CTL0 寄存器,那么参考电压选择位 SREF 默认值为 0,选择电源电压 VCC。现改为内部参考电压,选择 2.5 V,需要改变寄存器的如下相关位:

```
SREF = 1;
REFON = 1;
REF2_5 = 1;
```

但是,在操作过程中发现一个也不能修改!如图 3.114 所示,一旦按下回车键,刚刚修改的"1"就自动变成了"0"。原因是:当 ENC=1 时,部分控制位不能被修改,所以必须先将 ENC 设置为 0,方可继续修改,改后如图 3.115 所示。

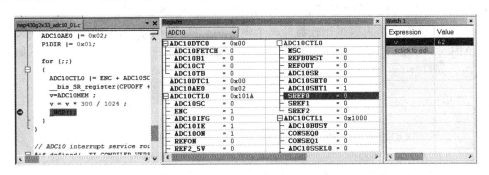

图 3.114 当 ENC=1 时,有的位不能修改

修改后再将 ENC 设置为 1,然后继续运行程序,发现 v 的值与前面不一样了,因为参考电压变了;继续修改为 1.5 V 的参考电压,然后记录相同输入时的转换值 ADC10MEM 或计算值 v,考察结果与参考电压之间的比例关系。

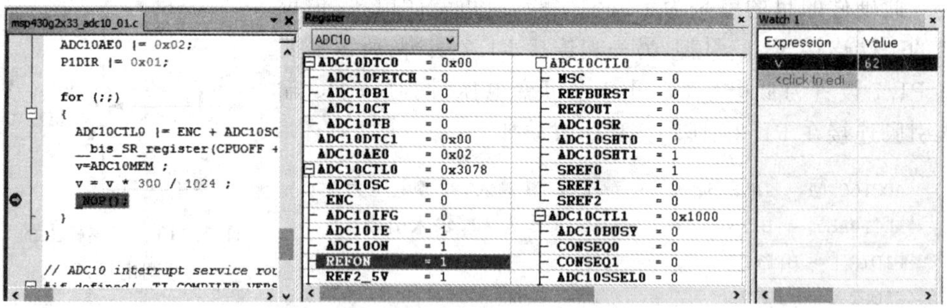

图 3.115 参考电压改为内部参考电压 2.5 V 时的寄存器修改状态

实验 3-27 模拟比较器及实验

模拟比较器的实质是将两个模拟电压进行比较,如图 3.116 所示,当"+"输入高于"-"输入时,输出高电平,否则输出低电平(常将其比作跷跷板,电压高的一端被压下去)。

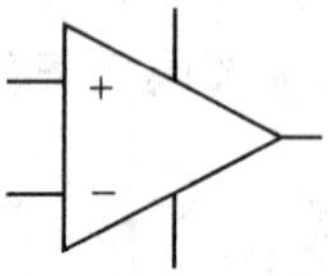

MSP 内部的模拟比较器框图如图 3.117 所示,参与比较的两个模拟端子有多种选择,比较结果作为输出也有多种去处。相关细节请读者参考 TI 文件 slau44j.pdf 的第 21 章(从第 523 页开始)或其他 TI 文献的相关章节。本实验使用 TI 已有的例程,但是需要修改部分设置,电路如图 3.113 所示。

图 3.116 模拟比较器示意图

模拟输入在 P1.3 引脚上,对于模拟比较器而言就是 CA3,参见 MSP430G2553 引脚图(见图 3.91),其中对于 P1.3 的描述如图 3.118 所示。

P1.3 引脚可作为模拟比较器的一个输入端。将 TI 网站中的 slac485f.zip 文件的 MSP430G2xx3_Code_Examples 目录下 C 路径中的 msp430g2x13_ca_02.c 加入空项目,源代码如下:

```
int main(void)
{
    WDTCTL = WDTPW + WDTHOLD;              //Stop WDT
    P1DIR |= 0x01;                          //P1.0 output
    CACTL1 = CARSEL + CAREF0 + CAON;        //0.25 Vcc = - comp,on
    CACTL2 = P2CA4;                         //P1.1/CA1 = + comp
    while (1)                               //Test comparator_A output
    {
        if ((CAOUT & CACTL2))
            P1OUT |= 0x01;                  //if CAOUT set,set P1.0
        else P1OUT &= ~0x01;                //else reset
    }
```

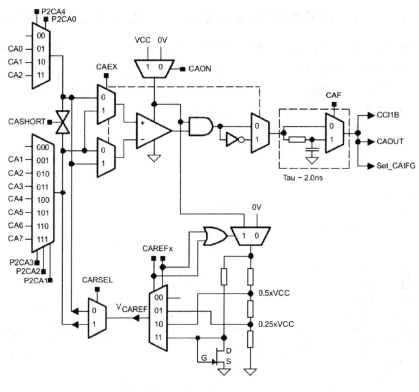

图 3.117　MSP 内部的模拟比较器框图(摘自 slau44j.pdf 第 524 页)

P1.3/ ADC10CLK/ A3/ VREF−/VeREF−/ CA3/ CAOUT	5	5	3	I/O	通用型数字 I/O 引脚 ADC10,转换时钟输出 ADC10 模拟输入 A3 ADC10 负基准电压 Comparator_A+,CA3 输入 Comparator_A+,输出

图 3.118　对于 P1.3 的描述(摘自 MSP430G2553.pdf 第 7 页)

}

上述代码中用的是 P1.1/CA1,而摇摇棒用的是 P1.3/CA3,所以需要修改一条指令:

```
CACTL2 = P2CA1 + P2CA2;
```

然后运行程序拨动电位器旋钮,此时可以看到 LED 灯随着比较器的输出而亮灭。

实验 3-28 数字体温计(如何用 10 位 ADC 实现 13 位 ADC 的结果)

MSP 单片机只要有 ADC 模块,该模块就有温度传感器,因此利用该模块就可以设计一个温度计。ADC 模块内的温度传感器原理图及其温度曲线如图 3.119 所示。如图 3.119(b)所示,温度与输出电压之间呈线性关系,可以用公式得到温度值,当将图中的公式校准后,会得到更为准确的温度值。

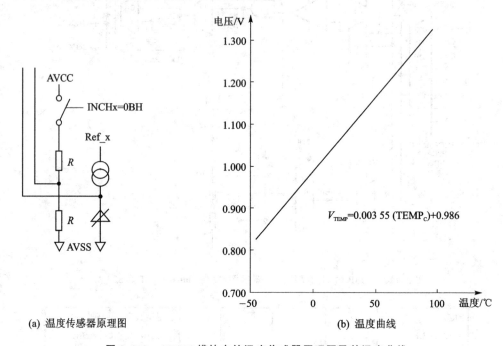

(a) 温度传感器原理图 (b) 温度曲线

图 3.119 ADC10 模块内的温度传感器原理图及其温度曲线

图 3.119(a)所示为温度传感器原理,实质上是 PN 结随温度的变化,当温度不一样时,PN 结的压降也不一样;图 3.119(b)所示为温度传感器的电压随温度变化的关系,图中 V_{TEMP} 表示温度为 $TEMP_C$(单位为℃)时的电压(单位为 V)。

将 TI 网站中的 slac485f.zip 文件的 MSP430G2xx3_Code_Examples 目录下 C 路径中的 msp430g2x13_adc10_temp.c 加入空项目,源代码如下:

```
long temp;
long IntDegF;
long IntDegC;
int main(void)
{
    WDTCTL = WDTPW + WDTHOLD;                //Stop WDT
    ADC10CTL1 = INCH_10 + ADC10DIV_3;        //Temp Sensor ADC10CLK/4
    ADC10CTL0 = SREF_1 + ADC10SHT_3 + REFON + ADC10ON + ADC10IE;
```

```c
        __enable_interrupt();                       //Enable interrupts
        TACCR0 = 30;                                //Delay to allow Ref to settle
        TACCTL0 |= CCIE;                            //Compare-mode interrupt
        TACTL = TASSEL_2 | MC_1;                    //TACLK = SMCLK,Up mode
        LPM0;                                       //Wait for delay
        TACCTL0 &= ~CCIE;                           //Disable timer Interrupt
        __disable_interrupt();
        while(1)
        {
            ADC10CTL0 |= ENC + ADC10SC;             //Sampling and conversion start
            __bis_SR_register(CPUOFF + GIE);        //LPM0with interrupts enabled
            //oF = ((A10/1024) * 1500mV) - 923mV) * 1/1.97mV = A10 * 761/1024 - 468
            temp = ADC10MEM;
            IntDegF = ((temp - 630) * 761)/1024;
            //oC = ((A10/1024) * 1500mV) - 986mV) * 1/3.55mV = A10 * 423/1024 - 278
            temp = ADC10MEM;
            IntDegC = ((temp - 673) * 423)/1024;
            __no_operation();                       //SET BREAKPOINT HERE
        }
}

//ADC10 interrupt service routine
#if defined(__TI_COMPILER_VERSION__)||defined(__IAR_SYSTEMS_ICC__)
#pragma vector = ADC10_VECTOR
__interrupt void ADC10_ISR (void)
#elif defined(__GNUC__)
void __attribute__ ((interrupt(ADC10_VECTOR))) ADC10_ISR (void)
#else
#error Compiler not supported!
#endif
{
    __bic_SR_register_on_exit(CPUOFF);              //Clear CPUOFF bit from 0(SR)
}


#if defined(__TI_COMPILER_VERSION__)||defined(__IAR_SYSTEMS_ICC__)
#pragma vector = TIMER0_A0_VECTOR
__interrupt void ta0_isr(void)
#elif defined(__GNUC__)
void __attribute__ ((interrupt(TIMER0_A0_VECTOR))) ta0_isr (void)
#else
#error Compiler not supported!
#endif
```

```
{
    TACTL = 0;
    LPM0_EXIT;                          //Exit LPM0 on return
}
```

将变量送入观察窗口,运行结果如图 3.120 所示。

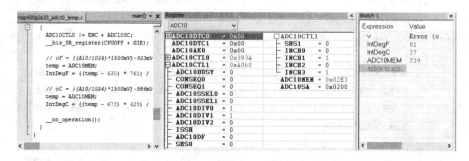

图 3.120　显示当前温度为 27 ℃

由图 3.119(b)可知电压与温度的关系,大约 1.3 V 对应 100 ℃,0.8 V 对应 −50 ℃,内部 1.5 V 参考电压,可得

$$(1.3-0.8)\text{ V}/(100-(-50))\text{℃}=0.0033\text{ V/℃(每摄氏度对应 }3.3\text{ mV)}$$
$$1.5\text{ V}/1024=0.0014\text{ V}(1.5\text{ V 参考 }10\text{ 位 ADC,可以分辨 }1.4\text{ mV)}$$
$$0.0014\text{ V}/0.0033\text{ V/℃}=0.4\text{ ℃(能分辨 }0.4\text{ ℃的变化)}$$

由上面的计算可知本系统可以分辨到 0.4 ℃的变化,但是测量值精确到了整数,这里先修改程序,让其可以精确到一位小数。

源程序语句为

```
IntDegC = ((temp - 673) * 423)/1024;
```

改为

```
IntDegC = ((temp - 673) * 4230)/1024;
```

最后,IntDegC 被扩大了 10 倍(相当于一位小数),也可以直接定义为浮点数。运行结果如图 3.121 所示,显示当前温度为 27.2 ℃(272 表示 27.2 ℃)。

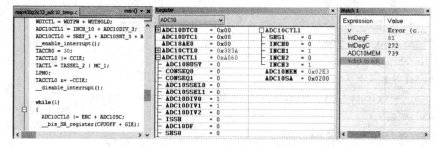

图 3.121　显示当前温度为 27.2 ℃

注意：这里的一位小数只是表示显示到小数位置，并非能够分辨到 0.1 ℃。用手摸芯片(对芯片加热，如果是夏天，室温本来就高，则需要用较低的温度靠近芯片)，让温度逐步升高，然后观察变量 IntDegC 的值，则会发现分辨率只有 0.4 ℃，也就是说，当前是 272，那么温度升高一点点后，IntDegC 的值不会是 273，最多是 276。这不能满足体温计的要求。

如何提高分辨率，使温度计可以分辨到 0.1 ℃ 或得到更高的分辨率。由于最低位是 0 还是 1 存在较大的随机性，所以可以通过多次采样，用统计学的方法来提高分辨率。比如，采样 64 次作为一次采样的处理，同时扩大数据范围，每采样 64 次，数据总和除以 8，即数据扩大 8 倍，然后进行处理。这样就可以提高分辨率(相当于 13 位)。具体代码如下：

定义采样次数变量

```
char    time = 0;
```

定义转换值的累积变量

```
long adc_all = 0;
```

死循环改为

```
while(1)
{
    ADC10CTL0 |= ENC + ADC10SC;          //Sampling and conversion start
    __bis_SR_register(CPUOFF + GIE);     //LPM0 with interrupts enabled
    adc_all = adc_all + ADC10MEM;        //累积转换值
    time ++;
    if(time >= 64 )                      //64 次再处理
    {
        adc_all = adc_all >> 3;          //64 次累计值除以 8，相当于扩大 8 倍
        IntDegC = ((adc_all - 673 * 8) * 4230)/1024/8;
        time = 0;                        //为下次处理做准备
        adc_all = 0;
    }
}
```

注意程序中的数据处理方法：

```
IntDegC = ((adc_all - 673 * 8) * 4230)/1024/8;
```

处理完后就可以轻松地分辨到 0.1 ℃。测试时，断点设在 "time=0;" 语句处，测试结果如图 3.122 所示，图中显示为 30.3 ℃，手轻轻摸一摸芯片可以得到 30.4 ℃，实现了 0.1 ℃ 的高分辨率，可用于体温计。当然也可以实现更高的分辨率，比如 0.02 ℃，请读者自行完成。

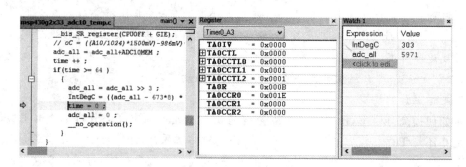

图 3.122　将累计值与计算结果放到观察窗口中

实验 3-29　低功耗数字体温计

实验 3-28 实现了温度的数字测量,该实验使用了单片机内部 ADC 模块自带的温度传感器,但是要测量体温还是难于实现,因为测量体温常用的方法是口腔测量、腋下测量,或肛门测量(用于小孩儿),如果用片内的温度传感器测体温则需将整个芯片夹在腋下,这是一件困难的事情。但是,采用体温计常用的热敏电阻就可以实现。本实验可使读者体会到低功耗的使用。

硬件规划:热敏电阻、MSP430FR4133 的 Launchpad 板(上面有液晶显示器)。温度传感器与固定值电阻串联,中间抽出到 ADC 输入端,当温度变化时,热敏电阻阻值的改变与温度对应,两个电阻的分压比变化,ADC 转换得到与温度相关的 ADC 值。

本实验需要读者自行完成,所以需要考虑使用什么样的热敏电阻与多大阻值的固定电阻(热敏电阻有不同的规格与参数)。

软件实现:低功耗最好的思路就是使用定时器,大多数时间都是处于睡眠模式,少量时间用于测量。另外,测量与不测量可以通过按钮控制。所以总的软件框架很简单,在 TI 提供的例程中找一个合适的定时器的程序进行修改即可,然后将其他程序复制过来:ADC 程序、LCD 显示程序,还有前面的按钮程序(实验 3-10 和实验 3-11),这样就基本完成了。

整个程序由两个中断完成:定时器中断安排何时进行模/数转换、温度计算与 LCD 显示;按钮中断实现定时器的开启与关闭,也就是开机与关机。当开机时定时器启动,可以定时测量;而当关机时定时器直接关闭,整个测量将不能继续,在 LCD 上显示 OFF,几秒后 LCD 关闭。当再次按按钮时,LCD 显示开机画面(读者自行设计),然后启动定时器,进行定时测量、转换、显示等操作。

到目前为止,只做了将热敏电阻转换为数字并显示的工作,但是像图 3.119(b)所示的对应关系还没有,所以这被称为标定的工作,看是无关,实则很重要。读者可以多测试不同温度点的 ADC 数值,然后利用电子表格求出 ADC 值与温度的关系参数(类似图 3.119(b)),至少应是二次曲线,再将关系带入程序即可。

软硬件设计完毕,读者应从以下几个方面检查自己的设计:

① 温度分辨率是否达到:可以用手轻轻摸一下热敏电阻,看看能不能实现 0.1 ℃的分辨率,对于体温计这是必需的。

② 精度是否达到要求:将自己设计的体温计与买的标准体温计同时夹在腋下相同位置,5 min 后查看两者的测试结果,两者的差值是能达到的精度,如果差值是 0.5 ℃,则表示不满足要求,此时需检查校准是否可靠。

③ 功耗测试:分两部分——测量功耗与关机功耗。在测量时应不会有很大的电流,关机时电流应更小,1 μA 左右。

④ 扩展功能:比如,如果发烧了,那么可以设置 LCD 闪烁。更多的扩展功能请读者思考。

第 4 章

MSP 综合应用实践

4.1 基于 MSP432P401R Launchpad 的炫彩灯设计

本节将用 MSP432P401R Launchpad 实验板设计一款利用通用串口设置颜色的炫彩灯。该实验板内部已经写有实现该功能的程序,在第 2 章已有部分相关介绍。图 4.1 所示为 MSP432P401R Launchpad 实物图和大功率三色灯 LED2,由图可以看出,该灯由 P2.0、P2.1、P2.2 三个 I/O 直接驱动。图 4.2 所示为三色灯 LED2 的驱动电路,由图可以看出,该电路提供了较大电流,因为最小的限流电阻只有 16 Ω,如果 LED2 的压降为 1.5 V,那么该 I/O 的输出电流为(3.3−1.5 V)/16 Ω=112 mA。

(a) MSP432P401R Launchpad实物图 (b) 三色灯LED2

图 4.1 MSP432P401R Launchpad 实物图与大功率三色灯 LED2

MSP432P401R 芯片的 I/O 驱动能力如图 4.3 所示。图 4.2 所示的电路图是高电平输出,所以这里只分析图 4.3(d),由该图可知,当电流达到 120 mA 时输出高电平降到 1.35 V,当电流输出 100 mA、3 V 供电时输出高电平为 1.8 V。MSP432P401R Launchpad 为 3.3 V 供电。

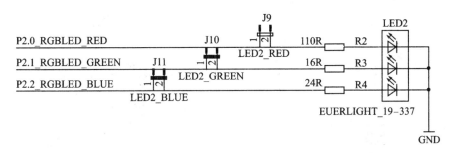

图 4.2 三色灯 LED2 的驱动电路

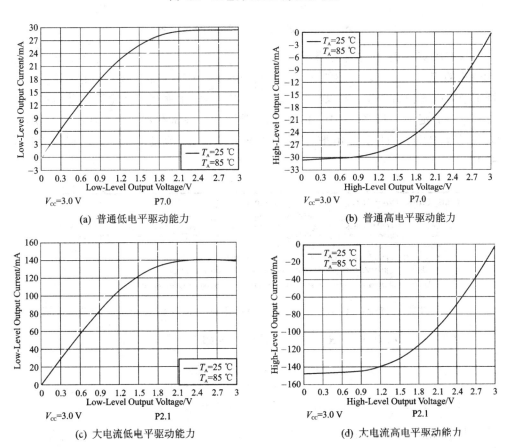

图 4.3 MSP432P401R 芯片的 I/O 驱动能力

(摘自 MSP432P401R 数据手册 zhcset7d.pdf 第 61 和 62 页)

实验 4-1　MSP432P401R 大电流输出能力测试

进入 CCS 调试 MSP432 例程。打开 OutOfBox_MSP432P401R 文件,编译并下载调试,然后打开寄存器窗口,如图 4.4 所示。

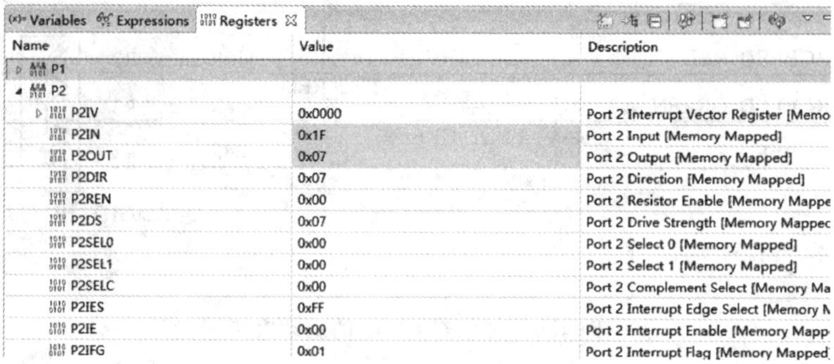

第 4 章 MSP 综合应用实践

Name	Value	Description
▷ P1		
▽ P2		
▷ P2IV	0x0000	Port 2 Interrupt Vector Register [Memo
P2IN	0x1F	Port 2 Input [Memory Mapped]
P2OUT	0x07	Port 2 Output [Memory Mapped]
P2DIR	0x07	Port 2 Direction [Memory Mapped]
P2REN	0x00	Port 2 Resistor Enable [Memory Mappe
P2DS	0x07	Port 2 Drive Strength [Memory Mappec
P2SEL0	0x00	Port 2 Select 0 [Memory Mapped]
P2SEL1	0x00	Port 2 Select 1 [Memory Mapped]
P2SELC	0x00	Port 2 Complement Select [Memory Ma
P2IES	0xFF	Port 2 Interrupt Edge Select [Memory M
P2IE	0x00	Port 2 Interrupt Enable [Memory Mapp
P2IFG	0x01	Port 2 Interrupt Flag [Memory Mapped

图 4.4　MSP432P401R 端口 P2 寄存器

与本次实验有关的寄存器是 P2OUT、P2DS、P2DIR 三个寄存器。P2OUT、P2DIR 的定义与第 3 章讲述的 MSP 端口完全相同,P2DS 寄存器用于定义该端口是否用于大电流输出功能。在文件 slau356d.pdf 的第 10 章专门描述了 I/O 口的使用与寄存器的定义。TI 关于 MSP432P401R 强驱动选择寄存器的描述如图 4.5 所示,该寄存器(P2DS)的位为高电平"1"时定义该端口有强驱动能力,"0"表示有普通驱动能力。

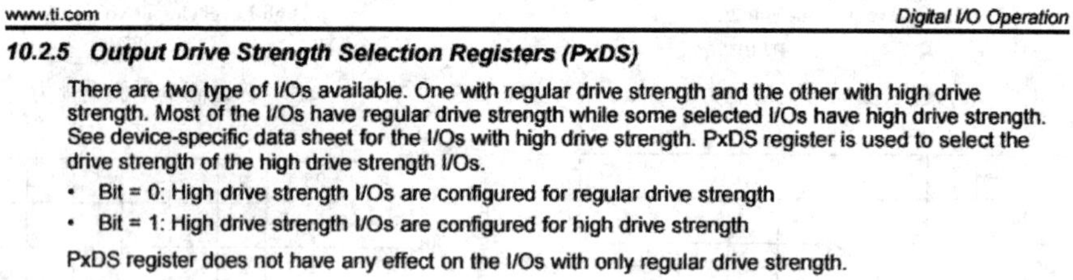

www.ti.com　　　　　　　　　　　　　　　　　　　　　　　　Digital I/O Operation

10.2.5 Output Drive Strength Selection Registers (PxDS)

There are two type of I/Os available. One with regular drive strength and the other with high drive strength. Most of the I/Os have regular drive strength while some selected I/Os have high drive strength. See device-specific data sheet for the I/Os with high drive strength. PxDS register is used to select the drive strength of the high drive strength I/Os.

- Bit = 0: High drive strength I/Os are configured for regular drive strength
- Bit = 1: High drive strength I/Os are configured for high drive strength

PxDS register does not have any effect on the I/Os with only regular drive strength.

图 4.5　TI 关于 MSP432P401R 强驱动选择寄存器的描述(摘自 slau356d.pdf 第 499 页)

P2OUT、P2DS 和 P2DIR 三个寄存器的设置如下:

```
P2DIR = 0x07;         //设置 P2.0、P2.1、P2.2 为输出
P2DS  = 0x07;         //设置 P2.0、P2.1、P2.2 为强输出
P2OUT = 0x07;         //设置 P2.0、P2.1、P2.2 为输出高电平
```

当然,此时三色灯 LED2 全亮,为白色。测试图 4.6 中 R_2、R_3、R_4 电阻两端的电压(见表 4.1)以及 V_{CC}(V_{CC} = 3.28 V)。

表 4.1　R_2、R_3、R_4 电阻两端的电压及流过的电流

电阻/Ω	左边电压/V	右边电压/V	电流/mA
R_2(110)	3.19	1.84	(3.19−1.84)/110=12
R_3(16)	3.19	2.99	(3.19−2.99)/16=12.5
R_4(24)	3.19	2.94	(3.19−2.94)/24=10

表 4.1 所列的电流与前面的预计出入很大,没有 100 多毫安。实测的数据:当输出电流为 12 mA 左右时,输出的高电平只是降低了一点:

3.28 V－3.19 V＝0.09 V

与图 4.3(d)吻合,图中当 $V_{CC}=3$ V(环境温度为 25 ℃)时,输出电流为 40 mA 时将产生压降 0.3 V,输出电压为 2.7 V,由图可

图 4.6 R_2、R_3、R_4 电阻两端为测试点

知,当输出电流为 12 mA 时,电压约降低 0.1 V,实测降低了 0.09 V。实验时发现连接在 R_2 上的灯的压降最大,所以想办法将 16 Ω 的 R_3 连接到 R_2 的灯上(将图 4.6 中的 R_2 并联 15 Ω 可以实现 13.2 Ω 电阻,同时发现红色很亮(电流增大的缘故)),测试 R_2 两端的电压:

电阻左边电压   电阻右边电压   电流
2.83 V R_2(110 Ω//15 Ω)   1.99 V   (2.83－1.99)V/13.2 Ω＝64 mA

查阅图 4.3(d),输出电流为 60 mA 时将产生压降 3－2.5＝0.5(V)。实验结果与理论值较吻合,端口输出电压为 2.83 V,大约等于 3.28 V－0.5 V。

图 4.4 所示的 MSP432 的 I/O 各寄存器与 MSP430 差不多,这里多了几个寄存器,在使用时查阅相关资料即可。本实验通过 3 个 I/O(P2.0、P2.1 和 P2.2)直接连接大功率三色灯 LED2,改变 I/O 状态就可以改变颜色,但只能实现几种颜色,不能实现全彩色,借助定时器的 PWM 功能可以调出全彩色。

实验 4-2 MSP432P401R 全彩色 LED 灯设计

图 4.7 所示为 MSP432P401R 片内 Timer_A0 的各个寄存器情况,与 MSP430 定时器 Timer_A0 的一样。

本实验利用 MSP432P401R 的 Timer_A0 中的 PWM 功能实现不同的颜色。源代码如下:

```
/* Configure TimerA0 without using Driverlib */
    TA0CCR0 = PWM_PERIOD;                    //PWM Period
    TA0CCTL1 = OUTMOD_7;                     //CCR1 reset/set
    TA0CCR1 = PWM_PERIOD * (RED/255);        //CCR1 PWM duty cycle
    TA0CCTL2 = OUTMOD_7;                     //CCR2 reset/set
    TA0CCR2 = PWM_PERIOD * (0/255);          //CCR2 PWM duty cycle
    TA0CCTL3 = OUTMOD_7;                     //CCR3 reset/set
    TA0CCR3 = PWM_PERIOD * (0/255);          //CCR3 PWM duty cycle
    TA0CTL = TASSEL__SMCLK | MC__UP | TACLR; //SMCLK,up mode,clear TAR
```

其中,PWM_PERIOD 为预定义变量。

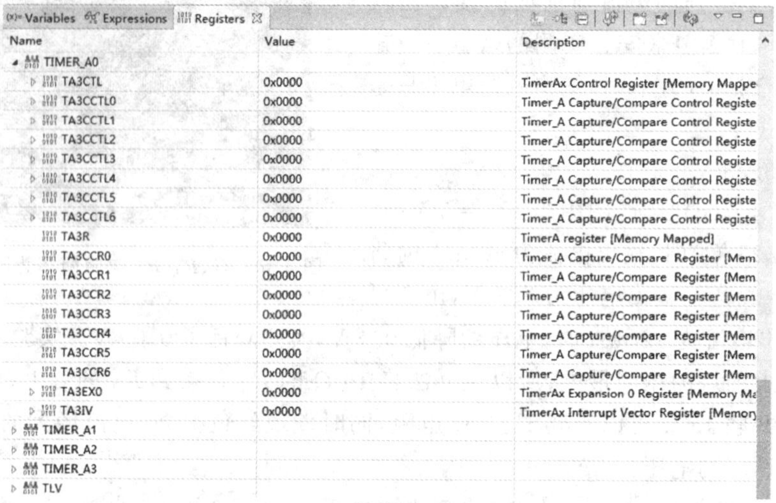

第4章 MSP综合应用实践

图 4.7 MSP432P401R 片内 Timer_A0 的各个寄存器

本项目的全部程序不展开讲解，CCS、MSPWARE 和 TI 网站都提供了源代码，请读者自行分析。本项目用到 3 个外设：高功率驱动 I/O、定时器 TA0 的 PWM 功能、串口通信，其中前两部分第 3 章有详细讲解，串口通信将在本章后续内容中详细讲解。另外，MSP432 与 MSP430 除了内核不一样外，其余外设基本一样。

本项目颜色的选取或设定比较巧妙，使用 PC 通过串口设置。MSP432P401R Launchpad 本身除了仿真器在板上外，还有一个串口（转到计算机 USB 端口）可以供用户使用，其在设备管理器中，如图 4.8 所示。

在 TI 网站上下载并安装 PC 相关软件，颜色的设置界面如图 4.9 所示，只需选中喜欢的颜色，板子就会显示所选择的颜色。

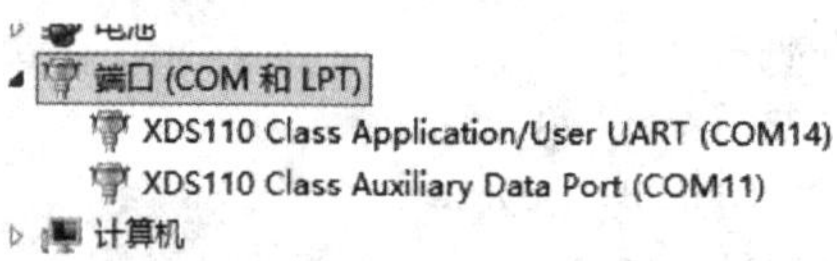

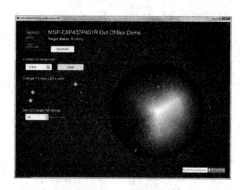

图 4.8 MSP432P401R Launchpad 在设备管理器中

图 4.9 PC GUI 界面

4.2 LED 摇摇棒设计

摇摇棒可显示较复杂的内容,例如一些图案。本节将讲述摇摇棒的设计细节。

4.2.1 8 点字符型摇摇棒设计

利用人眼的视觉暂留特性来实现摇摇棒的设计。摇摇棒本身是一排 LED,当摇动摇摇棒时使这一排 LED 在摇动过程中发出不同亮暗的光,然后根据视觉暂留特性,使人感觉不同的亮暗组合全部被同时显示出来了。图 4.10(a)所示为要显示的"T",图 4.10(b)所示将"T"分解成了 5 列,然后依次将 5 列显示出来,图中的小黑块表示 LED 亮,其余暗。尽管只有一排 LED 在发光,但是摇动起来却可以看到整个"T"的显示效果。

笔者为此设计了电路(当然,该电路不仅可以实现摇摇棒功能,而且可以实现其他功能),图 4.11(a)所示为摇摇棒电路图,图 4.11(b)所示为摇摇棒实物图,图 4.12 所示为摇摇棒 PCB 图。

在图 4.11(a)中,P2 端口(基于 G2 Launchpad 板,如果基于其他板,端口定义可能需要更改)连接了 16 只 LED 的负端。

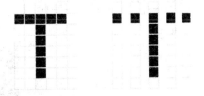

(a) 要显示的"T"　　(b) 分解成了5列

图 4.10 "T"的分解

在图 4.11(b)中 16 只 LED 排成一列,上下各 8 只 LED,分别由 P1.4、P1.5 控制,当三极管基极为高电平时,相应的 8 只 LED 亮。要显示图 4.10(a)中的字母"T",只需要 8 只 LED,用图 4.11(a)中的 D0~D7 即可,由 P1.4 控制,当 P1.4=1 时,D0~D7 亮。设计上显示图 4.10(b)所示的点阵。

实验 4-3　基本 8 点摇摇棒

由上述内容可知,用于显示字母"T"的 8 点摇摇棒已经基本成型。程序设计变得简单,依次显示 6 列即可,如下:

```
P1DIR = BIT4;
P2DIR = 0xFF;
P1OUT = BIT4;
for(;;)
{
    P2OUT = 0x02;
    P2OUT = 0x02;
    P2OUT = 0x7E;
    P2OUT = 0x02;
```

第 4 章 MSP 综合应用实践

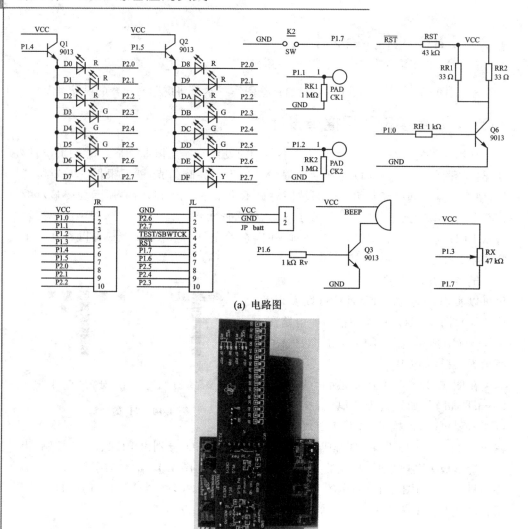

(a) 电路图

(b) 实物图

图 4.11 摇摇棒电路图与实物图

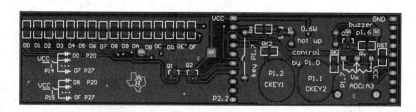

图 4.12 摇摇棒 PCB 图

```
P2OUT = 0x02;
P2OUT = 0x00;
}
```

第一条语句为"P2OUT＝0x02；"，这是因为最左边一列只需要 D1 亮，其余暗，D1 连接到 P2.1 上。其余语句同理，最后一条语句实现的功能为全灭。

通过单步调试可知，程序正确，能依次显示"T"的每一列。但是，若连续运行，比如摇一摇，则发现不能实现预期设想。视觉暂留时间虽然不长，但也绝对不短，程序中的语句执行时间是微秒级，所以程序中需要插入延时。每显示一列均需停留一定的时间，其实就是扫描显示。延时时间将与视觉暂留相关联，具体的延时时间请读者自行测试。

上面的代码虽然可以实现显示字母"T"或其他 8 点阵字符的功能，但是使用软件延时来得到视觉暂留时间还是不妥，因为摇动的速度需与延时时间相关联。也就是说，延时时间需满足：视觉暂留时间，同时还需要将摇动一次的时间均匀分配给每一列，既要每一列都能被看到，又要所有列不被摞在一起或被挤在一起。

实验 4-4 智能 8 点摇摇棒

如何解决实验 4-3 中存在的问题呢？首先来看图 4.11(a)，图中最上边有一个开关 K2，连接到 P1.7 上，可用起来。在图 4.11(b)中的整个摇摇棒的中间位置画了一个开关符号，同时标注"Key P1.7"，在这里焊接了一个开关(接触开关或者叫作振动开关)，为了表面整齐，焊在了板子背面。当摇动摇摇棒时，开关将接通与断开，然后用定时器测量摇动一次的时间，再用另一个定时器将这个时间 6 等分，在定时器内依次送出要显示的 LED 的亮暗情况，可解决实验 4-3 中的问题。设计思路如下：

① 定时器 A 连续计数；
② P1.7 读两次 I/O 中断间隔时间 time_x；
③ 定时器 B 中断定为 time_x/6；
④ 定时器 B 定时送 P2OUT＝x（x 为 6 个对应的显示列数据）。

具体程序请读者自行完成。

4.2.2 16 点字符型摇摇棒设计

实验 4-5 16 点摇摇棒

本实验将显示 16 点阵图片，其基本思路与实验 4-3 和实验 4-4 相同，依旧是利用视觉暂留原理，只是显示思路略有差异，这里需要用到两次扫描显示，而前面只需要一次扫描显示。由于 16 只 LED 都连接到了 P2 口，由 P1.4、P1.5 区分上面 8 只 LED 与下面 8 只 LED，故每一列显示要分两次显示(扫描)。上面 8 只 LED 显示一段时间，下面 8 只 LED 再显示一段时间。下面的程序用于显示固定的 16×64 点阵图片。

```c
void display_pic( uchar * p)
{
    uchar i;
    P1OUT |= BIT7;
    delay(1500);
    for (i = 0;i<64;i++ )
    {
        //显示这一列的上半部分
        P1OUT |= BIT4;
        P2OUT = p[i];
        delay(80);              //列上半部显示延时
        //显示这一列的下半部分
        P1OUT &= ~BIT5;
        P2OUT |= 0XFF;
        P1OUT |= BIT5;
        P2OUT = p[i + 64];
        delay(80);              //列下半部显示延时

        P1OUT &= ~0X30;
        P2OUT |= 0xFF;          //清除显示
    }
    P1IFG &= ~BIT7;
}
```

上述程序的入口参数为数组,将要显示的 16×64 点阵图文数据放在数组 p[ ]中,由 P1.7 中断调用此函数,每中断一次就调用一次;程序中的延时参数为经验值,可以修改;程序中未加入定时器测量摇动间隔的指令。在实际运行中会看到,图片显示的位置与摇动幅度、频率有关,会不固定,此时使用测量摇动间隔再均分列显示时间是可行的较好的方法。具体程序如下:

主程序:

```c
void main(void)
{
    WDTCTL = WDTPW + WDTHOLD;       //Stop watchdog timer
    P1DIR |= BIT4 + BIT5;           //P1.4 和 P1.5 分别为上、下显示控制位
    P1OUT = 0xFF;
    P1IE |= BIT7;                   //P1.7 为振动开关,需上拉并使能中断
    P1IES |= BIT7;
    P1REN |= BIT7;
    BCSCTL3 |= LFXT1S_2;            //使用 VLO
```

```
P2SEL &= 0X00;                              //这条语句很重要,默认 P2.6、P2.7 连接晶体
P2DIR |= 0XFF;
P2OUT |= 0XFF;
TACTL = TASSEL_1 + MC_2;                    //将 VLO 用作定时器时钟,连续计数
CCTL1 = CCIE;                               //CCR1 定时输出到 LED
_BIS_SR(LPM3_bits + GIE);                   //进入 LPM3 低功耗模式并开总中断
}
```

P1.7 中断测量摇动时间间隔,先设置几个全局变量,如下:

```
long time_p17 = 0;                          //输出间隔
long time_p17_pre = 0;                      //前次中断时的 TAR 值
int  time_out = 0;                          //输出次数
```

P1.7 中断程序如下:

```
#pragma vector = PORT1_VECTOR
__interrupt void Port_1(void)
{
    if((P1IFG & BIT7 ) == BIT7 )
    {
        delay(3800);                        //消除抖动
        if((P1IN & BIT7 ) == 0 )
        {
            if( TAR > time_p17_pre)         //测量间隔
                time_p17 = TAR - time_p17_pre;
            else
                time_p17 = 65536 + TAR - time_p17_pre;
            time_p17_pre = TAR;
            time_p17 = time_p17 >> 7;       //计算输出时间间隔
            time_out = 0;
            CCR1 = TAR + time_p17;          //初始化第一次 CCR1 值
        }
    }
    P1IFG = 0;
}
```

上述程序中之所以有"time_p17=time_p17 >> 7;"语句,是因为需要显示的是 16×64 点阵图文,再加上上下各一次,所以一幅图要连续输出 128 次,程序中已经计算出两次摇动时间间隔为 time_p17,右移 7 次相当于除以 128,在下面的定时器程序中就可以看到这一点。定时器程序如下:

```
const unsigned char pic_4[] = {                         //显示图像"熊猫"
0xFF,0xFF,0xFF,0xFF,0xFF,0xFF,0xFF,0xFF,0xFF,0xFF,0xFF,0xFF,0xFF,0xFF,
```

```
    0xFF,0xF3,0xC1,0x81,0x01,0x81,0xC1,0xE3,0xE7,0x6F,0x77,0x77,0x77,0x77,0xF7,0xF7,
    0xF7,0x77,0x77,0x6F,0x6F,0xE7,0xC3,0x81,0x01,0x81,0xE3,0xFF,0xFF,0xFF,0xFF,0xFF,
    0xFF,0xFF,0xFF,0xFF,0xFF,0xFF,0xFF,0xFF,0xFF,0xFF,0xFF,0xFF,0xFF,0xFF,0xFF,0xFF,
    0xFF,0xFF,0xFF,0xFF,0xFF,0xFF,0xFF,0xFF,0xFF,0xFF,0xFF,0xFF,0xFF,0xFF,0xFF,0xFF,
    0xFF,0xFF,0xFF,0xF8,0xF7,0xEF,0xDF,0xBF,0xB8,0xB8,0x79,0x78,0x7C,0x3C,0x37,0x37,
    0x7F,0x78,0x79,0xB8,0xB8,0xB8,0xDD,0xEF,0xF7,0xF8,0xFF,0xFF,0xFF,0xFF,0xFF,0xFF,
    0xFF,0xFF,0xFF,0xFF,0xFF,0xFF,0xFF,0xFF,0xFF,0xFF,0xFF,0xFF,0xFF,0xFF,0xFF,0xFF
};
#pragma vector = TIMER0_A1_VECTOR
__interrupt voidTimer_A (void)
{
    switch( TA0IV )
    {
        case  2:
            CCR1 = CCR1 + time_p17;
            time_out ++ ;
            if(time_out &BIT0 ) //显示这一列的上半部分
            {
                P1OUT & = ~(BIT4 + BIT5);
                P1OUT | = BIT4;
                P2OUT = pic_4[time_out>>1];
            }
            else //显示这一列的下半部分
            {
                P1OUT & = ~(BIT4 + BIT5);
                P1OUT | = BIT5;
                P2OUT = pic_4[(time_out>>1) + 64];    //pic_4 为图片数据
            }
            break;
        case 4: break;
        case 10: break;
    }
}
```

至此,16 点摇摇棒的程序设计已完成。程序中用到数组 pic_4[128],为 16×64 点阵图片的数据,其原理同前(见图 4.10),可用取模软件得到数据。由上述程序可以看出,图片的数据是先取全部 64 列的上面 8 点数据,再取下面 8 点数据。

4.2.3 为摇摇棒加入电容触摸按钮

实验 4-6 电容触摸按钮

实验 4-5 用到了图片的字模数组 pic_4[128],其实笔者程序中还有 pic_1[128]、

pic_2[128]、pic_3[128]…（与 pic_4[128]类似的数据只是不同的图像而已）多幅图片数据，那么能不能用按钮选择显示哪幅图片呢？当然可以。其中，按钮有两种：一种为 TI Launchpad 板子本身的按钮，另一种是最常用的机械按钮。一般不同型号的Launchpad 都有 1~2 个按钮，按钮的使用在第 3 章已讲过，此处不再重复。这里增加笔者设计的触摸按钮，在图 4.11(a)中，P1.1、P1.2 分别连接了电容触摸按钮，就是图 4.11(b)中两个椭圆形的覆铜，标注为 P1.1 CK-EY2、P1.2 CKEY1，电路非常简单，分别只连接了一个 1 MΩ 电阻到地：RK1、RK2。TI 有多篇关于触摸按钮的文章，有兴趣的读者请自行阅读。图 4.13 所示的覆铜实质上就是一个电容，当手触摸该覆铜时，相当于并联一个电容，容值增加。

图 4.13　电容触摸按钮印制板图

通过电容值的大小可以判断电容触摸按钮是否被触摸。而连接到地的 1 MΩ 电阻为电容放电通路，测量该电容充满电后通过该电阻的放电时间来判断电容值的大小。先单独测试电容触摸按钮，然后再加入前面的程序。单独的电容触摸按钮程序如下：

先定义 3 个变量，用于记录定时器的值，代码如下：

```
unsigned int count1 = 0;
unsigned int count2 = 0;
unsigned int count3 = 0;
void main(void)
{
    WDTCTL = WDTPW + WDTHOLD;            //Stop WDT
    TACTL = TASSEL_2 + MC_2;             //SMCLK,连续模式
    P1DIR |= BIT2;                       //P1.2 引脚为输出
    for(;;)
    {
        P1OUT |= BIT2;                   //输出高电平，为电容充电
        TACTL |= TACLR;                  //清除定时器的值
        P1DIR &= ~BIT2;                  //P1.2 改为输入
        count1 = TAR;                    //记录开始放电时定时器的初值
        while((P1IN & BIT2 ) == BIT2 );  //等待放电完毕
        count2 = TAR;                    //放电完毕再记录定时器的值
        count3 = count2 - count1;        //两者之差为放电时间
        _NOP();                          //此处设置断点
    }
}
```

在"_NOP();"语句处设置断点，观察手指触摸与不触摸时 count3 的值：有触摸时 count3 的值比没有触摸时大。MSP 端口作为输入时呈高阻抗，故放电通路为与

之相连接的 1 MΩ 电阻。

请读者将此思路引入前面的程序，可由电容触摸按钮选择要显示的图片。

4.3 汽车雷达设计

汽车雷达应用非常广泛，现在的汽车上都有。本节将要为笔者设计的趣味小车添加雷达，小车上有显示屏，故可在显示屏上显示小车与障碍物之间的大致位置：是离得很近，还是有点距离等。显示屏为 $128×64$ 图形点阵液晶，雷达本身与真实的汽车雷达不一样，由于笔者设计的小车实在太小，容不下以超声波传感器为基础的雷达，所以改为身材小巧的红外传感器。图 4.14 所示为这部分电路与实物。

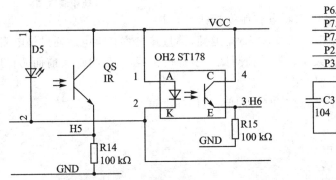

(a) 红外传感器的应用电路　　　　　　　　(b) 液晶电路

(c) 小车正面的显示屏

(d) 小车前端红外传感器

图 4.14　电路与实物照片

图 4.14(a)所示为红外传感器的应用电路，当给红外传感器的发射管通电时，发射管发出红外光，障碍物将反射回红外光给接收器，反射回来的红外光强弱将直接反映与障碍物的距离。接收器收到不同强弱的反射光，光电流是不一样的，电阻 R15 上的电压也是不一样的，通过测量电阻 R15 上的电压便可判断与障碍物的大致距离。图 4.14(d)所示为小车前端 3 个方向放置了 3 只红外传感器，用于探测小车正

前、前右、前左 3 个方位与障碍物的距离。显示屏电路相对简单,只需要 3 只电容连接到显示器,同时用 5 条单片机 I/O 连接到 LCD 即可,显示屏本身用一排软线引出相关功能的引脚(见图 4.14(b))。显示屏比较小,放在小车正面(见图 4.14(c)),用于仪表盘或其他用途。MSP430F5438A 为小车的 MCU,其资源较多,引出了多数未用的 I/O,便于扩展。这里利用 MCU 内部的 ADC12 测量红外传感器反射光的强弱。

4.3.1 ADC12 的原理与应用

这里小车用的是 MSP430F5438A,其内部的 ADC 为 ADC12 模块,所以下面将大致描述 ADC12 模块的原理。由于其与 ADC10 类似,故扫描较为简单。图 4.15 所示为 ADC12 的原理图。

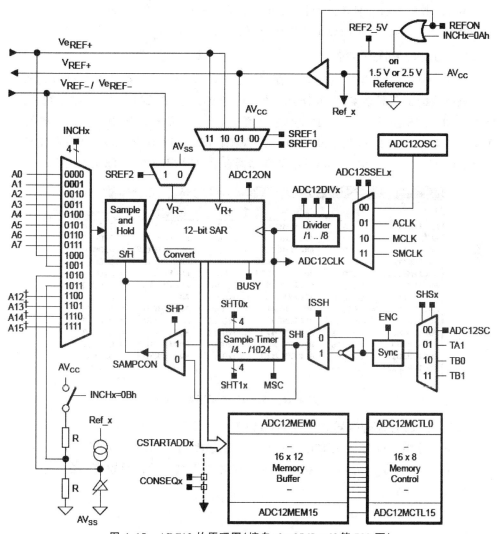

图 4.15　ADC12 的原理图(摘自 slau056I.pdf 第 789 页)

可以看出 ADC12 与 ADC10 类似,有内部参考电源模块、采样保持器、模拟开关、时序电路、存储器 ADC 本身、温度传感器、电压检测器。

ADC12 的主要特性归纳如下:
- 采样速度快,最高可达 200 ksps;
- 12 位转换精度,1 位非线性微分误差,1 位非线性积分误差;
- 内置采样与保持电路;
- 有多种时钟源可提供给 ADC12 模块,而且模块本身内置时钟发生器;
- 内置温度传感器;
- 配置有 8 路外部通道与 4 路内部通道;
- 内置参考电源,且有 6 种可编程的组合;
- 模/数转换有 4 种模式,可灵活地运用以节省软件量和时间;
- ADC12 内核可关断以节省系统能耗。

1. ADC12 的寄存器

ADC12 使用起来相当灵活与方便,使用相关的控制寄存器可以实现对它的操作。该模块的寄存器很多,大致分为 4 类:转换控制类、中断控制类、存储控制类、存储类。图 4.16 所示为 ADC12 模块相关的所有寄存器。其中,转换控制类有 ADC12CTL0、ADC12CTL1;中断控制类有 ADC12IFG、ADC12IE、ADC12IV;存储控制类有 ADC12MCTL0~ADC12MCTL15;存储器有 ADC12MEM0~ADC12MEM15。

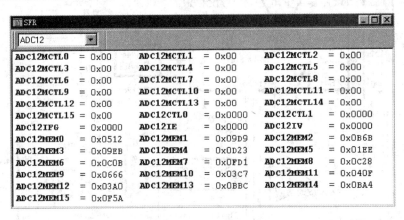

图 4.16 ADC12 的寄存器

(1) ADC12 控制寄存器 0(ADC12CTL0)

该寄存器中的位与 ADC12CTL1 中的位一起控制了 ADC12 的大部分操作,其中的大多数位(阴影部分)只有在 ENC=0 时才可以被修改。该寄存器的各位定义与具体含义如下:

15~12	11~8	7	6	5	4	3	2	1	0
SHT1	SHT0	MSC	2.5 V	REFON	ADC12ON	ADC12OVIE	ADC12TOVIE	ENC	ADC12SC

ADC12SC：采样/转换控制位。当 ENC=1 时，该位为转换控制。ADC12SC 由
"0"改为"1"时将启动转换操作。当 A/D 转换完成后，ADC12SC 将自动
复位。

ENC：转换允许位。只有在该位为高电平时，才能用软件或外部信号启动转换。
注意：控制寄存器 ADC12CTL1、ADC12CTL0 中有很多位只有在该位为低
电平时才可修改。
  0：不能启动 A/D 转换；
  1：允许 ADC12 模块转换。

ADC12TOVIE：转换时间溢出中断允许位。在当前转换还没有完成时再次发
生采样请求则会发生时间溢出，如果这时允许中断，则会发生中断请求。
  0：没有发生转换时间溢出；
  1：发生转换时间溢出。

ADC12OVIE：溢出中断允许位。当 ADC12MEMx 中原有数据还没有读出，而
又有新的转换结果要写入时，发生溢出。如果相应的中断允许，则会发生中
断请求。
  0：没有发生溢出；
  1：发生溢出。

ADC12ON：ADC12 内核控制位。
  0：关闭 ADC12 内核，不消耗能量，但不能进行转换；
  1：打开 ADC12 内核，可以进行转换。

REFON：参考电压控制位。
  0：内部参考电压发生器关闭，可以节省能耗；
  1：内部参考电压发生器打开，消耗能量。

2.5 V：内部参考电压选择位。
  0：选择内部 1.5 V 参考电压；
  1：选择内部 2.5 V 参考电压。

MSC：多次采样/转换位。只有在 SHP=1,同时转换模式选择为单通道多次转
换、序列通道单次转换或序列通道多次转换时才有效(CONSEQ≠0)。
  0：每次转换时采样定时器都需要 SHI 信号的上升沿触发；
  1：首次转换由 SHI 信号的上升沿触发采样定时器，而后采样转换将在
前一次转换完成后立即进行，而不需要 SHI 的上升沿触发。

SHT0：采样保持定时器 0。由 4 位构成，它们定义了转换的采样时序。采样周
期是 ADC12CLK 周期×4 的整数倍，具体如下：

第4章 MSP综合应用实践

$$t_{sample} = 4 \times t_{DC12CLK} \times n$$

SHT0	0	1	2	3	4	5	6	7	8	9	10	11	12~15
n	1	2	4	8	16	24	32	48	64	96	128	192	256

SHT1：采样保持定时器1。同样由4位构成，它们也定义了转换的采样时序。采样周期是ADC12CLK周期×4的整数倍，具体如下：

$$t_{sample} = 4 \times t_{DC12CLK} \times n$$

SHT1	0	1	2	3	4	5	6	7	8	9	10	11	12~15
n	1	2	4	8	16	24	32	48	64	96	128	192	256

(2) ADC12 控制寄存器 1(ADC12CTL1)

该寄存器中的位与ADC12CTL0中的位一起控制了ADC12的大部分操作，其中的大多数位(阴影部分)只有在ENC=0时才可被修改。该寄存器的各位定义与具体含义如下：

15~12	11~10	9	8	7~5	4,3	2,1	0
CSStartAdd	SHS	SHP	ISSH	ADC12DIV	ADC12SSEL	CONSEQ	ADC12BUSY

ADC12BUSY：ADC12忙标志位。它专用于单通道单次转换模式，在此模式下，如果ENC=0，则转换立即停止，转换结果无效。而在其他模式下，该位无效，因为复位ENC不会立即生效。

  0：表示没有转换发生；

  1：表示ADC12正处于工作状态。

CONSEQ：转换模式选择位。ADC12模块提供4种转换模式：

  0：单通道单次转换模式；

  1：序列通道单次转换模式；

  2：单通道多次转换模式；

  3：序列通道多次转换模式。

ADC12SSEL：选择ADC12内核时钟源。

  0：ADC12内部时钟源——ADC12OSC；

  1：ACLK；

  2：MCLK；

  3：SMCLK。

ADC12DIV：ADC12时钟源分频因子选择位。共3位用于选择分频因子，分频因子为该3位二进制数加1。比如3位二进制数是0，则分频因子是1。

ISSH：采样输入信号反相与否控制位。

  0：采样输入信号为同相输入；

1：采样输入信号为反相输入。
SHP：采样信号(SAMPCON)选择控制位。
0：SAMPCON 直接源自采样输入信号；
1：SAMPCON 直接源自采样定时器，由采样输入信号的上升沿触发采样定时器。
SHS：采样输入信号源选择控制位。
0：ADC12SC；
1：Timer_A.OUT1；
2：Timer_B.OUT0；
3：Timer_B.OUT1。
CSStartAdd：转换存储器地址定义位。4 位所表示的二进制数 0～15 分别对应 ADC12MEM0～ADC12MEM15。在序列转换时用于定义序列的第一转换通道。由于每一个转换存储寄存器都有一个对应的转换存储控制寄存器，所以也同时定义了 ADC12MCTL0～ADC12MCTL15。

(3) 转换存储寄存器(ADC12MEM0～ADC12MEM15)

ADC12 模块拥有 16 个转换存储寄存器用于暂存转换的结果。该类寄存器为 16 位寄存器，但使用时只用其中的低 12 位，高 4 位在读出时为"0"，如下：

15			12	11											0
0	0	0	0	MSB											LSB

(4) 转换存储控制寄存器(ADC12MCTL0～ADC12MCTL15)

对应于 16 个转换存储寄存器有 16 个转换存储控制寄存器 ADC12MCTL0～ADC12MCTL15，所以每一个转换存储器 ADC12MEMx 都有自己的控制寄存器 ADC12MCTLx。该类控制寄存器选择基本的转换条件，比如，是哪个模拟信号通道，选择哪个参考电压源，是否指示采样序列的结束等。

该类控制寄存器为 8 位寄存器，各位同样只有在 ENC 为低电平时可修改。该类控制寄存器的各位定义与含义如下：

7	6～4	3～0
EOS	Sref	INCH

EOS：序列结束控制位。
0：序列没有结束；
1：表示该通道为该序列中的最后一个转换通道。
Sref：参考电压源选择位。
0：$V_{R+}=AV_{CC}$，$V_{R-}=AV_{SS}$；
1：$V_{R+}=V_{REF+}$，$V_{R-}=AV_{SS}$；

2,3：$V_{R+} = V_{eREF+}$，$V_{R-} = AV_{SS}$；

4：$V_{R+} = AV_{CC}$，$V_{R-} = V_{REF-}/V_{eREF-}$；

5：$V_{R+} = V_{REF+}$，$V_{R-} = V_{REF-}/V_{eREF-}$；

6,7：$V_{R+} = V_{eREF+}$，$V_{R-} = V_{REF-}/V_{eREF-}$。

INCH：选择模拟输入通道。该 4 位所表示的二进制数为所选的模拟输入通道。

0～7：A0～A7；

8：V_{eREF+}；

9：V_{REF-}/V_{eREF-}；

10：片内温度传感器的输出；

11～15：$(AV_{CC} - AV_{SS})/2$。

(5) 中断标志寄存器(ADC12IFG)

ADC12IFG 寄存器有 16 个中断标志位 ADC12IFG.x，对应于 16 个转换存储寄存器 ADC12MEMx。

15	14	…	1	0
ADC12IFG.15	ADC12IFG.14	…	ADC12IFG.1	ADC12IFG.0

在转换结束后，转换结果装入转换存储寄存器 ADC12MEMx 时将 ADC12IFG.x 置位。在 ADC12MEMx 被访问时 ADC12IFG.x 复位，而在访问中断向量字 ADC12IV 时则不复位。

(6) 中断允许寄存器(ADC12IE)

ADC12IE 寄存器与 ADC12IFG 寄存器一样，对应于 16 个转换存储寄存器 ADC12MEMx。该寄存器的各位将允许(1)或禁止(0)相应的中断标志位 ADC12IFG.x 在置位时发生的中断请求服务。

(7) 中断向量寄存器(ADC12IV)

ADC12 有 18 个中断标志(ADC12IFG.x 与 ADC12TOV、ADC12OV)，但只有一个中断向量。那么这 18 个中断标志共用一个中断向量该如何安排呢？它们是按照优先级来安排的，18 个中断有优先级顺序，高优先级的请求可以中断正在服务的低优先级。

2. 转换模式

ADC12 提供 4 种转换模式：
- 单通道单次转换；
- 单通道多次转换；
- 序列通道单次转换；
- 序列通道多次转换。

表 4.2 对 4 种转换模式作了大致说明。

表 4.2　ADC12 的 4 种转换模式

转换模式	CONSEQ	操作说明
单通道单次	00	对选定的通道进行单次转换： ● 转换结果存放在 ADC12MEMx 中,对应的中断标志为 ADC12IFG.x； ● 在 ADC12MCTLx 寄存器中定义通道与参考电压
序列通道单次	01	对序列通道作单次转换： ● 转换由通道开始,而序列中最后通道(y)使用 EOS(ADC12MCTLx.7)=1 标志,非最后通道的 EOS(ADC12MCTLx,ADC12MCTL(x+1),…,ADC12MCTL(y-1))都是 0,表示序列没有结束； ● 结果存放在 ADC12MEMx,…,ADC12MEMy 中； ● 中断标志为 ADC12IFG.x,…,ADC12IFG.y； ● 在 ADC12MCTLx 寄存器中定义通道与参考电压
单通道多次	10	对选定的通道作重复转换,直到关闭该功能或 ENC=0： ● 结果存放在 ADC12MEMx； ● 在 ADC12MCTLx 寄存器中定义通道与参考电压
序列通道多次	11	对序列通道作多次转换,直到关闭该功能或 ENC=0： ● 转换由通道 x 开始,而序列中最后通道(y)使用 EOS(ADC12MCTLx.7)=1 标志,非最后通道的 EOS(ADC12MCTLx,ADC12MCTL(x+1),…,ADC12MCTL(y-1))都是 0,表示序列没有结束； ● 在 ADC12MCTLx 寄存器中定义通道与参考电压

(1) 单通道单次转换模式

该模式实现对单一通道的一次采样与转换。在转换存储控制寄存器 ADC12MCTLx 中定义了采样转换通道和转换电压范围(由参考电压决定),同时指定哪个转换存储寄存器用于保存转换结果。

当转换正常结束时,转换结果写入选定的存储寄存器 ADC12MEMx,相应的中断标志位 ADC12IFG.x 置位。如果这时允许中断,则可产生中断服务请求。在存储寄存器 ADC12MEMx 中的值被访问后,中断标志位 ADC12IFG.x 复位。用户软件使用 ADC12SC 位启动转换。

(2) 序列通道单次转换模式

该模式对一个序列通道(有顺序的多个通道)作一次转换。ADC12CTL1 中的 CSStartAdd 位指向第一个转换存储寄存器。其后的转换结果将顺序地存放在转换存储寄存器中。比如要转换的序列长度为 3,CSStartAdd 指向转换存储器 4,则第一个转换结果存放在 ADC12MEM4 中,第二个转换结果存放在 ADC12MEM5 中,第三个转换结果存放在 ADC12MEM6 中。

在序列转换时与单通道转换不一样,单通道由于只有一个通道,所以转换所需参数(通道号与参考电压等)在同一个转换存储控制寄存器中,而序列转换有多个通道,所以每一个通道的转换参数都由相应的转换存储控制寄存器设置。例如,若 3 个通道分别使用 ADC12MEM4、ADC12MEM5、ADC12MEM6,则相应通道的转换参数就在 ADC12MCTL4、ADC12MCTL5、ADC12MCTL6 中设置。同时,ADC12MCTLx 寄存器还将设置该序列转换何时结束。再如,如果当转换结果存放在 ADC12MEM6 时结束,则 ADC12MCTL6 的 EOS 位为"1",而其余寄存器的 EOS 为"0"。

(3) 单通道多次转换

单通道多次转换模式与单通道单次转换模式差不多,其是在选定的通道上进行多次转换,直到用户软件将其停止为止。每次转换完成后,转换结果都存放在相应的 ADC12MEMx 中,由相应的中断标志位 ADC12IFG.x 置位来标志转换结束。因为已经有了中断标志,所以如果允许中断,则将产生中断服务请求。

在这种模式下改变转换模式时,不必先停止转换,在当前正在进行的转换结束后即可改变转换模式。停止该模式有如下几种方法:

- 使 CONSEQ=0,将其变为单通道单次转换模式;
- 使 ENC=0,直接使当前转换完成后停止;
- 使用单通道单次转换模式替换当前模式,同时使 ENC=0。

(4) 序列通道多次转换模式

该模式与序列单次转换模式类似,但其会一直转换该序列直到使用软件将其停止为止。每次转换结束后都将转换值存入相应的转换存储寄存器 ADC12MEMx 中,由相应的中断标志位 ADC12IFG.x 置位标志转换结束。如果允许中断,则将发生中断请求。

在这种模式下改变转换模式时,不必先停止当前转换。一旦改变模式(单通道单次转换模式除外),将在当前序列完成后立即生效。

4.3.2 使用 ADC12 得到雷达基本数据

由前文可知,当障碍物与红外传感器距离不同时,反射光作用在接收管后,产生的光电流与反射光强弱成比例,那么流过电阻的电流与距离大致成比例,电阻上的电压与小车距离障碍物的距离大致成比例,然后测量电阻上的电压,就可以知道小车与障碍物的大致距离。

实验 4-7 ADC12 基础实验

TI 提供了多个 ADC12 的应用例程,在 TI 文件 slac375g.zip 中路径 MSP430F541Xa_MSP 430F543xA_Code_Examples 下面的 c 路径下有非常多的 ADC12 程序,如图 4.17 所示。

当然也可以借鉴其他芯片的 TI 例程,比如 MSP430F449 的例程就有很多的 ADC12 例程,如图 4.18 所示。

msp430x54xA_adc12_01.c	fet440_adc12_01.c
msp430x54xA_adc12_02.c	fet440_adc12_02.c
msp430x54xA_adc12_05.c	fet440_adc12_03.c
msp430x54xA_adc12_06.c	fet440_adc12_04.c
msp430x54xA_adc12_07.c	fet440_adc12_05.c
msp430x54xA_adc12_09.c	fet440_adc12_06.c
msp430x54xA_adc12_10.c	fet440_adc12_07.c
	fet440_adc12_08.c
	fet440_adc12_09.c
	fet440_adc12_10.c
	fet440_adc12_11.c

图 4.17　ADC 部分文件　　　　图 4.18　MSP430F449 的部分 ADC12 例程

将 msp430x54xA_adc12_02.c 加入空项目,源代码如下:

```c
#include <msp430.h>
int main(void)
{
    WDTCTL = WDTPW + WDTHOLD;            //Stop watchdog timer
    P6SEL |= BIT0;                        //Enable A/D channel A0
    /* Initialize REF module */
    //Enable 2.5V shared reference,disable temperature sensor to save power
    REFCTL0 |= REFMSTR + REFVSEL_2 + REFON + REFTCOFF;
    /* Initialize ADC12 */
    ADC12CTL0 = ADC12ON + ADC12SHT02;     //开启 ADC12,设置采样时间
    ADC12CTL1 = ADC12SHP;
    ADC12MCTL0 = ADC12SREF_1;             //参考电压:VR+ = VREF+ ,VR- = AVSS
    __delay_cycles(75);                   //75 μs delay @~1 MHz
    ADC12CTL0 |= ADC12ENC;                //Enable conversions
    while (1)
    {
        ADC12CTL0 |= ADC12SC;             //Start conversion
        while (!(ADC12IFG & BIT0));
        __no_operation();                 //断点设置处,用于观察结果
    }
}
```

在 P6.0 也就是 A0(模拟输入通道 0)上输入不同的电压值(注意不要超出范围),观察转换的数值,可以得到转换数值、输入模拟电压、参考电压之间的关系。

实验 4-8　红外测距实验

上面为 TI 源代码,需要修改。先看电路图,如图 4.19 所示,对于测距用到的

3 个红外对管与底部巡线需要的 5 对红外传感器,为了减少连接线,只使用了一个 ADC 输入端子进行测量,而用模拟开关选择 8 个红外传感器。

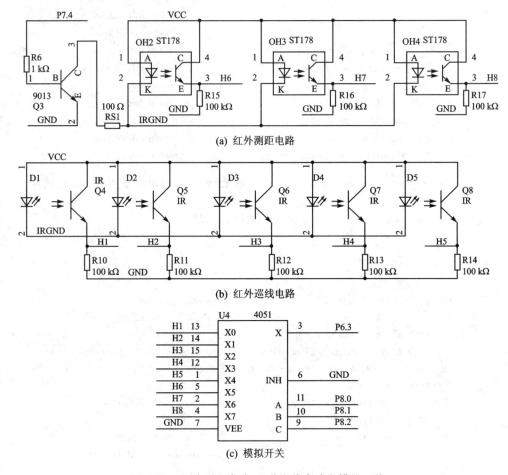

图 4.19 红外测距电路、红外巡线电路和模拟开关

图 4.19(a)所示为红外测距电路,当 P7.4 为高电平时,红外发射管发出红外光,反射回与距离有关的接收管光电流,再反映为电阻(R_{15}、R_{16}、R_{17})上的电压(H6、H7、H8 分别为电路图中的网络标号)。图 4.19(b)所示为红外巡线电路。图 4.19(c)所示为模拟开关,用于选择 8 个红外传感器中的哪个传感器信号被送去测量。

在实验 4-7 中的源程序基础上进行修改以适于现在的应用,需要做的修改如下:

① 通道改为 A3;
② 需要增加红外传感器选择语句;
③ 需要增加一个数组存放转换值。

先定义用于存放转换结果的数组:

```
int  adc_buff[8]={0};
```

主程序中需修改相关的设置：

```
P6SEL | = BIT3;                              //P6.3 用于 ADC 输入
ADC12CTL0 = ADC12SHT02 + ADC12ON;
ADC12CTL1 = ADC12SHP;
ADC12MCTL0 = ADC12SREF_0 + ADC12INCH_3;      //选择通道 3,选择电源电压为参考电压
P8DIR = 0X07;                                //P8 低 3 位用于模块开关的选择端
```

转换子程序用于测量 8 个红外传感器的数据：

```
void adc_a3(void)
{
    P7OUT | = BIT4;
    P7DIR | = BIT4;                          //发光管供电,让其发出红外光
    delay(1000);
    for(char i = 0;i＜8;i++)
    {
        P8OUT = i;                           //选择不同的红外传感器
        delay(10);
        ADC12CTL0 | = ADC12ENC;              //使能转换
        ADC12CTL0 | = ADC12SC;               //启动转换
        while (!(ADC12IFG & BIT0));          //等待转换完毕
        __no_operation();                    //断点设置处,用于检测调试
        adc_buff[i] = ADC12MEM0;
    }
    P7DIR & = ~BIT4;                         //关闭电源
}
```

测试：在语句"__no_operation();"处设置断点,连续运行程序,用书本、白纸或手掌等模拟障碍物,以一定距离遮挡在传感器前面,在断点处查看测量的结果。首先要找出红外传感器与数组中数值的对应关系,然后再测试。对应关系为：左前测距红外传感器数值在 adc_buff[6]中,中间测距红外传感器数值在 adc_buff[5]中,右前测距红外传感器数值在 adc_buff[7]中。

在测试中发现,随着障碍物与红外传感器之间距离的增加,ADC 转换得到的值在不断地减小。通过测试,在 50 cm 内测距较准确。对于 ADC 数值与距离的关系,读者可以借助 Office 软件的 Excel 表归纳出其关系公式。

4.3.3　点阵液晶显示器驱动

小车的雷达测距功能基本实现了,剩下的工作就是将测量情况显示出来。显示器使用 128×64 的点阵 LCD 模块,该模块内置驱动控制器,使用非常方便,只需要与单片机 5 线连接即可。同时,模块本身的外围电路只需要 3 个电容,电路如图 4.14(b)所示。该模块使用中国台湾晶宏芯片 ST7565R 作为控制器与驱动器。

第4章 MSP综合应用实践

1. ST7565R 简介

该芯片为单片低功耗液晶控制驱动芯片,可驱动 65 个公共端、132 个段;内置升压电路(因为大点阵液晶都需要高压驱动);体积小,方便 COG(芯片焊接在玻璃上)工艺液晶模块的使用。图 4.20 所示为液晶模块的应用电路。图 4.21 所示为 ST7565R 的电路框图,最中间的是显示缓存,与 MSP 内部的 LCD 模块一样,是用于映射到液晶显示器的存储器。MSP 的片内 LCD 模块与液晶直接相连的是段与公共端(由于段与公共端较多,所以有的液晶控制芯片称之为行与列),位于图 4.21 的顶部。图 4.21 的左边为给液晶提供电源的电路,右边为时序控制电路,下面为接口电路以及命令解释电路。

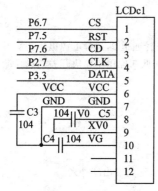

图 4.20 液晶模块的应用电路

芯片与 MCU 的连接可以使用多种模式。这里为了减少连接线,使用串口 SPI 连接。将 ST7565R 与液晶模块连接好,同时引出与 MCU 相连的引脚以及必需的外围元器件(3 个电容)连接引脚。

图 4.20 中连接了 3 个电容(升压电路用,见 ST7565R 芯片资料),还有 5 根线与单片机的 I/O 相连。为了布线方便,笔者没有连接 MCU 的 SPI 引脚,因此程序中需模拟 SPI 时序。当 ST7565R 使用 SPI 与 MCU 通信时,时序图如图 4.22 所示。

在图 4.22 中,SI 为数据输入端,是图 4.20 中的 DATA,连接单片机的 P3.3;SCL 为时钟输入端,是图 4.20 中的 CLK,连接单片机的 P2.7;A0 是命令与数据选择信号,是图 4.20 中的 CD,连接单片机的 P7.6;$\overline{CS1}$ 是整个芯片的片选信号,是图 4.20 中的 CS,连接单片机的 P6.7;图 4.20 中的 RST 为芯片的复位引脚(硬件复位),当该信号有效时,液晶模块被初始化,连接单片机的 P7.5。

2. ST7565R 相关程序编写

实验 4-9 图形点阵液晶显示实验

为了程序编制方便,做了如下预定义:

```
#define LCD_CS_1     P6OUT |= BIT7
#define LCD_RST_1    P7OUT |= BIT5
#define LCD_CD_1     P7OUT |= BIT6
#define LCD_CLK_1    P2OUT |= BIT7
#define LCD_DATA_1   P3OUT |= BIT3
#define LCD_CS_0     P6OUT &= ~BIT7
#define LCD_RST_0    P7OUT &= ~BIT5
#define LCD_CD_0     P7OUT &= ~BIT6
```

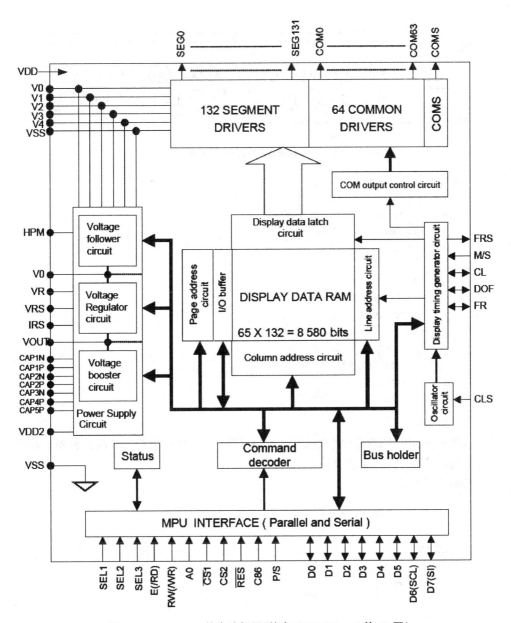

图 4.21 ST7565R 的电路框图(摘自 ST7565R.pdf 第 18 页)

```
#define LCD_CLK_0    P2OUT &= ~BIT7
#define LCD_DATA_0   P3OUT &= ~BIT3
```

MSP 单片机对液晶操作需要两个子程序：写命令与写数据。当 CD=0 时，通过 SPI 写入芯片的是命令，而当 CD=1 时，写入的是显示数据。

SPI 模拟程序：

第 4 章 MSP 综合应用实践

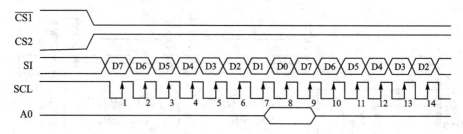

图 4.22 ST7565R 时序图(摘自 ST7565R.pdf 第 24 页)

```
void SendByte(uchar Dbyte)
{
    uchar i,TEMP;
    TEMP = Dbyte;
    for(i = 0;i<8;i++)
    {
        LCD_CLK_0;
        if((TEMP & BIT7 ) == BIT7 )
            LCD_DATA_1  ;
        else
            LCD_DATA_0;
        TEMP = TEMP<<1;
        LCD_CLK_1;
    }
}
```

程序中一个时钟跟着一个数据位,严格按照图 4.22 所示的 SPI 时序模拟。尽管没有硬件 SPI 快,但是非常通用。

写命令子程序:

```
void write_cmd( uchar Cbyte )
{
    LCD_CS_0;
    LCD_CD_0;
    SendByte(Cbyte);
}
```

写数据子程序:

```
void write_data( uchar Dbyte )
{
    LCD_CS_0;
    LCD_CD_1;
    SendByte(Dbyte);
}
```

目前,只能将命令或数据送达液晶模块,还不能显示想要显示的内容。

首先是液晶模块自身的初始化,包括液晶电压的设置、起始地址的设置等,详细情况请查看 ST7565R 指令,如表 4.3 所列。

表 4.3 ST7565R 指令表(摘自 ST7565R.pdf 第 50 页)

Command	A0	RD	WR	D7	D6	D5	D4	D3	D2	D1	D0	Function
Display ON/OFF	0	1	0	1	0	1	0	1	1	1	0 1	LCD display ON/OFF 0: OFF, 1: ON
Display start line set	0	1	0	0	1	\multicolumn{5}{Display start address}	Sets the display RAM display start line address
Page address set	0	1	0	1	0	1	1	\multicolumn{4}{Page address}	Sets the display RAM page address
Column address set upper bit Column address set lower bit	0	1	0	0 0	0 0	0 0	1 0	Most significant column address Least significant column address				Sets the most significant 4 bits of the display RAM column address. Sets the least significant 4 bits of the display RAM column address.
Status read	0	0	1	\multicolumn{4}{Status}	0	0	0	0	Reads the status data
Display data write	1	1	0	\multicolumn{8}{Write data}	Writes to the display RAM
Display data read	1	0	1	\multicolumn{8}{Read data}	Reads from the display RAM
ADC select	0	1	0	1	0	1	0	0	0	0	0 1	Sets the display RAM address SEG output correspondence 0: normal, 1: reverse
Display normal/reverse	0	1	0	1	0	1	0	0	1	1	0 1	Sets the LCD display normal/ reverse 0: normal, 1: reverse
Display all points ON/OFF	0	1	0	1	0	1	0	0	1	0	0 1	Display all points 0: normal display 1: all points ON
LCD bias set	0	1	0	1	0	1	0	0	0	1	0 1	Sets the LCD drive voltage bias ratio 0: 1/9 bias, 1: 1/7 bias (ST7565R)
Read-modify-write	0	1	0	1	1	1	0	0	0	0	0	Column address increment At write: +1 At read: 0
End	0	1	0	1	1	1	0	1	1	1	0	Clear read/modify/write
Reset	0	1	0	1	1	1	0	0	0	1	0	Internal reset
Common output mode select	0	1	0	1	1	0	0	0 1	*	*	*	Select COM output scan direction 0: normal direction 1: reverse direction
Power control set	0	1	0	0	0	1	0	1	\multicolumn{3}{Operating mode}	Select internal power supply operating mode
V₀ voltage regulator internal resistor ratio set	0	1	0	0	0	1	0	0	\multicolumn{3}{Resistor ratio}	Select internal resistor ratio(Rb/Ra) mode
Electronic volume mode set Electronic volume register set	0	1	0	1 0	0 0	0	0	0	0	0	1	Set the V₀ output voltage electronic volume register
				\multicolumn{8}{Electronic volume value}	
Sleep mode set	0	1	0	1 *	0 *	1 *	0 *	1 *	1 *	0 0	0 1 0	0: Sloop modo, 1: Normal modo
Booster ratio set	0	1	0	1 0	1 0	1 0	1 0	1 0	0 0	0	0	select booster ratio 00: 2x,3x,4x 01: 5x 11: 6x
										\multicolumn{2}{step-up value}	
NOP	0	1	0	1	1	1	0	0	0	1	1	Command for non-operation
Test	0	1	0	1	1	1	1	*	*	*	*	Command for IC test. Do not use this command

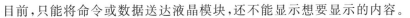

根据表 4.3 中的内容以及 ST7565R 芯片资料中的相关细节编制初始化程序。图 4.23 所示为使用内部电源时的初始化流程。

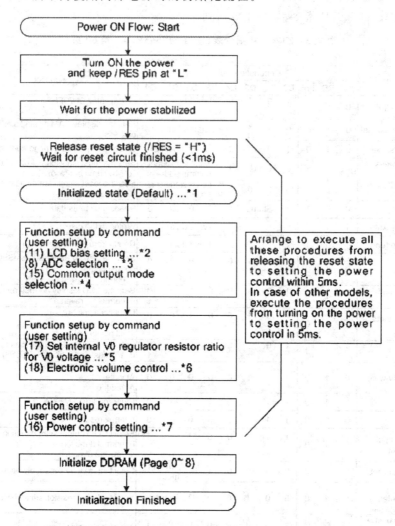

图 4.23　使用内部电源时的初始化流程(摘自 ST7565R.pdf 第 55 页)

初始化程序：

```
void LcmInit()
{
    P2DIR |= BIT7;
    P3DIR |= BIT3;
    P6DIR |= BIT7;
    P7DIR |= BIT5 + BIT6;            //设置相关口线为输出
    LCD_CS_0;
```

```
    LCD_RST_0;                        //硬件初始化
    delay(200);
    LCD_RST_1;
    delay(1000);
    write_cmd(0xe2);                  //system reset
    delay(200);
    write_cmd(0x24);                  //set vlcd resistor ratio
    write_cmd(0xa2);                  //BR = 1/9
    write_cmd(0xa0);                  //set seg direction
    write_cmd(0xc8);                  //set com direction
    write_cmd(0x2f);                  //set power control
    write_cmd(0x40);                  //set scroll line
    write_cmd(0x81);                  //set electronic volume
    write_cmd(0x20);                  //电压
    write_cmd(0xaf);                  //显示开启
    LcmClear();
}
```

初始化之后,可以写入要显示的数据。先考察初始化最后的指令"LcmClear()",其是一个函数,用于显示器清屏。执行完这条语句后可以看到,液晶屏显示随机点。由清屏程序可知如何将数据写入显示器。清屏程序如下:

```
void LcmClear()
{
    uchar x,y;
    for(y = 0;y<8;y++)
    {
        write_cmd(0xb0 + y);
        write_cmd(0x10);
        write_cmd(0x00);
        for(x = 0;x<132;x++)  write_data(0);
    }
}
```

该程序需要读者仔细分析,为后面其他程序的编写提供思路。写入的数据与对应屏的位置、数据的组织方式等都体现在这里。首先显示 RAM 与液晶点阵本身有对应关系,如图 4.24 所示。

液晶显示器分 64 行 132 列,64 行分 8 页,每页 8 行,如图 4.25 所示。

"write_cmd(0xb0+y);"语句用于设置页地址,见表 4.3 中的第三条指令,写页地址。

第4章 MSP综合应用实践

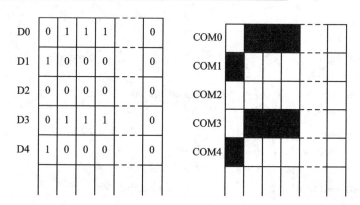

图 4.24 显存与液晶显示

"write_cmd(0x10);"与"write_cmd(0x00);"语句用于设置列地址,详见表 4.3 中的第四条指令。其实后面还可以在低 4 位设置具体的(列)参数,但这里没有,而是设置了列地址自动增加。所以只需要设置开始列,就可以直接写入数据。

"for(x=0;x<132;x++) write_data(0);"语句写入了 132 个数据,单步运行该条句话则会发现,显示器不显示。如果将该条语句改为:"for(x=0;x<132;x++) write_data(0xff);",那么单步运行时会发现竖着的 8 点被显示出来。其中,write_data(0xf0)用于显示连续 4 点,write_data(0x55)用于隔点显示。

3. 字符显示

前文讲述了液晶缓存与液晶显示之间的对应关系,以及页、列的设置,显示数据的写入等,要显示一个字符,比如"0~9"这些数字,与前面讲述的摇摇棒一样,需要得到字模数据,此处不赘述。

4.3.4 小车雷达显示

实验 4-10 小车与障碍物关系液晶模拟显示实验

为了达到逼真效果,可设计如图 4.26 所示的雷达显示效果。图 4.26(a)所示为障碍物距离小车正前方较远,左前与右前均无障碍物的情况;图 4.26(b)表示正前方障碍物距小车较近,左前与右前无障碍物的情况;图 4.26(c)表示正前方障碍物较远,而右前方有较近障碍物,左前方没有障碍物的情况。

为了实现这个效果,需要两个子程序:一是显示固定位置的小车,二是显示可变位置的障碍物。注意:为了简单起见,小车不动,障碍物移动。

1. 小车显示

先用画图工具画出小车模型,如图 4.26 所示,然后用取模软件得到数组数据:

```
uchar const    car_pic[] =
```

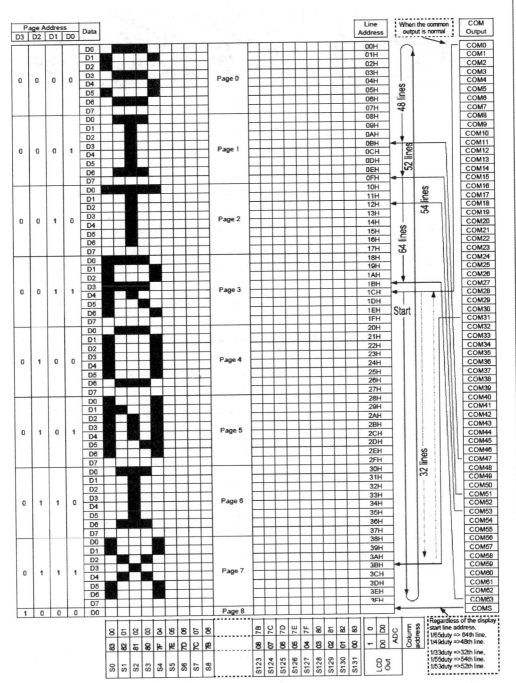

图 4.25 液晶显示器的行与列

第4章 MSP综合应用实践

(a) 中间障碍物较远　　　　(b) 中间障碍物较近　　　　(c) 中间较远、左边较近

图 4.26　雷达显示效果

```
{
    /* - -   宽度×高度 = 48×32    - - */
    0xE0,0xE0,0xF0,0xF0,0xF7,0xF7,0xF7,0xF7,0xF7,0xF7,0xF7,0xF7,0xF7,0xF7,
    0xF7,0xF7,
    0xF7,0xF7,0xF7,0xF7,0xF7,0xF7,0xF7,0xF7,0xF0,0xF0,0xF0,0xF0,0xF0,
    0xF0,0xF0,
    0xF0,0xF0,0xF0,0xF0,0xF0,0xF0,0xF0,0xF0,0xF0,0xF0,0xF0,0xF0,0xF0,
    0xF0,0xF0,
    0xFF,0xFF,0xFF,0xFF,0xFF,0xFF,0xFF,0xFF,0xFF,0xFF,0xFF,0xFF,0xFF,
    0xFF,0xFF,
    0xFF,0xFF,0xFF,0xFF,0xFF,0xFF,0xFF,0xFF,0xFF,0xFF,0xFF,0xFF,0xFF,
    0xFF,0xFF,
    0xFF,0xFF,0xFF,0xFF,0xFF,0xFF,0xFF,0xFF,0xFF,0xFF,0xFF,0xFF,0xFF,
    0xFF,0xFF,
    0xFF,0xFF,0xFF,0xFF,0xFF,0xFF,0xFF,0xFF,0xFF,0xFF,0xFF,0xFF,0xFF,
    0xFF,0xFF,
    0xFF,0xFF,0xFF,0xFF,0xFF,0xFF,0xFF,0xFF,0xFF,0xFF,0xFF,0xFF,0xFF,
    0xFF,0xFF,
    0xFF,0xFF,0xFF,0xFF,0xFF,0xFF,0xFF,0xFF,0xFF,0xFF,0xFF,0xFF,0xFF,
    0xFF,0xFF,
    0x07,0x07,0x0F,0x0F,0xEF,0xEF,0xEF,0xEF,0xEF,0xEF,0xEF,0xEF,0xEF,
    0xEF,0xEF,
    0xEF,0xEF,0xEF,0xEF,0xEF,0xEF,0xEF,0xEF,0xEF,0x0F,0x0F,0x0F,0x0F,0x0F,
    0x0F,0x0F,
    0x0F,0x0F,0x0F,0x0F,0x0F,0x0F,0x0F,0x0F,0x0F,0x0F,0x0F,0x0F,0x0F,
    0x0F,0x0F,
};
```

上面得到了小车 48×32 点阵图片的数据,可以用于小车显示。下面编写显示小车的程序,该程序可以直接由前面的清屏程序改写而成,代码如下:

```
void  PUTBMP_car(uchar  * put)
{   uint X = 0;
    for(j = 2;j<6;j++)
```

```
        {
            write_cmd(0xb0 + j);
            write_cmd(0x14);                //64/16
            write_cmd(0x00);                //64%16
            for(i = 0;i<48;i++) write_data(put[X++]);
        }
}
```

程序中列循环写了 48 次,因为图片有 48 列,而页,占据 2～6 页,在整个显示的中间位置。再看列的开始位置,程序用了如下两条两句:

```
write_cmd(0x14);                //64/16
write_cmd(0x00);                //64%16
```

第一条语句的参数是 0x14,第二条句的参数是 0x00,参见表 4.3 可知:
$$0x14 = 0x10 + (64/16)$$
$$0x00 = 0x00 + (64\%16)$$

上述式中的 64 表示小车显示的开始列为 64,所以看到小车的车头基本在液晶显示器的中间位置。

程序中调用的子函数为

```
PUTBMP_car((uchar *)car_pic);
```

2. 障碍物显示

障碍物显示程序如下:

```
void  fill_xy(uchar  x0,uchar y0,uchar x,uchar y)
{
    for(j = y0;j<y0 + y;j++)
    {
        write_cmd(0xb0 + j);
        write_cmd(0x10 + (x0/16));
        write_cmd(0x00 + (x0%16));
        for(i = 0;i<x;i++) write_data(0xff);
    }
}
```

上述程序中,x0,y0 表示起始位置,x,y 分别为长度与高度。程序中调用以下函数:

```
fill_xy(i,3,10,2);
fill_xy(i,0,10,2);
fill_xy(i,6,10,2);
```

3 条语句分别用于显示器中上、中、下 3 个位置的障碍物模拟。其中,参数 i 表示小车与障碍物的相对位置。

4.3.5 小车雷达声音提示

为了更接近真实,可以引入声音提示,当障碍物与小车很近时,声音变得急促。这里用音调的高低来表示,当障碍物与小车很近时,音调很高。发声实验在前面第 3 章已讲述,此处不再赘述。电路如图 4.27 所示。

小车上设置一蜂鸣器,连接到端口 P8.6。
发声程序如下:

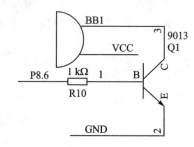

图 4.27 小车蜂鸣器电路

```
void beep(int time,int xx)
{
    int  j,i;
    P8DIR |= BIT6;
    for(i = 0;i<time;i++)
    {
        for( j = 0;j<xx;j++);
        P8OUT ^= BIT6;
    }
    P8OUT &= ~BIT6;
}
```

程序中有两个参数:time 表示需要发声的循环次数,xx 表示频率。程序中的调用方式为

beep(100,(90 - i));

其中,参数 i 来自 ADC 转换的结果,表示障碍物与小车的距离,i 值大表示与障碍物近,这时蜂鸣器发声频率高。

至此,小车雷达基本完成。

4.3.6 抗干扰小车雷达设计

4.3.4 小节和 4.3.5 小节完成了小车雷达的设计。但在不同的环境光下,距离的判断参数很难一致。比如,在夏天的中午靠窗与晚上灯光较暗这两种情况下,参数差异较大。中午明亮时设计的程序在下午昏暗环境中也许就不能工作。如何解决这个问题呢?笔者设计的电路已经解决了这个问题,原来红外传感器的发射管是被控制起来的。

设计思路:可以先测量环境红外光的强弱,再测量反射红外光的强弱,其差值将过滤环境光。

实验 4-11 抗干扰程序设计

先定义 3 个数组：

```
int   adc_j[8] = {0};
int   adc_buff[8] = {0};
int   adc_noir[8] = {0};
```

程序如下：

```
void adc_p63(void)
{
    P7OUT |= BIT4;
    P7DIR &= ~BIT4;              //关闭红外发光,下面测量的是环境光
    ADC12CTL0 &= ~ADC12ENC;
    P6SEL |= BIT3;
    ADC12CTL0 = ADC12SHT02 + ADC12ON;
    ADC12CTL1 = ADC12SHP;
    ADC12MCTL0 = ADC12SREF_0 + ADC12INCH_3;
    P8DIR |= 7;
    for(char i = 0;i<8;i++)
    {
        P8OUT = i;
        delay(1);
        ADC12CTL0 |= ADC12ENC;
        ADC12CTL0 |= ADC12SC;
        while (!(ADC12IFG & BIT0));
        adc_noir[i] = ADC12MEM0;
    }
    P7DIR |= BIT4;               //红外发光,下面测量的是反射光
    delay(30);
    for(char i = 0;i<8;i++)
    {
        P8OUT = i;
        delay(1);
        ADC12CTL0 |= ADC12ENC;
        ADC12CTL0 |= ADC12SC;
        while (!(ADC12IFG & BIT0));
        adc_j[i] = ADC12MEM0;
        adc_buff[i] = adc_j[i] - adc_noir[i];
        if(adc_buff[i] >2000)   adc_buff[i] = 2000;
        if(adc_buff[i] < 10 )   adc_buff[i] = 10;
    }
}
```

```
P7DIR &= ~BIT4;
}
```

程序中的 adc_buff[]数组得到的就是纯净的反射光,已经滤掉了环境光。然后将这个参数作为小车与障碍物的距离较为准确,同时也不受环境光的影响。

实验 4-12 完整的抗干扰雷达(声音报警、图形示意)程序总装

请读者自行设计完成。

4.4 自循迹小车设计

循迹小车是指小车跟着预定的线路运行。国际国内也有较多这类的设计大赛,常用方案为:摄像头方案、红外反射方案,最近还有电磁方案。鉴于体积原因,一般选用红外反射方案,可将小车做得较小,能够在较小的轨道上运行,比如在 A4 纸的一半上画个椭圆形的跑道或在 A4 纸上画"8"字形跑道,如图 4.28 所示。

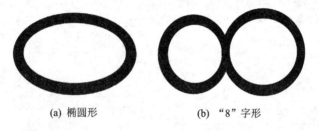

(a) 椭圆形　　　　　　(b) "8"字形

图 4.28　简易跑道

4.4.1 基本跑道识别

跑道由白纸打印即可,跑道的鉴别就是黑白线识别。图 4.19(b)所示电路为巡线准备的红外传感器,如图 4.29 所示。图 4.30 所示是巡线传感器在小车上的实物图。前端有 4 对红外传感器,后端(电源开关位置旁)有 1 对。图 4.30 中的白色管子是红外发光管,在图 4.29 中为 D1、D2 和 D3 等;黑色的是红外接收管,在图 4.29 中为 Q4、Q5 和 Q6 等。

当红外光射向跑道并反射回红外接收管时,如果由黑色的跑道反射回来,则光线较弱,电阻上的电压较低,而若由白色的非跑道反射回来,则光线较强,电阻上的电压较高,由此来判断是否在跑道上。跑道的宽度一般需大于中间两个传感器的宽度,而不大于 4 个传感器的宽度,最佳的宽度如图 4.31 所示。跑道 b 最宽,稍大于中间两对传感器的间距,可以通过不超出左右最两边传感器为判据;跑道 a 稍窄一点,刚好在中间两对传感器的下面,以中间两对传感器在临界阈值为判据;跑道 c 与跑道 d 最细,跑道 c 可以用中间两对传感器刚刚跨在跑道作为判据,而跑道 d 与跑道 c 虽然粗

第 4 章 MSP 综合应用实践

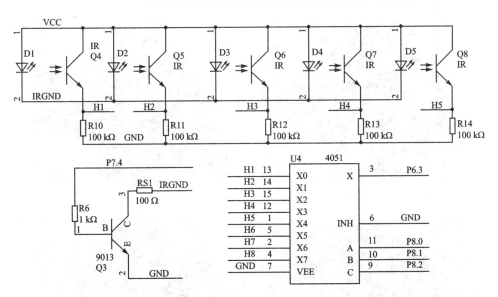

图 4.29 巡线传感器电路图

细相同,但判断方式不一样,跑道 d 要求中间两对传感器中的某一对传感器在跑道上。为了防止尾部甩开,特增设了尾部传感器,如图 4.30 所示,通过尾部传感器的判断能够使小车甩尾幅度减小。

同样要使用 4.3.6 小节的设计思路,先测量环境光再测量反射光。测量环境光时关闭红外发光管,测量反射光时再开启红外发光管。程序与实验 4-12 的程序思路同,这里不再赘述。这里需要注意的是传感器与数组的对应关系,可以通过测试得到(正面放置小车)。

图 4.30 放在小车底部的巡线传感器

adc_buff[0] 左三
adc_buff[1] 左二
adc_buff[2] 尾部
adc_buff[3] 左一
adc_buff[4] 左四

当 adc_buff[c] 的值高于某个值时表示对应的传感器在白纸上,不在黑色的跑道上;相反,当低于某个值时则表示在黑色跑道上,这个值就是用于判断的阈值。该阈

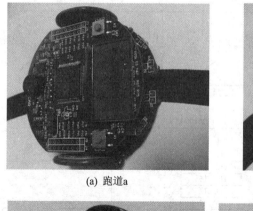

(a) 跑道a　　　　　　　　　(b) 跑道b

(c) 跑道c　　　　　　　　　(d) 跑道d

图 4.31　跑道最佳宽度抗干扰

值需要测试推敲,目的是为了准确判断,不误判。

4.4.2　车轮驱动设计

图 4.31 所示的小车为左右两个驱动轮结构,前后用了两个支撑柱。采用这种设计有两个原因:一是实心金属着地为小车增加底盘重量,二是光滑的圆形摩擦小。支撑柱的高度需要注意,应略低于车轮的高度,使车轮能够起到主动轮的作用,支撑柱只起支撑作用,被拖动。两个主动轮可以实现:前进、后退、以某轮为中心转弯、原地打圈、差速时以一定的半径画圆等动作。

车轮由直流减速电机直接带动,从图 4.32(a)中可以看到电机的情况,白色的是安装支架,用于固定电机,可以看到露出的黄色齿轮箱,输出轴直接插入车轮。图 4.32(b)所示是相关电路。

减速齿轮箱的目的是让车轮得到较大扭矩,否则跑不起来,没有力气。所选择的电机耗电量不大,在空转时,直流电流只需要 20 mA 左右,当阻力较大时电流大一些。所选用的电池也很小,为常用的锂聚合物电池,仅有 150 mA·h 左右,充满电时

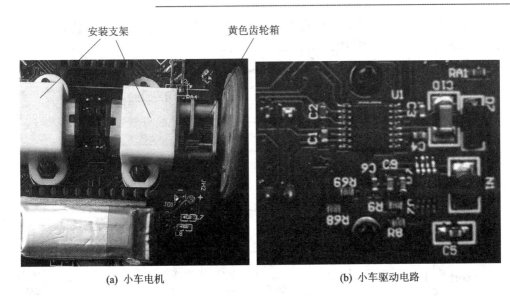

(a) 小车电机 (b) 小车驱动电路

图 4.32　小车车轮驱动部分

的最高电压为 4.2 V,随着电池的使用,电量下降,电压也下降。该电池可充电。正常使用的电压范围为 3.3~4.2 V,低于 3.3 V 使用可能会损坏电池。该电池内置保护电路,可防止过放与过冲。3.3~4.2 V 电压驱动电机没问题,所选用电机在 1.5 V 可被启动,1 V 电压可维持转动。但是,电压低转速慢,小车跑得也慢。所以笔者设计了升压电路,将电池电压升高到 10 V,然后再输送给电机控制电路。当电压为 10 V 时,小车可以跑得很快! 升压电路由图 4.32(b)中的 U2、R8、R9 和 C5 等组成。升压使用 TI 芯片 TPS61085,该芯片为 DC/DC 升压芯片,开关频率为 650 kHz 或 1.2 MHz,可以将聚合物锂电池电压升高到 18 V,电路图如图 4.33 所示。

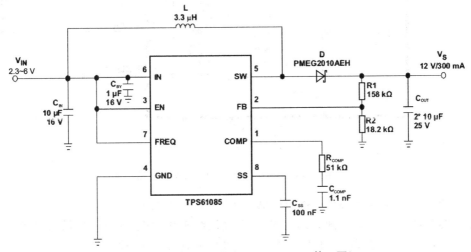

图 4.33　升压电路(摘自 tps61085.pdf 第 1 页)

调整图 4.33 中的 R1、R2,直至输出 10 V 电压为止。电机驱动使用 TI 的 DRV8833,图 4.34 所示为 DRV8833 的应用资料。

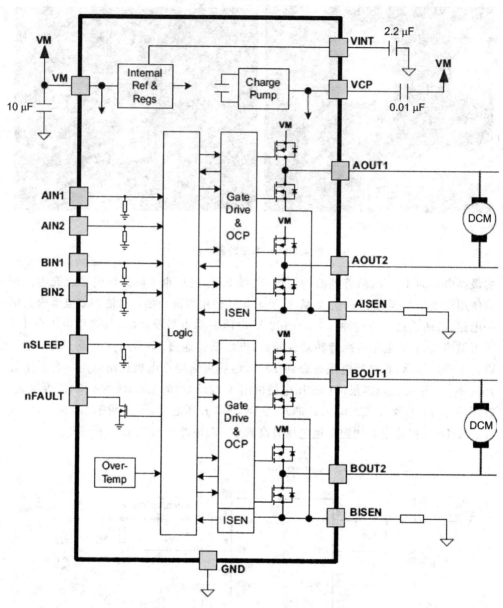

图 4.34 DRV8833 的应用资料(摘自 DRV8833.pdf 第 2 页)

DRV8833 的应用为小车控制提供了便利。该芯片可直接控制驱动两路电机,更方便的是,该芯片可以调速。10 V 电压直接供给芯片,通过调速后提供给电机的电压可以是 0~10 V 之间的值。同时,该芯片方便正反转控制。图 4.35 所示是

DRV8833马达控制电路内部框图,表4.4所列是输入/输出逻辑关系,表4.5反映了DRV8833的功能与控制方法。

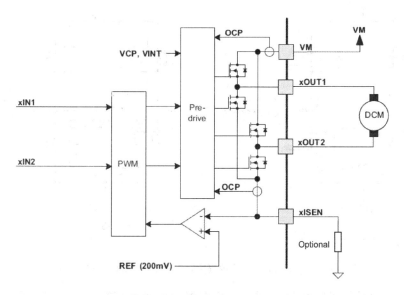

图4.35 DRV8833马达控制电路内部框图(摘自DRV8833.pdf第8页)

表4.4 真值表(摘自DRV8833.pdf第8页)

xIN1	xIN2	xOUT1	xOUT2	FUNCTION
0	0	Z	Z	Coast/fast decay
0	1	L	H	Reverse
1	0	H	L	Forward
1	1	L	L	Brake/slow decay

表4.5 DRV8833的功能表(摘自DRV8833.pdf第8页)

xIN1	xIN2	FUNCTION
PWM	0	Forward PWM,Fast decay
1	PWM	Forward PWM,Slow decay
0	PWM	Reverse PWM,Fast decay
PWM	1	Reverse PWM,Slow decay

由表4.5可以看出,xIN1、xIN2两引脚控制正反转是援引表4.4中的内容,表4.5实际上反映的是PWM信号送入控制端,在电机连接端也得到PWM信号,电机可得到与PWM信号对应大小的电压,用于控制电机的转速。

驱动电机正反转的原理如图 4.36 所示,主要是控制电流的方向。

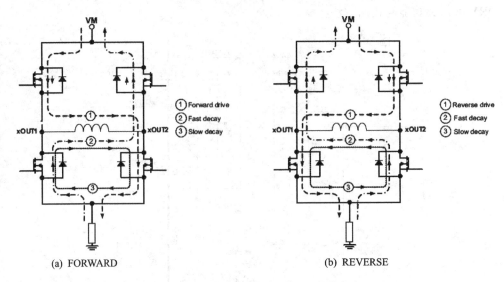

图 4.36 DRV8833 正反转控制原理(摘自 DRV8833.pdf 第 9 页)

PWM 信号的产生由 MSP 芯片的定时器 TA 完成。在 MSP 芯片例程中有非常多的 PWM 程序,这里还是用 MSP430F5438A 的例程,如图 4.37 所示。

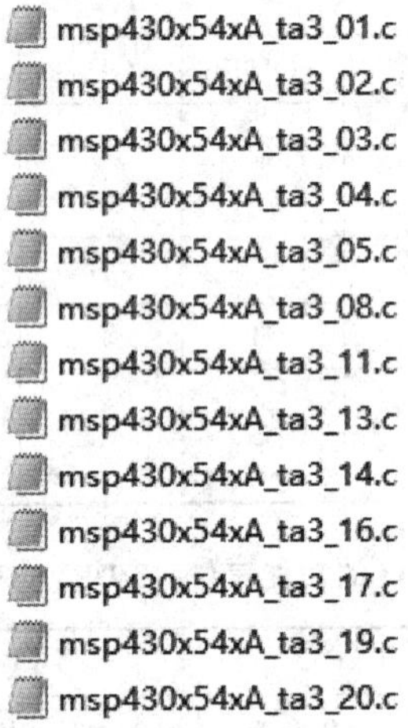

msp430x54xA_ta3_01.c
msp430x54xA_ta3_02.c
msp430x54xA_ta3_03.c
msp430x54xA_ta3_04.c
msp430x54xA_ta3_05.c
msp430x54xA_ta3_08.c
msp430x54xA_ta3_11.c
msp430x54xA_ta3_13.c
msp430x54xA_ta3_14.c
msp430x54xA_ta3_16.c
msp430x54xA_ta3_17.c
msp430x54xA_ta3_19.c
msp430x54xA_ta3_20.c

图 4.37 MSP430F5438A 的部分例程

例程中编号靠后的基本都是与 PWM 有关的程序,比如 msp430x54xA_ta3_20.c 就利用了定时器的输出模块输出 PWM 波。定时器 TA 的相关知识请参阅第 3 章。

实验 4-13 PWM 信号发生与车速控制

在 TI 文件 slac375g.zip 中路径 MSP430F541xA_MSP430F543xA_Code_Examples 下面的 c 路径下的 msp430x54xA_ta3_16.c 中加入空项目,源代码为

```
//          |     P2.2/TA1.1|-->CCR1-75% PWM
//          |     P2.3/TA1.2|-->CCR2-25% PWM
#include <msp430.h>
int main(void)
{
    WDTCTL = WDTPW + WDTHOLD;
    P2DIR |= 0x0C;
    P2SEL |= 0x0C;
    TA1CCR0 = 512 - 1;
    TA1CCTL1 = OUTMOD_7;
    TA1CCR1 = 384;
    TA1CCTL2 = OUTMOD_7;
    TA1CCR2 = 128;
    TA1CTL = TASSEL_2 + MC_1 + TACLR;
    __bis_SR_register(LPM0_bits);
}
```

特意复制了最前面的两条注释,用于说明本程序将在 P2.2、P2.3 两端口输出宽度分别为 75% 与 25% 的 PWM 波形。程序执行结果与注释的一模一样,请准备示波器观察输出端口的波形。

程序中:

```
P2DIR |= 0x0C;              //设置 P2.2、P2.3 为输出
P2SEL |= 0x0C;              //设置 P2.2、P2.3 为第二功能
TA1CCR0 = 512 - 1;          //设置波形周期
TA1CCTL1 = OUTMOD_7;        //设置定时器 TA1CCR1 模块为输出方式 7
TA1CCR1 = 384;              //设置 TA1CCR1 输出高电平的时间,384/512 = 75%
```

示波器测试波形如图 4.38 所示。周期为 510 μs,高电平占 380 μs,占空比约为 75%。TA1CCR0 定义方波周期,机器周期大致为 1 μs,所以 TA1CCR0 的参数为 511,波形周期也应该为 511 μs,实测为 510 μs。在寄存器窗口改 TA1CCR1=50,波形如图 4.39 所示,高电平时间改为 50 μs。

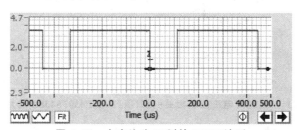

图 4.38　占空比为 75% 的 PWM 波形

第 4 章 MSP 综合应用实践

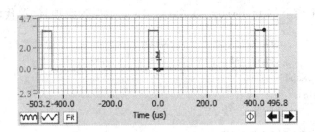

图 4.39 占空比为 10% 的 PWM 波形

通过实验 4-13 可对 PWM 产生一定的认识,图 4.38 和图 4.39 所示的波形电压送到电机将对转速产生直接影响。很明显,占空比为 75% 的转速快,转速基本与占空比成比例。当然,由端口送出的信号不能驱动电机,而 DRV8833 可以输出最高为 2 A 的电流,驱动小电机是没有问题的。DRV8833 与 MCU 的连接关系如图 4.40 所示。

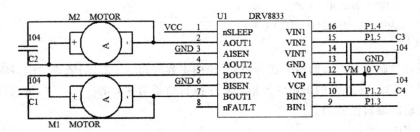

图 4.40 小车电机驱动电路

图 4.40 所示驱动 DRV8833 的是 MSP430F5438A 的引脚 P1.2、P1.3、P1.4 和 P1.5。为什么要用这些引脚驱动该芯片呢? 图 4.41 所示为 MSP430F5438A 的部分引脚图,该图显示 P1.2、P1.3、P1.4 和 P1.5 都可用于定时器 Timer_A0 的 PWM 输出,故可用于控制小车速度。

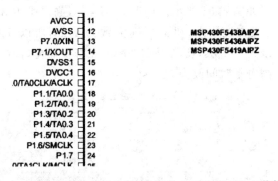

图 4.41 MCU 与电机控制相关引脚(摘自 MSP430F5438A 芯片资料)

编写程序使车轮按设计者的意图运转。下面的程序使小车以不同的方式运行:

```c
void main(void)
{
    unsigned int i;
    WDTCTL = WDTPW + WDTHOLD;
    P1OUT = 0;
    P1SEL |= BIT7;
    P1DIR |= BIT7;
    P1SEL |= BIT6;
    P1DIR |= BIT4 + BIT5 + BIT2 + BIT3;
    TA0CCR0 = 6450;
    TA0CCTL1 = OUTMOD_7;
    TA0CCR1 = 6432;
    TA0CCTL4 = OUTMOD_7;
    TA0CCR4 = 6432;
    TA0CTL = TASSEL_2 + MC_1;
    delay(100);
    while(1)
    {
        char j;
        for(j = 0;j<9;j++)
        {
            if(j == 0)
            {
                P1OUT = 0;
                TBCCR1 = 530;
                TBCCR4 = 530;
            }
            if(j == 1)
            {
                P1OUT = 0;
                TBCCR1 = 1130;
                TBCCR4 = 1130;
            }
            if(j == 2)
            {
                P1OUT = 0;
                TBCCR1 = 6432;
                TBCCR4 = 6432;
            }
            if(j == 3)
            {
                P1OUT = 0X30;
```

```
        TBCCR1 = 580;
        TBCCR4 = 580;
}
if(j == 4)
{
        P1OUT = 0X30;
        TBCCR1 = 1130;
        TBCCR4 = 1130;
}
if(j == 5)
{
        P1OUT = 0X30;
        TBCCR1 = 5332;
        TBCCR4 = 5332;
}
if(j == 6)
{
        P1OUT = 0X30;
        TBCCR1 = 1;
        TBCCR4 = 6440;
}
if(j == 7)
{
        P1OUT = 0;
        TBCCR1 = 6332;
        TBCCR4 = 1;
}
if(j == 8)
{
        P1OUT = BIT4;
        TBCCR1 = 1;
        TBCCR4 = 6430;
}
if((j == 2)||(j == 3))
{
        for(i = 0;i<2;i++)
            delay(60000);
}
else
{
        for(i = 0;i<10;i++)
        delay(60000);
```

            }
          }
        }
      }

上面程序定义了9种小车运动状态,有转弯的,有快速的,有慢速的,有倒退的,有原地转圈的,也有以一轮为圆心转圈的等,循环改变。所有的动作都是通过施加到电机控制引脚的 PWM 波形来实现的,当然两只电机要同时控制。如图 4.42 所示,说明了如何控制小车的运动状态(左边、右边箭头表示左右轮运动的情况,小车中间的箭头表示整个小车的运动状态)。

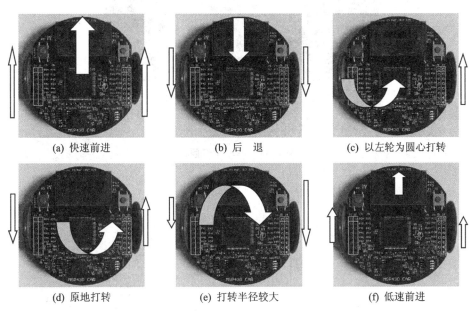

图 4.42 小车的不同运动状态

例如在图 4.42(e)中,当两轮以不同的速度前进时,将以慢速那边的某一点为圆心打转;图 4.42(d)所示为两轮同速反转,否则小车原地打转;图 4.42(c)所示为左轮不动,则以左轮为圆心打转;若两轮同速、方向一致,则如图 4.42(a)所示两轮同速向前进,或如图 4.42(b)所示两轮同速向后退。

4.4.3 车灯设计

为了增加趣味性,笔者添加了车灯,与真实汽车差不多:大灯、前转向灯、后转向灯、刹车灯、雾灯等。

在图 4.43 中,L1、L2 为两个高亮直插白光 LED 灯,用作小车大灯,如果读者添加光敏电阻,则可设计出自动大灯;L3、L4 为小车前方左右两只红色发光管,用作前转向灯;L5、L6 为左后,L7、L8 为右后,共 4 个 LED 灯,黄色与红色各两个,分别用作

第 4 章　MSP 综合应用实践

后刹车灯、转向灯、雾灯等。除了大灯为直插 LED 灯外，其余全为贴片 LED 灯。如此完备的车灯而电路却非常简单，为了节省 I/O，使用 SN74HC164 扩展 I/O，电路图如图 4.44 所示。

图 4.43　小车车灯照片

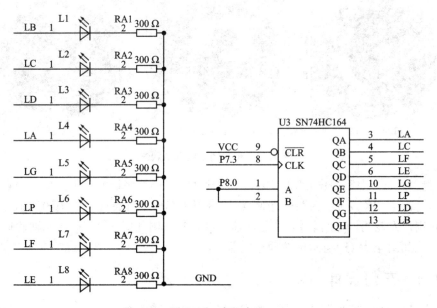

图 4.44　车灯电路

实验 4-14　车灯实验

对应程序（模拟 SPI）如下：

```
void disp_164(unsigned char dataa)
{
    unsigned char j = 0;
    P8DIR |= BIT0;
    P7DIR |= BIT3;
    for(j = 0;j<8;j++)
    {
        if(dataa&0x80)
            P8OUT |= BIT0;
        else
            P8OUT &= ~BIT0;
        dataa = dataa<<1;
        P7OUT &= ~BIT3;
        P7OUT |= BIT3;
    }
}
```

车灯的亮灭情况为此程序入口参数 dataa，对应位为"1"表示亮。通过以下演示程序来体会车灯的使用：

```
void main(void)
{
    unsigned int i;
    WDTCTL = WDTPW + WDTHOLD;
    i = 1;
    while(1)
    {
        i = i<<1;
        if(i == 0 )
        {
            i = 0xff;
            disp_164(i);
            delay(60000);
            i = 0x0;
            disp_164(i);
            delay(60000);
            i = 0xff;
            disp_164(i);
            delay(60000);
            i = 0x0;
            disp_164(i);
            delay(60000);
```

```
            i = 1;
        }
        disp_164(i);
        delay(60000);
    }
}
```

程序让 8 个 LED 灯全闪两次,再依次亮。

4.4.4 循迹算法设计

由图 4.31 可知,可有宽度不同的跑道,传感器与跑道的相互关系也不一样,现用最细的跑道来说明如何让小车在跑道上跑,见图 4.31(c)。为了模拟图 4.31 所示的各种不同的跑道,笔者设计了如图 4.45 所示的跑道,粗细都有了,传感器与黑白线的相对位置很全面。

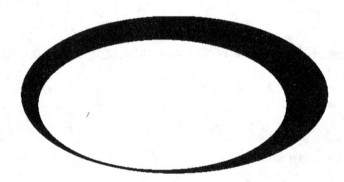

图 4.45 融合全部可能的跑道

将图 4.45 所示的跑道打印在 A4 纸上,最右边较宽部分可以将 4 个前端传感器全部覆盖,而最下面的跑道只容许一个传感器在跑道上,其余的都在白纸上。笔者给出了最简单的算法:在跑道上就直行,否则转弯。当然可以进行精细调整,比如可以通过判断偏离跑道多少来进行细微调整,偏离较小则转弯幅度较小,偏离较大则转弯幅度较大。比如,在图 4.45 中,上面与下面都是偏离较小的情况,稍微调整即可;而左右两端则明显需要较大的转弯幅度。这里笔者仅给出粗略调整方案的程序,精细调整方案的程序请读者自行完成。

实验 4-15 简易循迹实验

信号采集程序如下:

```
void adc_line(void)
{
    P7OUT |= BIT4;
```

```c
    P7DIR &= ~BIT4;                              //POWER down
    ADC12CTL0 &= ~ADC12ENC;
    P6SEL |= BIT3;
    ADC12CTL0 = ADC12SHT02 + ADC12ON;
    ADC12CTL1 = ADC12SHP;
    ADC12MCTL0 = ADC12SREF_0 + ADC12INCH_3;
    P8DIR |= 7;
    for(char i = 0;i<2;i++)
    {
        P8OUT = i;
        delay(1);
        ADC12CTL0 |= ADC12ENC;
        ADC12CTL0 |= ADC12SC;
        while (!(ADC12IFG & BIT0));
        adc_noir[i] = ADC12MEM0;
    }
    P7DIR |= BIT4;                               //POWER ON
    delay(30);
    for(char i = 0;i<2;i++)
    {
        P8OUT = i;
        delay(1);
        ADC12CTL0 |= ADC12ENC;
        ADC12CTL0 |= ADC12SC;
        while (!(ADC12IFG & BIT0));
        adc_j[i] = ADC12MEM0;
        adc_buff_line[i] = adc_j[i] - adc_noir[i];
        if(adc_buff_line[i] >2000)  adc_buff_line[i] = 2000;
        if(adc_buff_line[i] < 10 )  adc_buff_line[i] = 10;
    }
    P7DIR &= ~BIT4;
    if(adc_buff_line[1] < state_v )         //状态的判断
            state_now &= ~BIT0;
    else    state_now |= BIT0;

    if(adc_buff_line[0] < state_v )
            state_now &= ~BIT1;
    else    state_now |= BIT1;
}
```

程序依旧采集两次数据：环境光与反射光。但是此处程序与前面的不一样，这里只采集了两个通道：中间的两个反射传感器，其余的都没有采集。原因只有一个，那就是需要快速得到数据,为快速判断提供依据。

同时,本程序的输出为全局变量 state_now,该变量最低两位为中间两个传感器是否在跑道上提供判断依据。

判断是否改变运动方向的程序如下:

```c
uint   line_speed = 360;
uint   line_speed22 = 460;
void run_line(void)
{
    uchar now_data = state_now&0x3;
    switch(now_data)
    {
        case   BIT0:
        {
            TA0CCR2 = 0;
            TA0CCR3 = line_speed22;
            break;
        }
        case   BIT1:
        {
            TA0CCR2 = line_speed22;
            TA0CCR3 = 0;
            break;
        }
        case   BIT0 + BIT1:
        {
            TA0CCR2 = line_speed;
            TA0CCR3 = line_speed;
            break;
        }
        case   0:
        {
            TA0CCR2 = line_speed;
            TA0CCR3 = line_speed;
            break;
        }
        default: break;
    }
}
```

首先定义了两速度——line_speed 和 line_speed22,前者为不需要改变方向的速度,可以稍快点;后者为转弯时的速度,稍慢点。与开车一样,转弯时要踩刹车。

4.4.5 小车行车电脑设计

行车电脑对于多数汽车来说都是标配,读者也可为此小车设计行车电脑。行车电脑的功能是显示时间、日期、室外温度、平均油耗、瞬时油耗、平均速度、余油续航里程等。

温度可以用 MSP 的 ADC 自带的温度传感器测量;油耗用测量电池电压反推模拟(因为锂电池电量与其电压基本成比例),电池电压高表示余油多;余油续航里程一般根据平均油耗以及剩余电量来反推还可以续航多远;车速由霍尔传感器测量车轮转速得到。图 4.46 所示为霍尔传感器电路及实物图。

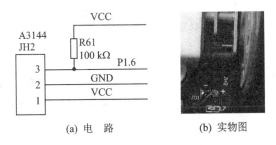

图 4.46 霍尔传感器电路及实物图

图 4.46(b)所示为霍尔传感器实物(JH2)图,有两个霍尔传感器分别测量左、右两轮速度,车轮凹陷部位安装了小磁钢,当小磁钢转过霍尔传感器(JH2)时,霍尔传感器输出脉冲到 MSP 端口 P1.6。小车所使用的霍尔传感器为 A3144,相关详细资料请读者自行查阅。该器件输出为集电极开路输出,需要上拉电阻,如图 4.46 所示。

具体的设计思路为,P1.6 端口中断测量车速,可以在车轮上安装 1~4 个小磁钢,当霍尔元件经过小磁钢时,会输出方波脉冲,测量两个脉冲的时间间隔以及小磁钢所对应的车轮幅长,就可以计算出小车所走路程,然后再推算出车速。

电池电压由两个电阻分压后送单片机 ADC 测量,如图 4.47 所示。

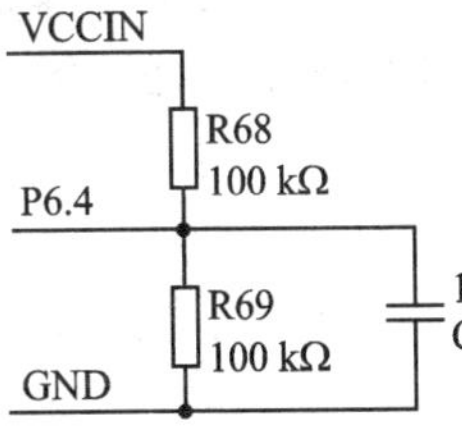

图 4.47 电池电压测量

行车电脑的设计请读者自行完成。

4.4.6 自动循迹小车的实现

2016 年 TI 杯大学生电子设计竞赛 C 题——自动循迹小车,具体题目如下:

1. 任 务

设计制作一个自动循迹小车。小车采用 TI 公司的一片 LDC1314 或 LDC1000 电感数字转换器作为循迹传感器,在规定的平面跑道自动按顺时针方向循迹前进。跑道的标识为一根直径 0.6~0.9 mm 的细铁丝,按照图 4.48 所示的尺寸,用透明胶带将其贴在跑道上,图中所有圆弧的半径均为(20±2) cm。

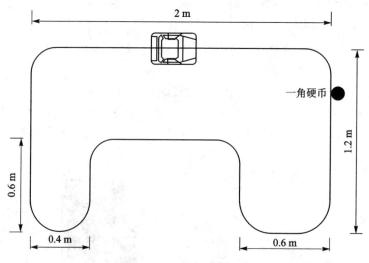

图 4.48 跑道示意图

2. 要 求

① 图 4.48 中的小车所在的直线区任意指定一起点(终点),小车依据跑道上设置的铁丝标识,自动绕跑道跑完一圈,时间不得超过 10 min。小车运行时必须保持轨迹铁丝位于小车垂直投影之下。如有越出,每次扣 2 分。(40 分)

② 实时显示小车行驶的距离和运行时间。(10 分)

③ 在任意直线段铁丝上放置 4 个直径约 19 mm 的镀镍钢芯硬币(第五套人民币的 1 角硬币),硬币边缘紧贴铁丝,如图 4.48 所示。小车路过硬币时能够发现并发出声音进行提示。(20 分)

④ 尽量减少小车绕跑道跑完一圈的运行时间。(25 分)

⑤ 其他。(5 分)

⑥ 设计报告,要求如表 4.6 所列。(20 分)

表 4.6 设计报告的要求——自动循迹小车

项 目	主要内容	满 分
方案论证	比较与选择,方案描述	3
理论分析与计算	系统相关参数设计	5
电路与程序设计	系统组成,原理框图与各部分的电路图,系统软件与流程图	5
测试方案与测试结果	测试结果完整性,测试结果分析	5
设计报告结构及规范性	摘要,正文结构规范,图表的完整与准确性	2
总 分		20

该自动循迹小车的实现由 3 部分构成：车体（前面所述的小车完全满足要求（尺寸小，灵活）），LDC1314 或 LDC1000 电感数字转换器（用于检测轨道和硬币），算法。小车与算法前面已有相关介绍，与黑白线的巡线思路完全一致，只是检测轨道的思路不一样，这里是导线，前面介绍的是黑白线。不过这里提供用于检测金属的器件——LDC1314 或 LDC1000 电感数字转换器。查阅器件 LDC1314 或 LDC1000 的相关资料，或分析 TI 提供的例程，将该芯片利用起来。将两个金属传感器（两个传感器线圈）分别位于轨道两侧并保持，用 LDC1314 或 LDC1000 读出检测的数据，其余操作类似前面为黑白线时的操作，这里不再赘述。

4.4.7 小车对抗游戏设计

当两辆小车处于对抗状态时，需要设计能发现对方位置与能攻击对方的电路。其实前面设计的小车已经具有了这些电路：就是前方的 3 对红外对管。

参与对抗的两辆小车必须每秒在 3 个方向（正前、左前、右前）上发出红外光 10 ms，用于被对方发现。当发现对方小车后，通过判断对方小车发出红外光的强弱来判断与对方小车的相对位置，然后跑到对方小车后方撞击它。

根据上述思路，读者可自行设计具有对抗性的游戏。

4.4.8 走迷宫小车设计

小车前方的 3 对红外对管电路与前面的小车雷达类似，用于避障，避免小车与迷宫挡板碰撞，先遍历路径再用最优路线出迷宫。

由于小车底部有多组红外传感器，也可以用于走画在纸上的迷宫，如图 4.49 所示。图 4.49 所示只是一个示意，并非真正的迷宫，读者可自行准备，除了一个出口（出口为断头路）外，其余的为一个闭合的线路。

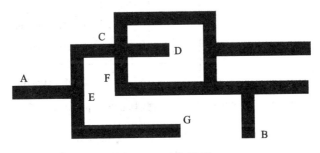

图 4.49 迷宫示例

实验 4-16 黑白线迷宫（自行设计）

图 4.49 所示的迷宫不需要铺设迷宫挡板，用普通 A4 纸打印出来即可。

图 4.49 中几个典型的情况如下：

- 在 E 处需要左转与右转；
- 在 C 处需要直行、左转与右转；
- 在 D 处为断头路，需要掉头；
- 在 F 处只需要左转；

……

所有情况都可以综合为"十字路口"来考虑。比如 C 处，小车由左往右到达 C 处，当未进入位置 C 处时，小车前端底部的 4 对传感器的中间两对位于黑线上，继续前行；当到达 C 处时，4 对传感器都在黑线上（因为小车前方的 4 对传感器为两对稍前、两对稍后，不在同一个水平线上）；稍微继续前行一点点，过 C，则有且只有两个中间的传感器继续位于黑线上。如此就判断了小车在线上的情况。

对应的处理办法：到达 C 处时首先考虑两种可选方案，左转与右转，同时可以稍稍过 C 判断路况，如果稍稍过 C 没有黑线则为丁字路口，如果还有黑线则为十字路口，如果 C 处有 3 对传感器位于黑线上则是"L"路口。丁字路口只能左右转与回退，十字路口左右转时则需要回退一点点，"L"路口只能转向一方（比如 E→G）。

4.4.9 遥控小车设计

除了前面描述的自循迹小车外，我们还可以设计遥控车，实现遥控功能可使用蓝牙透传通信模块、透传无线数传模块，或使用 WiFi 透传模块等。这些模块可以实现将遥控器数据无线传递给小车，而真正用于联络的是 MSP 本身的串口（片内外设 UART）部分。使用异步模式。异步串口将数据一帧一帧传出或接收。每帧数据都有具体的格式，可能的帧格式如图 4.50 所示。

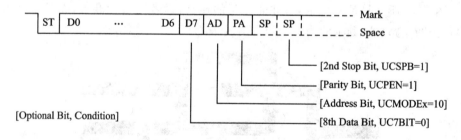

图 4.50 异步通信帧格式（摘自 slau208o.pdf 第 942 页）

在图 4.50 中，第一位是 ST，起始位；紧接着是数据位，数据位可能是 7 位或 8 位，一般是 8 位；然后是地址位；接着是校验位，它可以是奇校验，也可以是偶校验，也可以是无校验；最后是停止位，它告诉接收方这帧数据传送完毕，停止位可以是一位，也可以是两位。常用的帧格式为：1 位起始位、8 位数据位、无奇偶校验、1 位停止位。

在异步通信模式下，通信双方必须帧格式一致，同时还必须波特率（通信速度）一致，传送每一位所用时间相同。

1. USART 模块的结构

MSP 不同系列的串口也不一样,图 4.51 所示为 MSP430F4 系列 USART 的硬件框图,图 4.52 所示为 MSP430F5、MSP430F6 系列以及 MSP432 内部 USCI 模块的 UART 模式的硬件框图,可以发现 MSP432 的结构原理图与 MSP430F5 系列的完全一样,而 MSP430F4 系列的与其他不一样,这是发展的缘故。MSP430F4 系列较早生产,而其余的是改进后的结果。同时模块的名称也有变化,早前被叫作 UART 模块,后来被称为 USART,最近叫作 USCI 模块的 UART 模块,但都是异步通信的功能,为了方便,这部分统一称为 USART 模块。USART 模块包括的硬件有:波特率发生器、接收部分、发送部分、接口部分等。

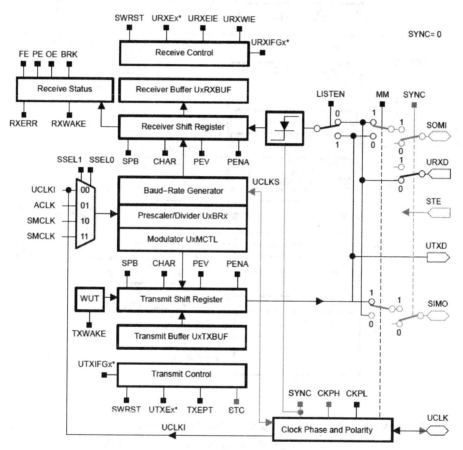

图 4.51　MSP430F4 系列 USART 的硬件框图(摘自 slau056Io.pdf 第 501 页)

(1) 波特率的产生

在进行异步通信时,需要产生发送每一位的时序,即波特率。波特率发生部分由时钟输入选择器与分频器、波特率发生器、调整器、波特率寄存器等组成。图 4.53(a)所示为较详细的结构示意图。

第 4 章 MSP 综合应用实践

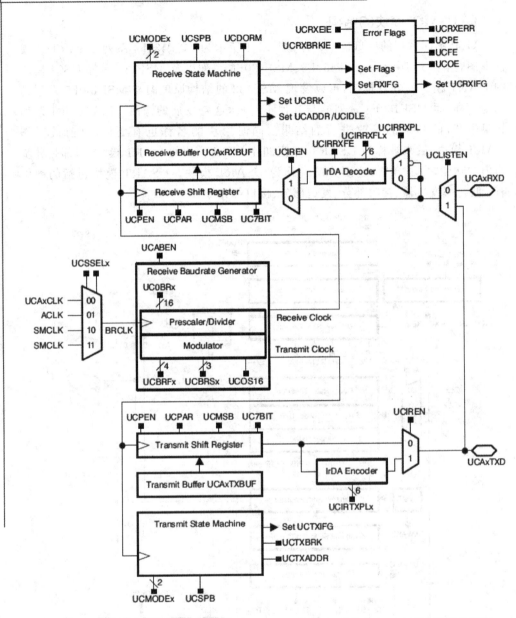

图 4.52 MSP430F5、MSP430F6 系列以及 MSP432 的 USCI 模块的 UART 模块的硬件框图
（摘自 slau208o.pdf 第 941 页、slau356o.pdf 第 711 页）

整个模块的时钟源来自内部 3 时钟（SMCLK、SMCLK、ACLK）或外部输入时钟（UCLKI），由 SSEL1、SSEL0 选择，并输出给 BRCLK。时钟信号 BRCLK 送入一个 16 位计数器，最终产生位时钟信号 BITCLK。BITCLK 究竟是怎样产生的呢？由图 4.53(b)可知，当计数器减计数到"0"时，输出触发器翻转，送出信号 BITCLK。

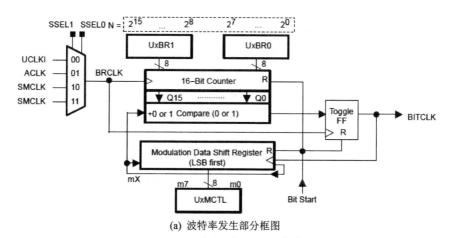

(a) 波特率发生部分框图

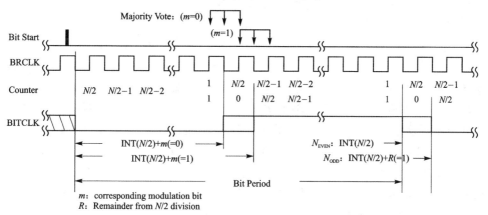

(b) 波特率发生的时序关系

图 4.53　波特率发生器(摘自 slau056I.pdf 第 509 页)

(2) 波特率的设置与计算

MSP 的波特率发生器使用一个分频计数器与一个调整器,分频因子 N 由送到分频计数器的时钟(BRCLK)频率与所需的波特率来决定,如下:

$$N = f_{BRCLK} / 波特率$$

如果使用常用的波特率与常用晶体产生的 BRCLK,则一般得不到整数 N,还有小数部分。利用分频计数器实现分频因子的整数部分,利用调整器实现小数部分,使波特率尽可能准确。分频因子定义如下:

$$N = UBR + (M7 + M6 + \cdots + M0)/8$$

其中:N 为目标分频因子;UBR 为 UxBR1 与 UxBR0 中的 16 位数据值;Mx(x 取 0~7)为调整器寄存器(UMCTLx)中的各数据位。

那么波特率可由下式计算:

$$波特率 = f_{BRCLK}/N = f_{BRCLK}/[UBR + (M7 + M6 + \cdots + M0)/8]$$

可以看出，MSP 波特率的产生方法与其他类型的 MCU 的产生方法有些不同，它不但有一个分频计数器，还有一个调整器。分频计数器的工作原理大家都很清楚（在大多数 MCU 中都使用预分频计数器与分频计数器的方法来产生合适的波特率），就是计数器减计数到"0"或加计数到"满"时使输出信号翻转。那么调整器又是怎样工作的呢？下面举一个实际的波特率例子(产生的波特率为 2 400)就明白了。

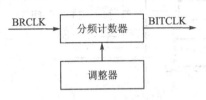

图 4.54 波特率发生器简化图

波特率发生器简化图如图 4.54 所示，由分频计数器与调整器组成。分频计数器完成分频功能，调整器的数据按每一位计算，将对应位的数据("0"或"1")加到每一次分频计数器的分频值上。

例如：$f_{BRCLK} = 32\ 768$ Hz，要产生 $f_{BITCLK} = 2\ 400$ Hz，那么分频计数器的分频系数为

$$32\ 768/2\ 400 = 13.67$$

因此，分频计数器的分频系数应该是 13.67。设置分频计数器的值为 13(取整数部分)，即 UBR0=13, UBR1=0。用调整器实现小数部分。那么调整器设置什么数才能满足 0.67 这个小数呢？调整器为一个 8 位寄存器，其中每一位分别对应 8 次分频情况，如果对应位为"0"，则分频器按设定的分频系数分频计数；如果对应位为"1"，则分频器按设定的分频系数加一进行分频计数，但是在 8 次分频计数过程中如果有 5 次加一分频计数，3 次不加一分频计数，则可以实现大致 13.67 的分频系数。调整器的数据应该是由 5 个"1"和 3 个"0"组成，最低位最先调整。如果设置调整器的数据为"6BH"(即 01101011，也可以设为其他值，但必须是 5 个"1"，而且要相对分散点)，即 UMOD=6BH，则实际上每 8 次分频后分频器按如下顺序进行：

$$13, 14, 14, 13, 14, 13, 14, 14$$

每 8 次完毕再重复。实际效果的分频系数应该是

$$(13+14+14+13+14+13+14+14)/8 = 13.625$$

可以看出与预定值有误差：$(13.625-13.67)/13.67 \approx -0.3\%$，但远在标准范围之内。每一位的误差或大或小，但同样都远在标准范围之内。每位误差如下：

$$\text{Start bit Error}\ [\%] = \left\{\frac{\text{baud rate}}{\text{BRCLK}} \times [(0+1) \times \text{UxBR} + 1] - 1\right\} \times 100\% = 2.54\%$$

$$\text{Data bit D0 Error}\ [\%] = \left\{\frac{\text{baud rate}}{\text{BRCLK}} \times [(1+1) \times \text{UxBR} + 2] - 2\right\} \times 100\% = 5.08\%$$

$$\text{Data bit D1 Error}\ [\%] = \left\{\frac{\text{baud rate}}{\text{BRCLK}} \times [(2+1) \times \text{UxBR} + 2] - 3\right\} \times 100\% = 0.29\%$$

$$\text{Data bit D2 Error}\ [\%] = \left\{\frac{\text{baud rate}}{\text{BRCLK}} \times [(3+1) \times \text{UxBR} + 3] - 4\right\} \times 100\% = 2.83\%$$

$$\text{Data bit D3 Error}\ [\%] = \left\{\frac{\text{baud rate}}{\text{BRCLK}} \times [(4+1) \times \text{UxBR} + 3] - 5\right\} \times 100\% = -1.95\%$$

$$\text{Data bit D4 Error}[\%] = \left\{\frac{\text{baud rate}}{\text{BRCLK}} \times [(5+1) \times \text{UxBR}+4] - 6\right\} \times 100\% = 0.59\%$$

$$\text{Data bit D5 Error}[\%] = \left\{\frac{\text{baud rate}}{\text{BRCLK}} \times [(6+1) \times \text{UxBR}+5] - 7\right\} \times 100\% = 3.13\%$$

$$\text{Data bit D6 Error}[\%] = \left\{\frac{\text{baud rate}}{\text{BRCLK}} \times [(7+1) \times \text{UxBR}+5] - 8\right\} \times 100\% = -1.66\%$$

$$\text{Data bit D7 Error}[\%] = \left\{\frac{\text{baud rate}}{\text{BRCLK}} \times [(8+1) \times \text{UxBR}+6] - 9\right\} \times 100\% = 0.88\%$$

$$\text{Parity bit Error}[\%] = \left\{\frac{\text{baud rate}}{\text{BRCLK}} \times [(9+1) \times \text{UxBR}+7] - 10\right\} \times 100\% = 3.42\%$$

$$\text{Stop bit 1 Error}[\%] = \left\{\frac{\text{baud rate}}{\text{BRCLK}} \times [(10+1) \times \text{UxBR}+7] - 11\right\} \times 100\% = -1.37\%$$

$$\text{Stop bit 2 Error}[\%] = \left\{\frac{\text{baud rate}}{\text{BRCLK}} \times [(11+1) \times \text{UxBR}+8] - 12\right\} \times 100\% = 1.17\%$$

由此类推,则可得出其他波特率在其他输入频率下的设置参数(UBR1、UBR0、UMOD)以及相应的误差,如图 4.55 所示。

Baud Rate	Divide by		ACLK (32,768 Hz)					MCLK (1,048,576 Hz)				
	ACLK	MCLK	UxBR1	UxBR0	UxMCTL	Max. TX Error %	Max. RX Error %	Synchr. RX Error %	UxBR1	UxBR0	UxMCTL	Max. TX Error %	Max. RX Error %
75	436.91	13 981	1	B4	FF	−0.1/0.3	−0.1/0.3	±2	36	9D	FF	0/0.1	±2
110	297.89	9 532.51	1	29	FF	0/0.5	0/0.5	±3	25	3C	FF	0/0.1	±3
150	218.45	6 990.5	0	DA	55	0/0.4	0/0.4	±2	1B	4E	FF	0/0.1	±2
300	109.23	3 495.25	0	6D	22	−0.3/0.7	−0.3/0.7	±2	0D	A7	00	−0.1/0	±2
600	54.61	1 747.63	0	36	D5	−1/1	−1/1	±2	06	D3	FF	0/0.3	±2
1 200	27.31	873.81	0	1B	03	−4/3	−4/3	±2	03	69	FF	0/0.3	±2
2 400	13.65	436.91	0	0D	6B	6/3	−6/3	±4	01	B4	FF	0/0.3	±2
4 800	6.83	218.45	0	06	6F	−9/11	−9/11	±7	0	DA	55	0/0.4	±2
9 600	3.41	109.23	0	03	4A	−21/12	−21/12	±15	0	6D	03	−0.4/1	±2
19 200		54.61							0	36	6B	−0.2/2	±2
38 400		27.31							0	1B	03	−4/3	±2
76 800		13.65							0	0D	6B	−6/3	±4
115 200		9.10							0	09	08	−5/7	±7

图 4.55 常用通信波特率设置以及相互的误差

(3) 数据流的接收与发送

数据流是如何实现发送与接收的呢?是用移位寄存器来实现的。在图 4.51 或图 4.52 中,最上面的部分为接收,最下面的部分为发送,都是移位寄存器。在接收时,移位寄存器将接收来的数据位流组合满一个字节再保存到接收缓存 URXBUF 中;在发送时,将发送缓存 UTXBUF 内的数据按照波特率一位一位地送到发送端口。发送与接收两个移位寄存器的移位时钟都是波特率发生器产生的时钟信号 BITCLK。

第 4 章 MSP 综合应用实践

MSP 的接收与发送分别用两个移位寄存器来完成,是全双工的,可以同时收与发。

2. USART 模块的寄存器

MSP 的 USART 模块也用到了很多寄存器进行通信控制、波特率设置、数据缓存等。不同型号的 MSP 器件有不同数量的通信硬件模块,如果有 4 个 USART,则有 4 套寄存器。MSP 的 USART 模块的各寄存器都在字节地址范围内,须用字节访问方式操作。MSP430F449 的 USART 寄存器如图 4.56 所示。

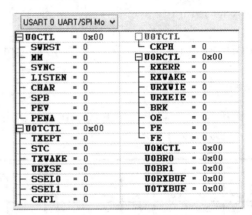

(a) USART寄存器　　　　(b) USART寄存器的控制位

图 4.56　MSP430F449 的 USART 寄存器及控制位

(1) USART 控制寄存器(UxCLT)

USART 模块的基本操作由该寄存器的控制位决定,如通信协议的选择、通信模式、校验位等。其中,bit5、bit6、bit7 三位在 SPI 模式下没有用到,在 UART 模式下就全都用到了。该寄存器各位的定义与含义如下:

7	6	5	4	3	2	1	0
PENA	PEV	SP	CHAR	Listen	SYNC	MM	SWRST

PENA:在异步通信时,校验允许位。如果禁止校验,则发送时不产生校验位,接收时也不期望收到这一位。因为校验位不是数据位之一,所以接收到的校验位不送入接收缓存器(URXBUF)。

　　0:校验禁止;

　　1:校验允许。

PEV:奇偶校验位。如果允许校验(PENA=1),则 PEV 位按发送或接收字符、地址位和校验位中"1"的数量定义奇校验或偶校验。

　　0:奇校验;

　　1:偶校验。

SP:停止位。在异步方式下,决定发送时的停止位数,常用 1 位停止位。
  0:1 位停止位;
  1:2 位停止位。

CHAR:字符长度。选择字符以 7 位或 8 位发送。7 位时不用发送或接收缓存的最高位,补"0"。
  0:7 位;
  1:8 位。

Listen:选择是否将发送数据由内部反馈给接收器。
  0:无反馈。
  1:有反馈。发送信号由内部反馈给接收器,自己发送的数据同时被自己接收,通常被称为自环模式。

SYNC:模块的模式与功能选择。
  0:UART 模式(异步);
  1:SPI 模式(同步)。

MM:多机模式选择位(异步模式时),主机模式或从机模式选择位(同步模式时)。MSP 的 USART 模块支持两种多机协议:线路空闲与地址位。多机模式的选择将影响自动地址解码功能的实现方式。在同步方式下,数据通信时又分主机模式或从机模式。
  0:线路空闲多机协议(异步模式),选择从机模式(在同步方式时)。
  1:地址位多机协议(异步模式),选择主机模式(在同步方式时)。

SWRST:控制位。该位的状态影响其他一些控制位、状态位的状态。在串行口的使用过程中,这一位是比较重要的控制位。一次正确的 USART 模块初始化的顺序为:先在 SWRST=1 的情况下设置串口,然后设置 SWRST=0,最后如果需要中断,则设置相应的中断使能。
  1:如果该位置位,则 USART 状态机和操作运行标志位都被初始化成复位状态(URXIFG=URXIE=UTXIE=0,UTXIFG=1)。同时,所有受影响的逻辑均保持在复位状态,直到 SWRST 位被复位。这就意味着,当系统复位之后,只有对 SWRST 位复位,USART 的功能才被重新允许。但接收与发送允许标志 URXE、UTXE 不受 SWRST 控制位的影响。该位会使 URXIE、UTXIE、URXIFG、RXWAKE、TXWAKE、RXERR、BRK、PE、OE 和 FE 复位,同时也会使 UTXIFG 和 TXEPT 置位。
  0:USART 模块被允许。

(2) 发送控制寄存器(UxTCTL)

UxTCTL 寄存器为与数据发送操作相关的控制寄存器。其中,bit1、bit7 两位在 UART 模式下没有用到,而在 SPI 模式下 bit2、bit3 未用。该寄存器各位的定义与含义如下：

7	6	5	4	3	2	1	0
CKPH	CKPL	SSEL1	SSEL0	URXSE	TXWAKE	STC	TXEPT

CKPH：时钟相位控制位(SPI 模式)。该位控制 SPICLK 信号的相位。
  0：使用正常的 UCLK 时钟；
  1：UCLK 时钟信号被延迟半个周期。
CKPL：时钟极性控制位。在 UART 模式下，该位控制 UCLKI 信号的极性；在 SPI 模式下，控制 SPICLK 信号的极性。
  0：在异步模式下，UCLKI 信号与 UCLK 信号极性相同；
  1：在异步模式下，UCLKI 信号与 UCLK 信号极性相反。
SSEL1、SSEL0：时钟源选择位。该两位用于确定波特率发生器的时钟源。
  00：选择外部时钟 UCLK；
  01：选择辅助时钟 ACLK；
  10：选择子系统主时钟 SMCLK；
  11：选择子系统主时钟 SMCLK。
注意：在同步方式下，只有选择了主机模式才需要由这两位定义用于波特率发生器的时钟源；而在从机模式下，时钟信号来源于主机，所以这时该两位无意义。
URXSE：接收触发沿控制位。该位在同步方式时没有使用。
  0：没有接收到数据。
  1：接收到数据，请求接收中断服务。注意：为了能正确地得到中断服务，必须设置好相应的使能位 URXIE、GIE。所选择的时钟源应一直有效，尽管 CPU 处于低功耗模式，也能进行接收操作。
TXWAKE：多处理器通信传送控制位(该位在同步方式时不用)。通过装入 UTXBUF 开始一次发送操作，使用该位的状态来初始化地址鉴别特性。硬件能自动清除，SWRST 也能清除它。
STC：STE 引脚选择位(异步模式不用)。在同步模式下，从机发送控制位 STC 选择 STE 引脚信号在主机和从机中使用。
  0：选择 SPI 的 4 线模式，STE 信号用于主机以避免总线冲突，或用于从机模式的控制发送或接收允许；
  1：选择 SPI 的 3 线模式，此时 STE 引脚信号在主机、从机模式中不起作用。
TXEPT：发送器空标志。其异步模式与同步模式下不一样，具体如下：
  0：在异步模式下，表示发送缓冲器(UTXBUF)有数据，在同步主机模式下也一样，在数据写入 UTXBUF 时为"0"；
  1：在异步模式下，表示发送移位寄存器和 UTXBUF 为空，在同步主机模式下同样表示发送移位寄存器和 UTXBUF 为空,但在同步从机模式下,当发送移位寄存器和 UTXBUF 为空时,TXEPT 并不发生置位操作。

(3) 接收控制寄存器(URCTL)

URCTL 为与接收操作相关的控制寄存器,保存由最新写入接收缓存 URXBUF 的字符所引起的出错状况和唤醒条件。一旦有 PE、FE、OE、BRK、RXERR、RXWAKE 等任何一位被置位,都不能通过接收下一个字符来复位,它们的复位要通过访问接收缓存,或串行口软件复位,或系统复位,或直接用指令修改。URCTL 寄存器各位的定义与含义如下(在同步 SPI 模式下,只用到了 2 位——FE、OE):

7	6	5	4	3	2	1	0
FE	PE	OE	BRK	URXEIE	URXWIE	RXWAKE	RXERR

FE:帧错标志。

  0:没有帧错。

  1:帧错。在异步模式下,当一个接收字符的停止位为"0"并被装入接收缓存时,很明显,接收缓存中的数据不是对方发送过来的数据,为一个错误帧,帧错标志被设置为"1",即使在多停止位模式下也只检测第一个停止位。同样,丢失停止位意味着从起始位开始的同步特性被丧失,也是一个错误帧。

在同步的 4 线模式下,因总线冲突使有效主机停止并在 STE 引脚信号出现下降沿时使得 FE 位设置为"1"。

PE:校验错标志位(同步模式不用)。

  0:校验正确。

  1:校验错。当接收字符中"1"的个数与它的校验位不相符并被装入接收缓存时,发生校验错,设置该位为"1"。

OE:溢出标志位。

  0:无溢出。

  1:有溢出。当一个字符写入接收缓存 URXBUF 但前一个字符还没有被读出时,前一个字符因被覆盖而丢失,发生溢出(同步与异步模式下情况相同)。

BRK:打断检测位。

  0:没有被打断。

  1:被打断。当发生一次打断同时 URXEIE 置位时,该位被设置为"1",表示接收过程被打断过。RXD 线路从丢失的第一个停止位开始,连续出现至少 10 位低电平即被识别为打断。

URXEIE:接收出错中断允许位。

0：不允许。接收到的出错字符不改变 URXIFG 标志位。

1：允许中断。根据 URXWIE 位的设置，所有字符都能使标志位 URXIFG 置位。表 4.7 所列为 URXEIE 在各种条件下对 URXIFG 的影响。

表 4.7 URXEIE 在各种条件下对 URXIFG 的影响

URXEIE	URXWIE	字符出错	地址字符	接收字符后的标志位 URXIFG
0	×	1	×	不变
0	×	0	×	置位
0	1	0	0	不变
0	1	0	1	置位
1	0	×	×	置位（接收所有字符）
1	1	×	0	不变
1	1	×	1	置位

URXWIE：接收唤醒中断允许位。

  0：接收到的每一个字符都将使标志位 URXIFG 置位；

  1：只有作为地址的字符才能使标志位 URXIFG 置位。

RXWAKE：接收唤醒检测位。

  0：没有被唤醒。

  1：唤醒。当接收的字符是一地址字符同时被送入接收缓存时，该位被设置为"1"。异步通信有两种多机模式，在地址位多机模式下，当接收字符地址位置位时，该机被唤醒，RXWAKE=1；在线路空闲多机模式下，当接收到字符前检测到 URXD 线路空闲（即 11 位传号）时，该机被唤醒，RXWAKE=1。

RXERR：接收错误标志位。

  0：没有接收错误。

  1：有接收错误。当 RXERR=1 时，表明有一个或多个出错标志（FE、PE、OE、BRK 等）被置位。该位不能自动复位，需用户指令清除。

(4) 波特率选择寄存器 0(UxBR0) 和波特率选择寄存器 1(UxBR1)

这两个寄存器用于选择波特率发生器的分频计数器分频因子的整数部分。其中，UxBR0 为低字节，UxBR1 为高字节。两字节合起来为一个 16 位字，称为 UBR。在异步通信时，UBR 的允许值不小于 3，即 3≤UBR<0FFFFH。如果 URB<3，则接收、发送会发生不可预测的情况。在同步通信时，最小的分频因子为 2。

(5) 波特率调整控制寄存器(UxMCTL)

如果波特率发生器的输入频率 f_{BRCLK} 为所需波特率的整数倍，则这个倍率就是分频因子，将它写入 UBR 寄存器即可。但如果波特率发生器的输入频率 f_{BRCLK} 不是所需波特率的整数倍，有一小数，怎么办呢？在前面波特率的计算部分有过讲述：整数部分写入 UBR 寄存器，小数部分由 UxMCTL 寄存器的内容反映。波特率由以下公式计算：

$$波特率 = f_{BRCLK}/[UBR+(M7+M6+\cdots+M0)/8]$$

其中：M0,M1,…,M6,M7 为 UxMCTL 寄存器中的各位。UxMCTL 寄存器中的 8 位分别对应 8 次分频，如果 Mx=1，则相应次的分频增加一个时钟周期；如果 Mx=0，则分频计数值不变。

在同步通信时不需要 UxMCTL 寄存器，使用时最好全部写"0"。

(6) 接收数据缓存(URXBUF)

若接收移位寄存器接收的数据满，则将接收的数据转移到接收数据缓存 URXBUF 中。读取 URXBUF 中的数据，将使接收出错位 RXERR、接收唤醒检测位 RXWAKE、中断标志位 URXIFG 复位。如果通信模式使用 7 位方式，则 URXBUF 的最高位总为"0"。

当接收与控制条件为真时，接收缓存装入当前接收到的字符。

(7) 发送数据缓存(UTXBUF)

当前要发送的数据保存在发送数据缓存中，发送移位寄存器中的数据源自 UTXBUF。如果发送移位寄存器为空或就要为空，则数据的发送立即开始。注意：只有当 UTXBUF 为空时，写入缓存的数据才算有效。

在同步方式时，主机模式下，数据写入 UTXBUF 将初始化发送功能。在选择 7 位方式时，发送缓存中的数据须左对齐，因为最高有效位最先发送。

3. 异步方式的中断

USART 模块有接收与发送两个独立的中断源，使用两个独立的中断向量，一个用于接收中断事件，另一个用于发送中断事件。USART 模块的中断控制位位于 SFR 中，有如下一些位：

- URXIFG：接收中断标志；
- URXIE：接收中断使能；
- URXE：接收允许；
- UTXIFG：发送中断标志；
- UTXIE：发送中断允许；
- UTXE：发送允许。

MSP 的异步收发器是完全独立操作的，但使用同一个波特率发生器，接收器与发送器使用相同的波特率。

接收允许位 URXE 的置位或复位，将设置允许或禁止接收器从 URXD 数据线路接收数据。当禁止接收时，如果已经开始一次接收操作，则会在完成后停止下一次接收操作；如果无接收操作，则在进行中立即停止接收操作，连起始位的检测也将被禁止。

发送允许位 UTXE 的置位或复位,将设置允许或禁止发送器将串行数据发送到串行线路。当 UTXE=0 时,已被激活的发送并不停止操作,而是在完成发送全部已经写入发送缓存内的数据后被禁止。在 UTXE=0 之前写入发送缓存的数据有效,也就是说,当 UTXE 复位时,发送缓存可照样写入数据,但数据不发送到串行线路。而一旦 UTXE 被置位,缓存内的数据将立即发送到串行线路。

每当接收到字符且装入接收缓存时,接收中断标志 URXIFG 被置位,此时可将数据由接收缓存取出。

实验 4-17 单片机串口自发自收

进行串口通信时,程序上使用上述串口模块的相关寄存器实现,硬件上由有串口功能的端口实现。例如,MSP430G2553 用的是 P1.1、P1.2,具体如图 4.57 所示。

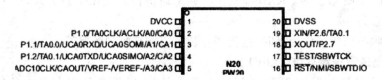

图 4.57 MSP430G2553 的串口引脚

本实验实现单片机串口自发自收的功能,所以必须将 P1.1(接收数据)、P1.2(发送数据)连接起来:

      P1.2 UCA0TXD 串口发送引脚——→

      ——→P1.1 UCA0RXD 串口接收引脚

将 TI 网站 slac485g.zip 中的串口例程 msp430g2xx3_uscia0_uart_01_9600.c 加入空项目,该程序代码如下:

```
#include <msp430.h>

int main(void)
{
    WDTCTL = WDTPW + WDTHOLD;              //停止 WDT
    if (CALBC1_1MHZ == 0xFF)
    {
        while(1);
    }
    DCOCTL = 0;
    BCSCTL1 = CALBC1_1MHZ;                 //设置 DCO
    DCOCTL = CALDCO_1MHZ;
    P1SEL = BIT1 + BIT2;                   //P1.1 = RXD,P1.2 = TXD
    P1SEL2 = BIT1 + BIT2;                  //P1.1 = RXD,P1.2 = TXD
```

```
    UCA0CTL1 |= UCSSEL_2;                  //SMCLK
    UCA0BR0 = 104;                         //1 MHz,9 600
    UCA0BR1 = 0;                           //1 MHz,9 600
    UCA0MCTL = UCBRS0;                     //Modulation UCBRSx = 1
    UCA0CTL1 &= ~UCSWRST;                  //** Initialize USCI state machine **
    IE2 |= UCA0RXIE;                       //Enable USCI_A0 RX interrupt
    __bis_SR_register(LPM0_bits + GIE);    //进入 LPM0,开中断
}

// Echo back RXed character,confirm TX buffer is ready first
#if defined(__TI_COMPILER_VERSION__) || defined(__IAR_SYSTEMS_ICC__)
#pragma vector = USCIAB0RX_VECTOR
__interrupt void USCI0RX_ISR(void)
#elif defined(__GNUC__)
void __attribute__ ((interrupt(USCIAB0RX_VECTOR))) USCI0RX_ISR (void)
#else
#error Compiler not supported!
#endif
{
    while (!(IFG2&UCA0TXIFG));             //USCI_A0 TX buffer ready
    UCA0TXBUF = UCA0RXBUF;                 //TX -> RXed character
}
```

主程序做了 3 件事：

第一件事,初始化时钟,设置为 1 MHz 的系统主频。

第二件事,初始化串口：

下面的两条语句表明 P1.1、P1.2 被用于串口的发收功能：

```
P1SEL = BIT1 + BIT2;
P1SEL2 = BIT1 + BIT2;                      //P1.1 = RXD,P1.2 = TXD
```

下面的语句选择串口模块内波特率发生器的原始时钟是 SMCLK(=MCLK)：

```
UCA0CTL1 |= UCSSEL_2;                      //SMCLK
```

下面的语句定义波特率：

```
UCA0BR0 = 104;                             //1 MHz,9 600
UCA0BR1 = 0;                               //1 MHz,9 600
```

使用 SMCLK 为波特率发生器的时钟,选择常用的波特率 9 600,那么对应的分频系数为

$$1\,000\,000/9\,600 = 104.166\,7$$

整数 104 相对于小数 0.1667 来说是较大的数字,误差很小,可以不予考虑,完全满足通信要求。

下面的语句允许串口接收中断:

```
IE2 |= UCA0RXIE;
```

第三件事,使能总中断后进入 LPM0 低功耗模式,具体如下:

```
__bis_SR_register(LPM0_bits + GIE);
```

中断程序很简单,共有两条语句:

```
while(!(IFG2&UCA0TXIFG));
UCA0TXBUF = UCA0RXBUF;
```

该两条语句的意思是:可以发送的时候就将接收到的数据再发送出去。

本实验中将这两条语句屏蔽掉,也就是进入接收中断程序后,无操作,直接返回,继续低功耗 LPM0 模式。因为直接将串口的发与收引脚连接了,所以不需要单片机主动发送数据到串口,而是硬件连接直接将收到的数据发送到接收端口。如果使用的是 G2 Launchpad,则要将调试接口处的 RXD、TXD 两个短接块去掉(不与 PC 的 USB 转串口连接),如图 4.58 所示。

图 4.58　串口自收发硬件图

图 4.58 中的调试接口下方的 RXD、TXD 两个短接块被取下来了,下面一排引脚中的 P1.1、P1.2 被短接块连接在一起。

将程序写入单片机,然后连续运行几秒再停下来,其目的是将主程序的初始化工作做完。程序运行情况如图 4.59 所示。

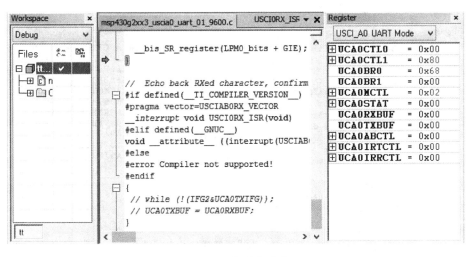

图 4.59 初始化完毕

注意串口相关寄存器,重点关注 UCA0TXBUF 与 UCA0RXBUF,此时两个寄存器都是"0"。改变 UCA0TXBUF 的值为 0x99,然后按 Enter 键,将 0x99 写入发送寄存器。从理论上来讲,数据应该发送出去了,而且接收端连着发送端,接收缓存应该有数据了,也就是说,UCA0RXBUF = 0x99。然而实际上不是这样的,如图 4.60 所示,接收缓存中依旧是"0"。

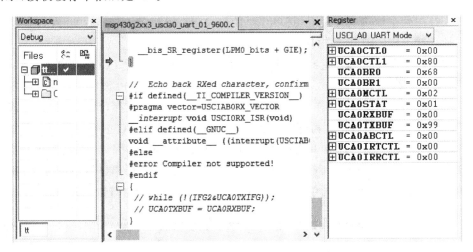

图 4.60 直接写入发送寄存器后的状态

再次运行程序,然后停下来,如图 4.61 所示。

再次运行后的情况:UCA0RXBUF = 0x99,接收到了数据。原因是:在调试状态下将数据写入发送寄存器,数据仅仅在发送寄存器中而已,并没有发送出去,因为没有时钟。当再次连续运行时,尽管没有依据语句被执行(程序中本来就没有需要执

第 4 章 MSP 综合应用实践

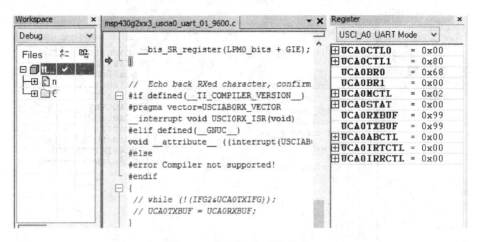

图 4.61 再次运行后的状态

行的语句),但是机器处于 LPM0 状态,SMCLK 是活跃的,所以串口活动了,波特率产生了,数据发送出去了,同时到达了接收缓存。

实验 4-18 与 PC 通信

通过对实验 4-17 的学习,读者应对串口通信有了认识。现在让单片机与 PC 进行通信,程序不变,只是将串口中断程序恢复,此时硬件也会跟着改变:调试接口下方去掉的两个短接块连接上(将单片机的串口与计算机的 USB 转串口相连接),同时去掉连接 P1.1、P1.2 的短接块。

在串口中断函数处设置断点,再连续运行程序,同时打开 PC 的串口工具软件,设置好 PC 串口参数:8 位数据、1 个停止位、无奇偶校验、9 600 波特率。当 PC 发送出一个数据时,单片机会停在断点处,观察单片机串口接收缓存,此时的数据应该就是 PC 刚刚发送来的数据。再连续运行单片机程序,会发现 PC 也收到了一个数据。

改变 PC 串口波特率,使其变小,比如 4 800,再在 PC 发送一个数据,此时单片机会收到一个数据,但已经不是 PC 刚刚发送的那个数据了;将 PC 串口波特率变大,比如 19 200,则 PC 发送两个数据,单片机才收到一个数据。请读者自行体会其中缘由。

实验 4-19 无线遥控小车的实现(自行设计)

需要设计遥控器与小车双方单片机的串口通信程序。其余同前。

4.5 恒温设计

在工业与生活中会碰到大量的温度控制应用,比如家用面包机、酸奶机、化工生产、酿酒发酵等,都是温度控制的经典应用。很多洗衣机也有温度控制,用于设定洗衣水的温度。大量的温度控制是要将温度稳定在某个温度点上，所以本节将介绍有关恒温设计的内容。虽然是恒温箱的实验硬件，但没有一个封闭的箱体，只有加热与测温的硬件，有兴趣的读者可以使用封闭箱子做此实验。

4.5.1 硬件设计

在摇摇棒与小车上都有恒温箱硬件，可做此实验。图 4.62 和图 4.63 所示为相关硬件设备的情况。

(a) 加热电阻

(b) 加热电路实物图

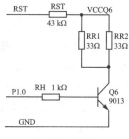
(c) 加热电路图

图 4.62 摇摇棒上的恒温箱实验条件

(a) 测温芯片

(b) 加热电阻

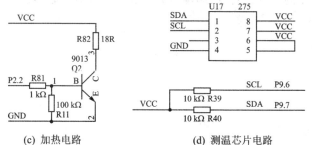
(c) 加热电路　　　(d) 测温芯片电路

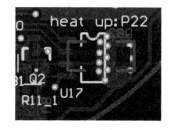
(e) PCB 图

图 4.63 小车上的恒温箱实验条件

摇摇棒上的电路只需两个 1 W 直插 33 Ω 电阻，由图 4.62(a) 可以看出，这两个圆柱形的直插电阻紧贴单片机(如果能涂抹点导热硅脂最好)。电阻由三极管控制,当 P1.0 是高电平时,电阻发热,直接加热单片机,单片机内部 ADC 的温度传感器感受温度,通过适当的算法控制加热到指定温度。单片机内部的 ADC 一般为 10 位或 12 位,且温度区间较大,而本实验控制的温度区间较小,比室温高一点即可,从而导致温度分辨度不高。

小车上的温度加热与摇摇棒上一样,也是用三极管控制的,但温度传感器不一样,不使用片内 ADC 自带的温度传感器,因为自带温度传感器是模拟量,没有标定,不方便。小车上的温度传感器(TMP275,图 4.63(e)中的芯片 U17)使用的是数字式的,可以直接读取温度值,方便且准确。芯片使用 I^2C 总线,方便,电路简单。图 4.63(d)所示为其电路图,只需要 I^2C 线路上的两个电阻。加热方法在图 4.63(a)标注的很清楚,通过 P2.2 控制加热。另外,小车上的加热是直接方式,与摇摇棒一样,加热器对着传感器加热。图 4.63(a)所示为正面,图 4.63(b)所示为反面,加热电阻 R82 正好在芯片 U17 的底部,同时放置了较多过孔,将两面热连接、传递,使加热器电阻所发出的热量尽量少损失,直接传递给传感器芯片 U17,如图 4.63(e)所示。

实验 4-20 基于摇摇棒的电阻加热、测温与显示

摇摇棒电路通过 P1.0 控制加热,手摸电路板,感觉热度。本实验通过按钮(板子本身的按钮 P1.3)控制加热,利用片内传感器测温,通过摇摇棒的 8 个 LED 灯显示温度(每增加 1 ℃就增亮 1 个 LED 灯)。如果 8 个 LED 灯都亮了温度还继续升高,则 8 个 LED 灯全闪。

首先测试加热控制部分,通过更改 P1.0 输出高电平,手摸电路板,过一会儿感到热了再使 P1.0 输出低电平,过一会儿感到温度降低了,则说明加热器部分没有问题。

其次,是显示部分。摇摇棒提供的显示较为有限,尽管提供了 16 个 LED 灯,但为了简单化,先使用下面的 8 个 LED 灯,16 个 LED 灯的程序请读者自己完成。此程序的目的在于显示与温度成比例的灯柱高度,温度越高,亮的 LED 灯就越多。

完整程序如下:

```
void dis_t(char xx)
{
    char temp = 0xff;
    xx = xx/6;
    P1OUT &= ~BIT4;                //上面不显示
    P1OUT |= BIT5;                 //下面显示
    P2OUT = ~(temp << (8 - xx));
}
void main(void)
{
```

```
WDTCTL = WDTPW + WDTHOLD;
ADC10CTL1 = INCH_10;
ADC10CTL0 = SREF_1 + ADC10SHT_2 + REFON + ADC10ON;
P1DIR | = 0x01;
P1DIR | = 0XFF;
P1OUT | = BIT6;
P2DIR = 0XFF;
P2SEL = 0;
P1DIR & = ~BIT3;
for(;;)
{
    int temp = 0;
    for(char i = 0;i<16;i++)
    {
        ADC10CTL0 | = ENC + ADC10SC;
        while (ADC10CTL1 & ADC10BUSY);
        temp = temp + ADC10MEM;
    }
    temp = temp/16;
    if ((P1IN & BIT3) != BIT3)       //加热判断
        P1OUT | = 0x01;              //设置 P1.0,加热
    else
        P1OUT & = ~0x01;             //P1.0,不加热,自然冷却
    temp = temp - 730;
    dis_t(temp);                     //用灯柱显示温度
}
}
```

此处参数 730(程序倒数第二句)需根据具体测试调整,比如夏天本身温度就高,那么显示的起点也高,估计为 780 左右,而冬天可能是 700。如果按住按钮则不加热,冷却应该较慢(自然冷却)。如果使用 16 个 LED 灯,则可显示较宽的温度范围。

4.5.2 I^2C 与 TMP275 温度测量

上面实验温度的显示限于条件,较为粗略,而在小车上,条件比较丰富:温度传感器使用数字温度传感器,能够分辨到 0.1 ℃,小车上有 128×64 点阵的图形显示器(见图 4.64),不仅能显示温度值,而且可以显示温度变化曲线。

图 4.64 中设定恒温在 50 ℃,显示器上部显示温度数值,其余用于显示温度变化曲线。手摸 U17 的位置,会感觉热(50 ℃左右)。当然,摸电路板背面的 R82 会感觉更热。温度传感器 TM275 的相关资料如图 4.65 所示。图 4.65(a)所示为 TMP275 内部框图;图 4.65(b)所示为传感器精度,可知精度很高,分辨率也很高,采用 12 位

第4章　MSP 综合应用实践

图 4.64　温度测控照片

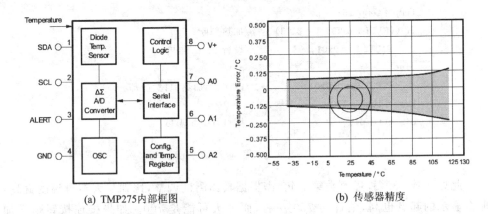

(a) TMP275内部框图　　　　(b) 传感器精度

图 4.65　TMP275 资料

ADC,可分辨 0.0625 ℃。对于内部温度传感器、ADC 转换器、寄存器、通信界面等,与使用者直接相关的是寄存器与通信界面。TMP275 也是通过寄存器的操作来使用的。TMP275 片内寄存器有 4 个(见图 4.66):温度寄存器、配置寄存器、高温报警寄存器、低温报警寄存器,通过寄存器指针来选择。

温度寄存器是一个 12 位的、存储最近的转换结果的只读存储器,第一字节为温度值的高 8 位,第二字节的高 4 位为整个温度值的低 4 位。

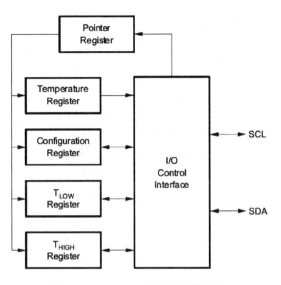

图 4.66 TMP275 片内寄存器结构

第一字节：

7	6	5	4	3	2	1	0
T11	T10	T9	T8	T7	T6	T5	T4

第二字节：

7	6	5	4	3	2	1	0
T3	T2	T1	T0	0	0	0	0

例如，读出两字节 0x7F、0xF0，则温度数据为 0x7FF，温度值究竟是多少呢？表 4.8 汇总了 TMP275 的温度格式。

表 4.8　TMP275 的温度格式

温度/℃	数字输出（二进制）	数字输出（十六进制）
128	0111 1111 1111	7FF
127.9375	0111 1111 1111	7FF
100	0110 0100 0000	640
80	0101 0000 0000	500
75	0100 1011 0000	4B0
50	0011 0010 0000	320
25	0001 1001 0000	190
0.25	0000 0000 0100	004

续表 4.8

温度/℃	数字输出(二进制)	数字输出(十六进制)
0	0000 0000 0000	000
−0.25	1111 1111 1100	FFC
−25	1110 0111 0000	E70
−55	1100 1001 0000	C90

对于补码格式,在 12 位分辨率下,每位表示 0.062 5 ℃。比如 0x500 表示:

$$0x500 = 1280(十进制);$$
$$1280 \times 0.062\,5\ ℃ = 80\ ℃。$$

配置寄存器的含义如下:

7	6	5	4	3	2	1	0
OS	R1	R0	F1	F0	POL	TM	SD

SD:关断模式。
  1:关断;
  0:转换状态。
TM:TM 模式。
  1:中断模式;
  0:比较模式。
POL:输出极性。
  1:报警引脚高有效;
  0:报警引脚低有效。
F0、F1:故障指示。
R1、R0:分辨率设定。
  00:9 位,耗时 27.5 ms;
  01:10 位,耗时 55 ms;
  10:11 位,耗时 110 ms;
  11:12 位,耗时 220 ms。
OS:转换模式。
  1:当为关断模式时,启动一次测温。

TMP275 使用 I^2C 总线,遵循 I^2C 规约,器件地址由地址端决定,如表 4.9 所列。

表 4.9 TMP275 地址引脚与对应的地址

A2	A1	A0	从器件地址
0	0	0	1001000
0	0	1	1001001
0	1	0	1001010
0	1	1	1001011
1	0	0	1001100
1	0	1	1001101
1	1	0	1001110
1	1	1	1001111

1. I^{2}C 总线概述

发起一个数据传输的器件称为主器件,而受主器件控制的器件称为从器件。总线必须由一个生成串行时钟(SCL)、控制总线访问以及生成开始和停止条件的主器件控制。这里单片机是主器件,TMP275 是从器件。

为了寻址一个特定的器件,在 SCL 为高电平期间,主器件将数据信号线路(SDA)的逻辑电平从高拉为低来作为总线的启动,然后主机再发送要寻址的器件地址,器件地址最后一位表示希望进行的读取或者写入操作。如果与该从器件地址相同,则从器件在第九个时钟脉冲期间将 SDA 下拉为低电平,表示对主器件的响应。

接着数据传输被发起并发出超过 8 个的时钟脉冲,随后是一个确认位。在数据传输期间,SDA 必须保持稳定,同时 SCL 为高电平。这是因为当 SCL 为高电平时,SDA 中的任何变化都会被认为是一个控制信号。

一旦所有数据都已被传送,则主器件生成一个停止条件,在 SCL 为高电平的同时将 SDA 从低电平拉为高电平来表示总线停止。

2. TMP275 的读取/写入

通过为寄存器指针写入适当的值,可实现 TMP275 特定寄存器的访问。从器件地址被送出后,紧接着就是指针寄存器的值对 TMP275 的每次写入操作都需要指明寻址哪个寄存器,如图 4.67 所示。

时序图分为以下几部分:

① 总线启动 START,图 4.67 的最开始部分;

② 地址选择,同时表明是读还是写;

③ 从器件回应;

④ 数据传送;

⑤ 总线停止 STOP。

第 4 章 MSP 综合应用实践

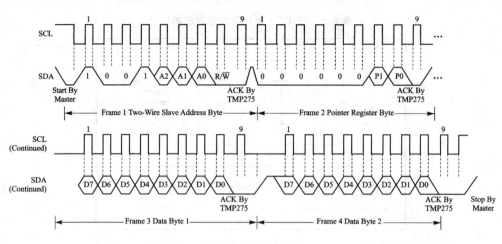

图 4.67 写入 TMP275 的时序图(摘自 TMP275.pdf 第 13 页)

当对 TMP275 进行读取操作时,总线首先送出从器件地址,然后是第一个要读取的寄存器指针。读操作的时序图如图 4.68 所示。

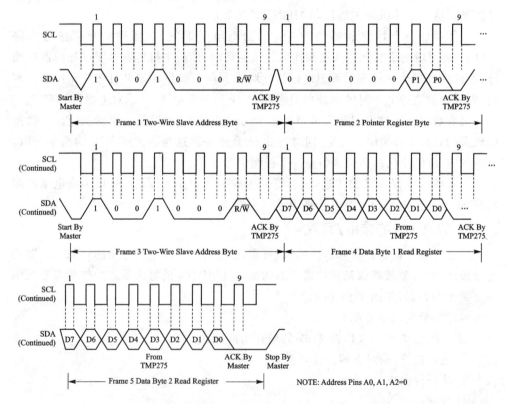

图 4.68 读操作的时序图(摘自 TMP275.pdf 第 14 页)

如果需要对同一寄存器进行重复的读取操作,则无需一直发送指针寄存器字节,这是因为 TMP275 将保存寄存器指针的值,直到这个值被下一个写入操作更改为止。TMP275 工作在从模式。

(1) 从器件接收模式

主器件发出的第一个字节为从器件地址,其中 R/W 位为低电平,然后 TMP275 确认接收到一个有效地址。主器件发出的下一个字节为指针寄存器,然后 TMP275 确认收到指针寄存器字节。下一个或者多个字节被写入由指针寄存器寻址的寄存器,然后 TMP275 对每一个接收到的数据字节进行确认。任何时候主器件都可以终止数据传输。

(2) 从器件发送模式

主器件发出的第一个字节为从器件地址,其中 R/W 位为高电平,然后从器件确认接收到一个有效从器件地址。下一个字节由从器件发出,并且此字节为指针寄存器标出的寄存器的最高有效字节,然后主器件确认接收到该数据字节。从器件发出的下一个字节是最低有效字节,然后主器件确认接收到该数据字节。通过在接收到每一个数据字节时生成一个不确认,或者生成一个 START 或者 STOP 条件,主器件终止数据传输。

实验 4-21　TMP275 测温实验

相关程序(使用 P9.6 引脚为 SCL,P9.7 引脚为 SDA)如下:
引脚定义:

```
#define SCL      BIT6;
#define SDA      BIT7;
```

总线启动:

```
void Start(void)
{
    P9OUT &= ~SCL;
    P9OUT &= ~SDA;
    P9DIR &= ~SDA;
    P9DIR &= ~SCL;
    P9DIR |= SDA;
    P9DIR |= SCL;
}
```

总线停止:

```
void Stop(void)
{
    P9DIR |= SDA;
    P9DIR &= ~SCL;
```

```
    P9DIR &= ~SDA;
}
```

主器件传送一字节给从器件：

```
void Send_Byte(uchar Byte)
{
    uint i;
    for(i = 0;i<8;i++)
    {
        if(Byte & 0x80)
            {P9DIR &= ~SDA;}
        else
            {P9DIR |= SDA;}
        P9DIR &= ~SCL;
        Byte = Byte << 1;
        P9DIR |= SCL;
    }
}
```

从器件是否应答：

```
void Ack_(void)
{
    P9DIR &= ~SDA;
    P9DIR &= ~SCL;
    Ack_Flag = 0;
    if((P9IN & BIT7))
        Ack_Flag = 1;
    P9DIR |= SCL;
}
```

如果没有应答，则全局变量 Ack_Flag 被置"1"，有应答则为"0"。

主器件给应答：

```
void Ack_0(void)
{
    P9DIR |= SCL;
    P9DIR |= SDA;
    P9DIR &= ~SCL;
    P9DIR &= ~SCL;
    P9DIR |= SCL;
}
```

MCU 接收 TMP275 发出的一字节数据：

```c
void Receive_Byte(void)
{
    uint j;
    R_word = 0x00;
    P9DIR &= ~SDA;
    for(j=0;j<8;j++)
    {
        R_word = R_word << 1;
        P9DIR &= ~SCL;
        if((P9IN & BIT7) == BIT7)
            R_word ++;
        P9DIR |= SCL;
    }
}
```

得到的数值被放在全局变量 R_word 中。

以上为全部的最基础的子程序,实现了图 4.67 和图 4.68 所示时序的全部子程序。使用 TMP275 时,只需要两个操作:初始化操作、温度值读取操作。按照图 4.63(d)所示电路,TMP275 在总线上的地址应该是 0x9E,读时地址为 0x9E+1=0x9F。下面的程序为写入 TMP275 内部某地址(W_addr)一个数据(dat):

```c
void  I2C_275_write(uchar W_addr,uchar dat)
{
    Start();
    Send_Byte(0x9E);
    Ack();
    Send_Byte(W_addr);
    Ack();
    Send_Byte(dat);
    Ack();
    Stop();
}
```

程序中调用:

```c
I2C_275_write(0x01,0xE0);
```

该语句用于配置 TMP275,写入配置寄存器的数据为"0xE0"。其含义为:12 位结果、单次转换。设置好之后,需要等一段时间(转换时间)才能读取转换结果。读取转换结果时按照图 4.68 所示的时序编写程序即可。

```c
void I2C_275_Read(uint R_addr,uchar n)
{
```

```
uchar i = 0;
Start();
Send_Byte(0x9E);
Ack();
Send_Byte(R_addr);
Ack();
Start();
Send_Byte(0x9F);
Ack();
for(i = 0;i<n-1;i++)
{
    Receive_Byte();
    Ack_0();
    read_buffer_iic[i] = R_word;
}
Receive_Byte();
Ack_0();
read_buffer_iic[i] = R_word;
Stop();
}
```

程序为由地址 R_addr 开始读取 n 个数据,数据放在数组 read_buffer_iic[]中,程序中的调用方式以及温度解算方式如下:

```
I2C_75_Read(0,2);
t = read_buffer_iic[1];
t = t >> 4;
float temp = t;
temp = temp * 0.0625;
temp = temp + read_buffer_iic[0];
```

其中,temp 为温度值。

4.5.3 温度值以及曲线显示

实验 4-22 温度值以及曲线显示实验

要实现图 4.64 所示的目标,需要完成两件事:数字显示和任一点显示。数字显示与前面摇摇棒的思路一样,先找到要显示数字的字模,然后顺序将这些点阵显示出来。数字为 8×16 点阵结构,字模放在数组 asc8x16[]内,如下:

```
uchar constasc8x16[] =
{/* --  文字:  0  --*/
```

0x00,0xE0,0x10,0x08,0x08,0x10,0xE0,0x00,0x00,0x0F,0x10,0x20,0x20,0x10,
0x0F,0x00,
/*-- 文字: 1 --*/
0x00,0x10,0x10,0xF8,0x00,0x00,0x00,0x00,0x00,0x20,0x20,0x3F,0x20,0x20,
0x00,0x00,
/*-- 文字: 2 --*/
0x00,0x70,0x08,0x08,0x08,0x88,0x70,0x00,0x00,0x30,0x28,0x24,0x22,0x21,
0x30,0x00,
/*-- 文字: 3 --*/
0x00,0x30,0x08,0x88,0x88,0x48,0x30,0x00,0x00,0x18,0x20,0x20,0x20,0x11,
0x0E,0x00,
/*-- 文字: 4 --*/
0x00,0x00,0xC0,0x20,0x10,0xF8,0x00,0x00,0x00,0x07,0x04,0x24,0x24,0x3F,
0x24,0x00,
/*-- 文字: 5 --*/
0x00,0xF8,0x08,0x88,0x88,0x08,0x08,0x00,0x00,0x19,0x21,0x20,0x20,0x11,
0x0E,0x00,
/*-- 文字: 6 --*/
0x00,0xE0,0x10,0x88,0x88,0x18,0x00,0x00,0x00,0x0F,0x11,0x20,0x20,0x11,
0x0E,0x00,
/*-- 文字: 7 --*/
0x00,0x38,0x08,0x08,0xC8,0x38,0x08,0x00,0x00,0x00,0x00,0x3F,0x00,0x00,
0x00,0x00,
/*-- 文字: 8 --*/
0x00,0x70,0x88,0x08,0x08,0x88,0x70,0x00,0x00,0x1C,0x22,0x21,0x21,0x22,
0x1C,0x00,
/*-- 文字: 9 --*/
0x00,0xE0,0x10,0x08,0x08,0x10,0xE0,0x00,0x00,0x00,0x31,0x22,0x22,0x11,
0x0F,0x00,
/*-- 文字: . --*/
0x00,0x00,0x00,0x00,0x00,0x00,0x00,0x00,0x00,0x30,0x30,0x00,0x00,0x00,
0x00,0x00,
}

有了字模数据后,编制相应的程序显示字模内的数字,函数格式为

void PUTchar8x16(uchar row,uchar col,uchar count,uchar * put);

这里需要的参数有:页地址 row,列地址 col,要显示的字符数 count,字模开始地址 * put。

相应的程序代码如下:

void PUTchar8x16(uchar row,uchar col,uchar count,uchar * put)

```
    {
        uint X = 0,i,j;
        write_cmd(0xb0 + row);
        write_cmd(0x10 + (8 * col/16));
        write_cmd(0x00 + (8 * col % 16));
        for(j = 0;j<count;j ++ )
        {
            for(i = 0;i<8;i ++ ) write_data(put[X ++ ]);
            write_cmd(0xb1 + row);
            write_cmd(0x10 + (8 * col/16));
            write_cmd(0x00 + (8 * col % 16));
            for(i = 0;i<8;i ++ ) write_data(put[X ++ ]);
            write_cmd(0xb0 + row);
            col = col + 1;
        }
    }
}
```

调用方式：

PUTchar8x16(0,9,1,(uchar *)(asc8x16 + 16 * 5));

上面的调用语句表示要在零页第九列位置，以数组 asc8x16（此数组为所有 ASCII 字符的点阵数据，限于篇幅请读者自行创建）开始后第 16×5 个字模数据开始送给显示缓存，显示一个字符。该程序与前面的小车图片（实验 4 - 10）显示差不多，这里不再赘述。

而在液晶某位置显示一个点更简单，这是所有显示程序的基础。写入一个数据将显示 8 点，而这里只需要显示竖直方向的某一点，所以写入的数据将是一个字节中 8 位的某一位。完整的温度测控与显示程序如下：

```
int t;
void temp_test(void)
{
    int i,j;
    I2C_75_Read(0,2);
    t = read_buffer_iic[1];
    t = t >> 4;
    float temp = t;
    temp = temp * 0.0625;
    temp = temp + read_buffer_iic[0];
    temp = temp * 100;
    t = (int)temp;
    i = t;
//  下面显示温度
```

```
            PUTchar8x16(0,9,1,(uchar *)( asc 8x16 + 16 * (i%10)));
            i = i/10;
            PUTchar8x16(0,8,1,(uchar *)( asc 8x16 + 16 * (i%10)));
            i = i/10;
            PUTchar8x16(0,7,1,(uchar *)( asc 8x16 + 16 * (10)));
            PUTchar8x16(0,6,1,(uchar *)( asc 8x16 + 16 * (i%10)));
            i = i/10;
            PUTchar8x16(0,5,1,(uchar *)( asc 8x16 + 16 * (i%10)));
            I2C_75_write(0x01,0xe0);
            delay(60000);
            adc_con ++ ;
            if(adc_con>128)
            {
                adc_con = 0;
                LcmClear();
            }
            if(t<5000)
                P2OUT | = BIT2;
            else
                P2OUT & = ~BIT2;
            if(t>4600)
            {
                j = (t/10 - 460 )/8;
                write_cmd(0xb0 + j);
                write_cmd(0x10 + (adc_con/16));
                write_cmd(0x00 + (adc_con%16));
                write_data(yy_data[(t/10 - 460 ) % 8 ]);
            }
        }
```

说明：

① 负温度的显示未被考虑，请读者自行完善。

② 温度值 t 被放大了 100 倍，显示方便。

③ 当温度大于 50 ℃时停止加热，否则加热。

④ 温度小于 46 ℃时不显示曲线，当温度大于 46 ℃时开始显示曲线。若满足 if(t>4600)的条件，则显示温度曲线。曲线显示需要计算出液晶显示器的横坐标位置与纵坐标位置，横坐标就是列。

⑤ 5 条 PUTchar8x16 语句用于显示温度数值。其中，语句"PUTchar8x16(0,7,1,(uchar *)(asc8x16+16 *(10)));"用于显示小数点，"I2C_75_Read(0,2);"用于读取温度转换值，"delay(60000);"为延时函数，两次显示的间隔。

⑥ 一屏显示完毕，用语句"LcmClear();"清除屏幕准备下一屏显示。该程序运

行结果如图 4.64 所示。

4.5.4 温度控制算法设计

实验 4-23 简易乒乓算法

在上面的程序中使用了最简单的控制算法：

```
if(t<5000)
    P2OUT |= BIT2;
else
    P2OUT &= ~BIT2;
```

当温度高于设定值时，停止加热自然冷却；当温度未到预定值时，加热。这种控制算法俗称乒乓控制算法，是最简单的控制方法。图 4.64 所示的温度变化曲线所反映的控制不是很好，波动较大。如果使用 PID 算法或模糊算法，则波动会相对小些，请读者自行查阅相关自动控制原理方面的资料，并编制相关程序。

4.6 简易电子秤设计

实验 4-24 简易电子秤设计实验

本设计源自 2016 年电子竞赛(15 省联赛)的 D 题，同时也是 2012 年全国大学生电子设计竞赛 TI 杯模电专题邀请赛的 B 题。

2016 年电子竞赛(15 省联赛的)D 题如下：

1. 任　务

设计并制作一个以电阻应变片为称重传感器的简易电子秤，电子秤的结构如图 4.69 所示，金属悬臂梁固定在支架上，支架高度不大于 40 cm，支架及秤盘的形状与材质不限。悬臂梁上粘贴电阻应变片作为称重传感器。

2. 要　求

① 电子秤可以数字显示被称物体的质量，单位为克(g)。(10 分)

② 电子秤称重范围为 5.00~500 g；质量小于 50 g 时，称重误差小于 0.5 g；质量在 50 g 及以上时，称重误差小于 1 g。(50 分)

③ 电子秤可以设置单价(元/克)，可以计算物品金额并实现金额累加。(15 分)

④ 电子秤具有去皮功能，去皮范围不超过 100 g。(15 分)

⑤ 其他。(10 分)

⑥ 设计报告如表 4.10 所列。(20 分)

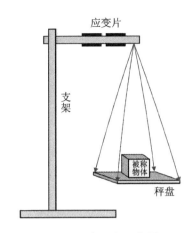

图 4.69　电子秤示意图

表 4.10　设计报告的要求——简易电子秤

项　目	主要内容	满　分
方案论证	比较与选择,方案描述	3
理论分析与计算	系统相关参数设计	5
电路与程序设计	系统组成,原理框图与各部分的电路图,系统软件与流程图	5
测试方案与测试结果	测试结果完整性,测试结果分析	5
设计报告结构及规范性	摘要,正文结构规范,图表的完整性与准确性	2
总　分		20

3. 说　明

① 称重传感装置需自制(在金属悬臂梁上粘贴应变片),不得采用商用电子称的称重装置。

② 电阻应变片的种类、型号、数量自定。

③ 测试时以砝码为重量标准。

题目中磅秤的样式不是很好实现,主要是支架和支架的稳固程度会影响精度。现在改为厨房秤的样式或珠宝秤的样式,如图 4.70 所示。同时不用应变片,而是直接使用传感器。

传感器与应变片的差异在于:应变片是传感器的组成部分。任务中要求悬臂梁上粘贴电阻应变片作为称重传感器,由此可知我们直接使用的传感器是由应变片与悬臂梁以及相关的胶水构成的。图 4.71 所示是常用传感器,一般由 4 片应变片构成电桥。

图 4.70　厨房秤

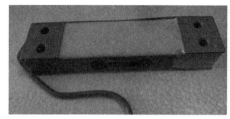
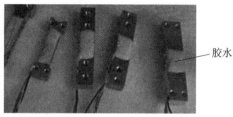

图 4.71 常用传感器

图 4.71 中的乳白色部分是胶水,胶水下面就是 4 片应变片构成的电桥,再由 4 根引线引出,其中两根是电源线,余下的是输出信号线。图 4.72 所示是应变片构成的电桥原理与应用图。

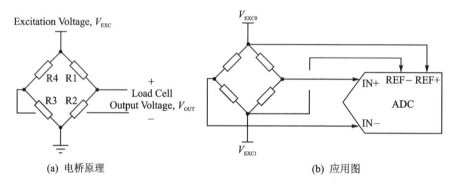

图 4.72 应变片构成的电桥原理与应用图(摘自 tiduacl.pdf 第 3 页)

图 4.72(a)所示为 4 片应变片构成的测量电桥,当提供了激励电压成激励电流后,在另外的两个输出端就输出了与压力成比例的电压信号,但是这个电压信号很微弱,需要先放大再进行 ADC 转换。图 4.72(b)所示为完整的应用电路,该电路摘自 TI 网络文件 http://www.ti.com.cn/cn/lit/ug/tiduac1/tiduac1.pdf,使用 ADS1262 芯片,该芯片实现电桥输出信号的放大与 ADC 测量,这是个好办法。ADS1262 是 32 位 ADC,分辨率足够高。

由于 ADS1262 内置了 PGA(可编程放大器)和 32 位 ADC,所以可以单片直接与传感器连接,实现微小信号的放大与高分辨率的转换,相关细节请查读 TI 资料。ADS1262 与 MSP430F5529LP 搭配的情况如图 4.73 所示。当然使用此方案 TI 还提供了更多的其他芯片,只要有内置 PGA 的高位数 ADC 都可以实现,比如 ADS1232、ADS1234、ADS1230 等。

同时,TI 网站还有用 MSP430F425 芯片设计电子秤的应用文档:文件名为 MSP430F42X Single Chip Weigh Scale,地址为 http://www.ti.com.cn/cn/lit/an/slaa220/slaa220.pdf。该设计只使用了一片 MSP430F42x 就实现了整个电子秤的设计,电路图如图 4.74 所示。

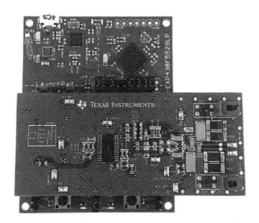

(a) ADS1262扩展板插在MSP430F5529LP上的实物图

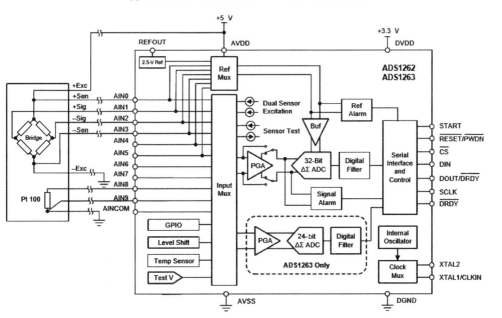

(b) ADS1262扩展板框图

图 4.73　ADS1262 与 MSP430F5529LP 搭配的情况

在图 4.74 中,传感器接口 X1-1、X1-4 是传感器激励电源输入,传感器接口 X1-2、X1-3 是电桥输出,该输出端直接连接到了单片机端口。使用 MSP430F42x 的方案是一个完整的电子秤 SOC 方案,该单片机内置了信号放大、转换、显示等功能。图 4.74 中的左下方为液晶显示器,直接挂在单片机的液晶引脚上。图 4.75 所示是 MSP430F425 内置 SD16_A 模块的框图。

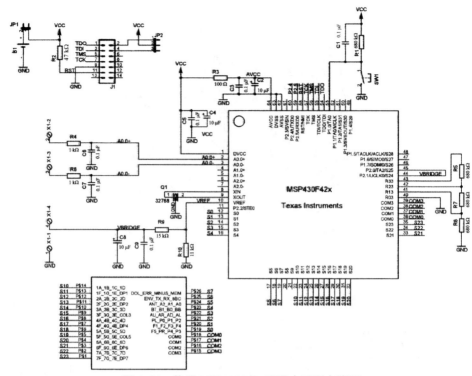

图 4.74 使用 MSP430F42x 实现电子秤电路图

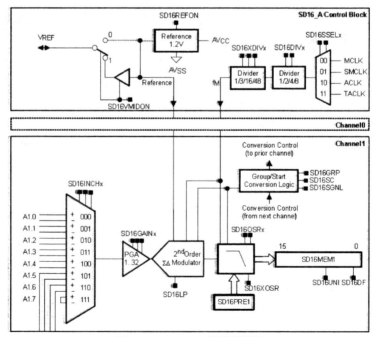

图 4.75 SD16_A 模块的框图

第 4 章 MSP 综合应用实践

SD16_A 模块内同样有 PGA 以及一个 16 位 ADC,其详细资料请查阅网址 http://www.ti.com.cn/mcu/cn/docs/litabsmultiplefilelist.tsp?sectionId=96&tabId=1502&literatureNumber=slaa220&docCategoryId=1&familyId=912。资料中包括电路图、讲解以及源代码,读者完全可以按照其描述来实现电子秤,这里不再赘述。

如果读者认为用带 PGA 的高位 ADC 与单片机比较麻烦,而 MSP430F42x 的 16 位 ADC 又不够精细,那么较新的 MSP430F67 系列 MCU 可以实现 SOC 与高精度的融合。该芯片内置 PGA、SD24、LCD 等。图 4.76 所示是 TI 的 MSP 资源介绍,可见这些芯片都可以实现电子秤 SOC。

Part Number	Frequency (MHz)	Non-volatile Memory (KB)	SRAM (kB)	GPIO	I²C	SPI	UART	DMA	ADC	Comparator (Channels)	Timers 16-Bit	Timers 32-Bit	Multiplier	AES	Additional Features	Operating Temperature Range (°C)	Package Group	1 ku Price¹ (U.S. $)
F67xx (continued)																		
MSP430F6723	25	64	4	72	1	4	3	3	ADC10-6ch, SigmaDelta24-2ch	0	4	0	32×32	N/A	LCD, RTC, Temp sensor, BOR, IrDA	-40 to 85	LQFP	2.30
MSP430F6723A	25	64	4	72	1	4	3	3	ADC10-6ch, SigmaDelta24-2ch	0	4	0	32×32	N/A	LCD, RTC, Temp sensor, BOR, IrDA	-40 to 85	LQFP	2.30
MSP430F6724	25	96	4	72	1	4	3	3	ADC10-6ch, SigmaDelta24-2ch	0	4	0	32×32	N/A	LCD, RTC, Temp sensor, BOR, IrDA	-40 to 85	LQFP	2.45
MSP430F6724A	25	96	4	72	1	4	3	3	ADC10-6ch, SigmaDelta24-2ch	0	4	0	32×32	N/A	LCD, RTC, Temp sensor, BOR, IrDA	-40 to 85	LQFP	2.45
MSP430F6725	25	128	4	72	1	4	3	3	ADC10-6ch, SigmaDelta24-2ch	0	4	0	32×32	N/A	LCD, RTC, Temp sensor, BOR, IrDA	-40 to 85	LQFP	2.60
MSP430F6725A	25	128	4	72	1	4	3	3	ADC10-6ch, SigmaDelta24-2ch	0	4	0	32×32	N/A	LCD, RTC, Temp sensor, BOR, IrDA	-40 to 85	LQFP	2.60
MSP430F6726	25	128	8	72	1	4	3	3	ADC10-6ch, SigmaDelta24-2ch	0	4	0	32×32	N/A	LCD, RTC, Temp sensor, BOR, IrDA	-40 to 85	LQFP	2.70
MSP430F6726A	25	128	8	72	1	4	3	3	ADC10-6ch, SigmaDelta24-3ch	0	4	0	32×32	N/A	LCD, RTC, Temp sensor, BOR, IrDA	-40 to 85	LQFP	2.70
MSP430F6730	25	16	1	72	1	4	3	3	ADC10-6ch, SigmaDelta24-3ch	0	4	0	32×32	N/A	LCD, RTC, Temp sensor, BOR, IrDA	-40 to 85	LQFP	2.45
MSP430F6730A	25	16	1	72	1	4	3	3	ADC10-6ch, SigmaDelta24-3ch	0	4	0	32×32	N/A	LCD, RTC, Temp sensor, BOR, IrDA	-40 to 85	LQFP	2.45
MSP430F6731	25	32	2	72	1	4	3	3	ADC10-6ch, SigmaDelta24-3ch	0	4	0	32×32	N/A	LCD, RTC, Temp sensor, BOR, IrDA	-40 to 85	LQFP	2.55
MSP430F6731A	25	32	2	72	1	4	3	3	ADC10-6ch, SigmaDelta24-3ch	0	4	0	32×32	N/A	LCD, RTC, Temp sensor, BOR, IrDA	-40 to 85	LQFP	2.55
MSP430F6733	25	64	4	72	1	4	3	3	ADC10-6ch, SigmaDelta24-3ch	0	4	0	32×32	N/A	LCD, RTC, Temp sensor, BOR, IrDA	-40 to 85	LQFP	2.75
MSP430F6733A	25	64	4	72	1	4	3	3	ADC10-6ch, SigmaDelta24-3ch	0	4	0	32×32	N/A	LCD, RTC, Temp sensor, BOR, IrDA	-40 to 85	LQFP	2.75
MSP430F6734	25	96	4	72	1	4	3	3	ADC10-6ch, SigmaDelta24-3ch	0	4	0	32×32	N/A	LCD, RTC, Temp	-40 to 85	LQFP	3.00

图 4.76 部分 MSP 选型(摘自 slab034ad.pdf 第 33 页)

图 4.76 所示的芯片资源都较为丰富,做电子秤足矣。主要资源有 SD24(24 位 ADC)、LCD,也就是图 4.77 所示的 SD24_B、LCD_C 两个资源。RTC_C 被称作日历时钟,也可以被用到,比如设计的电子秤可以记录测量的时间。说到记录,这里还可以利用 MCU 本身的大容量 Flash 作为记录的介质,该芯片的程序存储器完全用不完,余下的可以做记录用。

图 4.78 所示为 SD24_B 的框图,该模组的使用同样是通过操作该模组的相关寄存器来实现,请读者自行阅读,这里不再赘述。同时 TI 提供了大量的实例,如图 4.79 所示。

第4章 MSP 综合应用实践

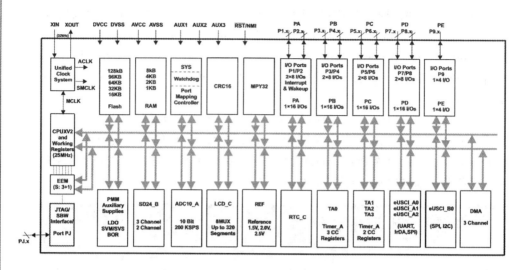

图 4.77　MSP430F67xx 框图（摘自芯片手册）

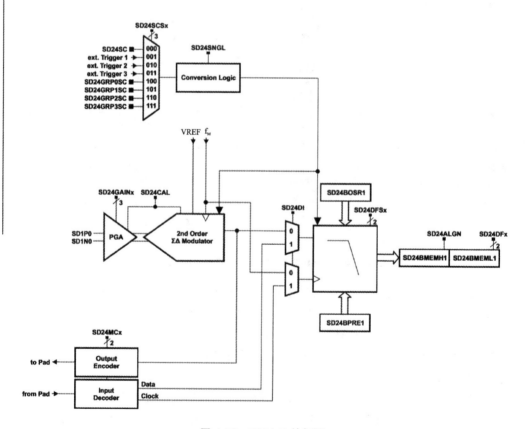

图 4.78　SD24_B 的框图

第 4 章　MSP 综合应用实践

MSP430F673X_SD24B_01.c	2016/8/2 4:00	C 文件
MSP430F673X_SD24B_02.c	2016/8/2 4:00	C 文件
MSP430F673X_SD24B_03.c	2016/8/2 4:00	C 文件
MSP430F673X_SD24B_04.c	2016/8/2 4:00	C 文件
MSP430F673X_SD24B_05.c	2016/8/2 4:00	C 文件
MSP430F673X_SD24B_06.c	2016/8/2 4:00	C 文件
MSP430F673X_SD24B_10.c	2016/8/2 4:00	C 文件
MSP430F673X_SD24B_11.c	2016/8/2 4:00	C 文件

图 4.79　TI 提供的 SD24 例程（摘自 slac511f.zip 文件）

完整的电子秤需读者自己完成，需要的原材料有：MSP430F672x、段码液晶显示器、传感器模组、自己设计的 PCB、电烙铁等。程序可以在图 4.79 所示的例程中寻找合适的加以修改。电路可以借鉴 MSP430F425 的电子秤电路以及 MSP430F6736 的电表电路（TI 网站没有用 MSP430F6736 做电子秤的设计实例，但是有用于电表的设计，都是使用了片内 24 位 ADC 与液晶显示等资源，所以可以借鉴），可从地址 http://www.ti.com.cn/tool/cn/EVM430-F6736?keyMatch=6736&tisearch=Search-CN-Everything 中查找。该链接所显示的内容是基于 MSP430F6736 的电表设计，利用 SD24 的 3 个通道采集电表计算所用电量的信号，这里采集的信号是电流与电压。而我们要设计的电子秤，其模拟信号依旧输入到 SD24 的输入端，再将计算结果显示在液晶显示器上，所以完全可以借鉴基于 MSP430F6736 的电表设计。软件除了借鉴 TI 的 SD24 相关例程外，还需要校对程序，这可以用标准砝码来实现。同时还可以实现很多的附加功能，比如：去皮、计数零件个数（通过先称量一个零件的重量，然后抓一把零件放在秤上，直接显示多少个零件）、通过蓝牙与手机相连、通过网络进行远程调阅等。

4.7　血压与心率检测设计

实验 4-25　血压与心率检测测量实验

本实验参考了 TI 的示例，其实验框图如图 4.80 所示，实验照片如图 4.81 所示。
由图 4.80 可知，TI 的血压和心率检测实验使用了 MSP430F6638 芯片，该芯片资源丰富，所以成本较高。由图 4.81 可知，TI 的血压和心率检测实验装置由 5 部分组成：电池组件、电路板、气泵、放气阀和袖带，实际使用情况如图 4.82 所示，非常不方便。这是笔者想要重新设计该实验的主要原因。图 4.83 所示为笔者重新设计的血压计的照片，使用起来与商用血压计没有区别。整个设计思路与 TI 的无异，但电路不一样，对成本进行了优化！另外，使用了腕式结构，所以使用更加方便。这也是做设计时必须考虑的问题，而且在商业应用中是非常重要的一环。

第 4 章　MSP 综合应用实践

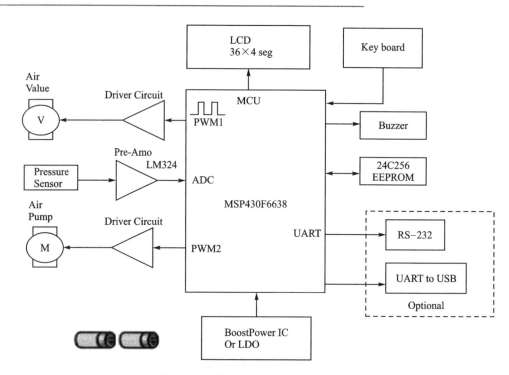

图 4.80　TI 的血压和心率检测实验框图

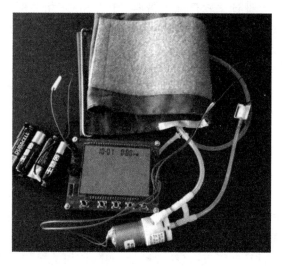

图 4.81　TI 的血压和心率检测实验照片

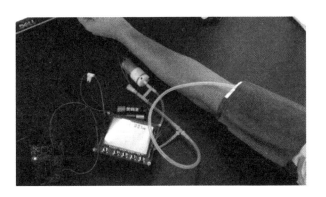

图 4.82 TI 血压计的使用照片

图 4.83 笔者设计的
血压计的照片

4.7.1 硬件设计

TI 示例的关键电路如图 4.84 所示。

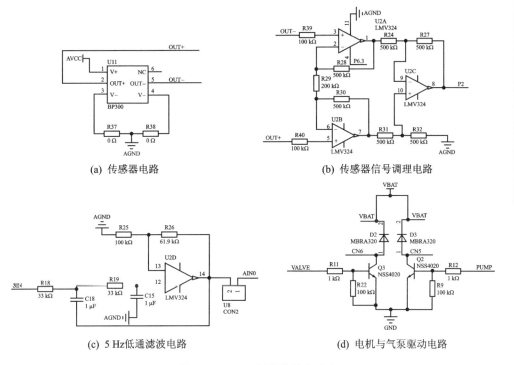

(a) 传感器电路

(b) 传感器信号调理电路

(c) 5 Hz 低通滤波电路

(d) 电机与气泵驱动电路

图 4.84 TI 示例的关键电路

图 4.84 所示电路(只复制了主要电路)设计非常规范,传感器使用的是输出毫伏信号的模拟压力传感器 BP300,输出电压很小,所以使用了如图 4.84(b)所示的标准

放大电路,同时还使用了如图 4.84(c)所示的 5 Hz 低通滤波电路滤掉与本设计无关的信号。而笔者设计的电路较为精简,如图 4.85 所示。

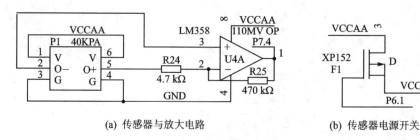

图 4.85　笔者设计的关键电路

笔者设计的传感器与 TI 示例的传感器差不多,不同的是传感器信号调理电路,笔者设计的电路更加简洁,只用图 4.85(a)所示的一个放大器与两个电阻。这里笔者增加了电路的电源控制,如图 4.85(b)所示,一个场效应管,当 P6.1 为低电平时,整个电路才有电。其目的在于,当不使用血压计时,系统还可以用作时钟等。电机驱动与放气阀的驱动与 TI 示例相同。尽管笔者设计的电路简洁,但是不影响性能。

图 4.86 所示为笔者记录的一组不同压力与传感器电路输出电压的对应关系,可以发现其线性关系很好,完全满足本设计要求。不过随着压力的增加,电压是降低的。当使用 1.5 V 作为参考电压时,MSP430F4152 的 10 位 ADC 大致可以得到的数值范围为 230～1100。

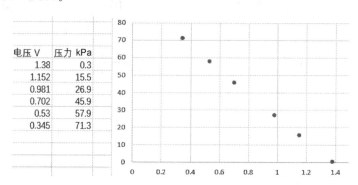

图 4.86　笔者的测试数据

继续分析笔者设计所使用的器件。纽扣电池,这是很有争议的,笔者在使用之初也很疑惑。该电池为 2032 型号的锂离子电池,充满电时电压为 4.2 V,整个容量只有 40 mA·h,确实有限,但是该电池的内阻很小,一般在几十毫欧,所以能提供较大的电流。笔者测试:当气泵与气阀都正常工作(最大功率)时,电池电压只降低 0.1 V,所以该电池完全满足要求。再考察电池容量,一般测量时,气泵充气最大电流为 250 mA,但是工作时间只有 10 s,耗电量为 250 mA×10 s/3 600≈0.7 mA·h。同理可以算出放气阀的耗电量,放气阀最大的工作电流在 150 mA 左右,时间大致 15 s,

总的耗电量为 150 mA×15 s/3 600＝0.625 mA·h。所以，累计一次测量耗电量总计为 1.325 mA·h。所以，该电池的容量也是没有问题的，充满电可以测量 25 次。由于该电池为锂离子电池，可以充电，所以笔者增加了充电电路（这里略），同时设计了 USB 充电接口，可以随时充电，非常方便。

4.7.2 软件设计

通过查阅相关资料可知：血压计可以使用科罗特科夫法、振荡法或脉搏传导时间法来测量血压，它使用压力套囊、泵和换能器分 3 个阶段来测量血压和心率：膨胀、测量和放气。

压力变送器产生与应用差动输入压力成比例的输出电压。压力变送器的输出电压范围为 0～40 mV，放大后输出 0～1.5 V 的电压，然后被发送至模/数转换器，继而被数字化，最后得到的数据如图 4.87 所示。

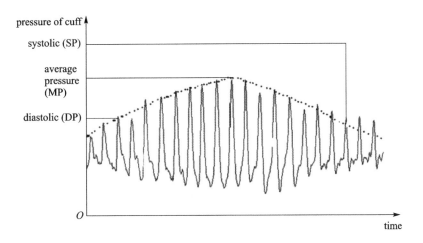

图 4.87 采集到的数据（摘自 tidu514.pdf 第 6 页）

首先使用气泵充气，到一定压力（一般比收缩压高出 30～50 mmHg）后停止加压，开始放气，当气压到一定程度时，血流就能通过血管，且有一定的振荡波，振荡波通过气管传播到压力传感器，压力传感器能实时检测到所测袖带内的压力及波动。逐渐放气，振荡波越来越大。再放气，由于腕带与手腕的接触变松，因此压力传感器所检测的压力及波动越来越小。选择波动最大的时刻为参考点，以该点为基础，向前寻找峰值 0.45 的波动点，这一点为收缩压，向后寻找峰值 0.75 的波动点，这一点所对应的压力为舒张压，而波动最高的点所对应的压力为平均压。值得一提的是 0.45 与 0.75 这两个常数，对于各个厂家来说不尽相同，且应该以临床测试的结果为依据。而且，大厂家还有可能对不同血压进行分段处理，设定不同常数。所以非常具体的方法需要读者查阅相关资料，同时可以参考 TI 示例提供的源程序代码。

第5章

基于 MSP 的系统设计应用实践

5.1 MSP 系统电源设计

5.1.1 电源基础

首先介绍常用于 MSP 单片机系统的电源拓扑结构及其效率。电源芯片在电源系统中的作用就是将输入供电电压稳定到一个处理器等有源器件可以利用的恒定电压上。在这个稳压过程中，需要考虑两个方面：一个是采用何种电源芯片来实现所需的升压或降压变换，另一个是电源芯片所能达到的效率。总的来说，中小功耗系统中常见或常用的电源芯片有线性稳压器(Linear Regulator)、电感型开关电源稳压器(Inductive DC/DC Converter)和电容型开关电源稳压器(Inductor-less DC/DC Converter 或 Charge Pump)3 种。

线性稳压器通过改变自身的等效电阻值来维持不同输出电流下的恒定电压输出，其实质是通过消耗能量的方式来实现降压。因此，线性稳压器只能实现降压功能，其效率主要由输入到输出的电压差决定。对于线性稳压器而言，其效率计算公式为

$$\eta = \frac{P_{OUT}}{P_{IN}} = \frac{V_{OUT} \times \overline{I}_{load}}{V_{IN} \times (\overline{I}_{load} + I_q)}$$

其中：$\overline{I}_{load}$ 为平均负载电流；I_q 为线性稳压器的静态电流。

低压差型线性稳压器(LDO)允许输入到输出的最小电压差低至数十毫伏，这对电池供电系统来说是极大的优势。例如，选用 TPS78001 的输入由串联的 3 节干电池组成，其电压为 4.5 V，需要输出 3 V 电压为 MSP430 供电，电池组的电压会随着使用时间的增长而降低，由于 TPS78001 的最小电压差仅为 50 mV，即使输入电压降低至 3.05 V，MSP430 系统仍然可以正常工作，这极大地延长了电池的使用寿命。

除了最小压差要求外，由于低功耗系统对待机电流常常有非常严苛的要求，因此 LDO 的静态电流也是非常重要的指标。MOS 管型的 LDO 因为其极低的栅极电流而通常拥有小于 20 μA 的静态电流，如德州仪器推出的 TPS7xxxx 系列 LDO 绝大多数均为 MOS 管型，其中 TPS78xxx 系列专门为低功耗系统设计，静态电流低至

5 μA 左右。

LDO 虽然简单易用，并且拥有极低的静态功耗，但其有两个非常明显的缺点，一是只能完成降压变换，二是在大压差时效率急剧下降。而开关电源转换器利用芯片内置的开关管和外部磁性或容性储能元件来完成功率的存储和传输，能在大压差下提供较高的效率，并可以实现升压拓扑结构。开关电源转换器依照主储能元件的不同可分为电感型或电容型。

电感型开关电源转换器可实现升压(Boost)、降压(Buck)和升降压(Buck-Boost)3 种主要拓扑。其中，升降压拓扑在电池供电的应用中非常有用，比如当电池电压充满后可能会高于期望输出，而在电量消耗的过程中又会使电池电压逐渐低于期望输出，这时自动完成升降压转换的开关电源芯片就非常有用，能满足输入电压较大范围的变化。为简化用户设计过程，德州仪器电源器件将功率开关管内置，推出了 TPS61xxx(Boost)、TPS62xxx(Buck) 和 TPS63xxx(Buck-Boost)3 个系列，用于满足不同的应用设计要求，其典型应用如图 5.1～图 5.3 所示。

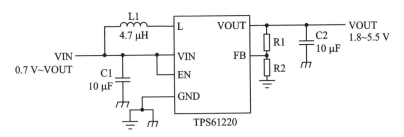

图 5.1　TPS61220 实现升压(摘自 TI 数据手册)

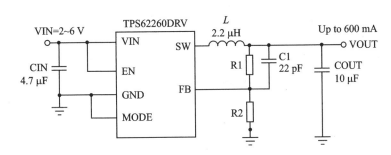

图 5.2　TPS62260 实现降压(摘自 TI 数据手册)

当选择开关电源转换器为低功耗系统供电时，需特别关注其在轻负载时的效率，这主要由电源芯片的静态功耗决定。现代开关电源转换器为了减小外围元件的尺寸，常采用 1 MHz 以上的高速开关频率，但会导致全速工作时的静态功耗较大。为了保证轻负载时的高效率，许多转换器设计了节能模式(Power Save Mode)，当芯片的输出电流小于某个阈值时，芯片自动进入 PFM 模式(频率调制模式，此时开关管的高电平时间保持一定，低电平时间被延长，即延长了不工作的时间)，从而达到节能

第 5 章 基于 MSP 的系统设计应用实践

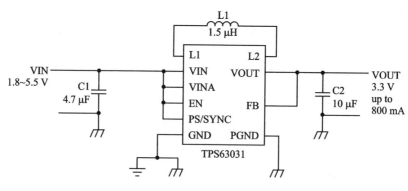

图 5.3　TPS63031 实现自动升降压(摘自 TI 数据手册)

的目的。图 5.4 所示为 TPS63031 在开启节能模式前后的效率(Efficiency)对比。

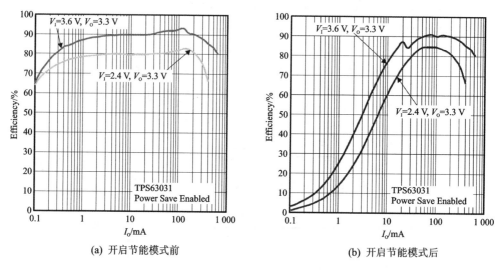

(a) 开启节能模式前　　　　　　(b) 开启节能模式后

图 5.4　TPS63031 在开启节能模式前后的效率对比

因此,当挑选开关电源芯片为低功耗系统供电时,需仔细研究芯片在所有输出电流范围内的相关效率,采用带有节能模式的芯片通常是一种很好的选择。另外,在一些特定的应用中,可以利用电源芯片的使能功能(Enable)来彻底关闭电源芯片,并通过外部开关来唤醒整个电路,这样可以确保在休眠阶段系统的静态功耗为零。

电感型开关电源转换器可以提供上百毫安至数安的电流,而大多数低功耗系统中,我们只需要数十毫安的电流就可以满足要求。这时可以考虑电容型开关电源转换器,其常称作充电泵(Charge Pump)。充电泵利用电容替代电感作为储能元件,因此输出功率较电感型开关电源小很多,通常在 100 mA 之下。

充电泵的原理是,利用一只电容和 V_{IN} 并联充电后,经过开关切换该电容和 V_{IN} 串联就可以实现两倍泵升电压。根据这个原理,若采用两个储能电容和内部开关组合,就能产生 3 倍或者 1.5 倍于输入电压的输出,其分别被称为三倍压充电泵(Triple Charge Pump)或小数型充电泵(Fractional Charge Pump)。不过,倍压型充电泵在使用中还是有许多缺陷的,比如输出电压会随着输入电压的改变而改变,特别是在电池应用中,随着电池电量的下降,输出电压无法稳定在期望的电压值上。这时可以选用稳压输出的充电泵产品,这种充电泵在倍压型充电泵和输出间加入反馈环节,能够使输出电压稳定,因此这种充电泵在输入高于或低于期望输出时都能完成稳压工作。对于稳压输出的充电泵,此种电源芯片的效率一般为

$$\eta = V_{OUT}/(n \cdot V_{IN})$$

其中:n 由内部充电泵倍压倍数决定,通常为 2、1.5 或 3。

由上式可知,当 $n \cdot V_{IN}$ 小于 V_{OUT} 时,得不到期望的输出;当 $n \cdot V_{IN}$ 大于 V_{OUT} 时,效率将随着 V_{IN} 的升高而大幅降低。所以,充电泵的输入范围比较窄。TI 的 TPS60xxx 系列充电泵产品绝大多数都是稳压输出的充电泵,一些芯片专门为单节干电池输入而设计,允许输入为 0.9~1.8 V,比如 TPS60310;一些芯片专门为双节干电池输入而设计,允许输入为 1.8~3.6 V,比如 TPS60210。以 TPS60210 为例,它是一颗基于两倍压的稳压型 3.3 V 输出充电泵,当输入为 1.8 V 时,其效率最高;随着输入电压的升高,其效率逐渐降低,如图 5.5 所示。

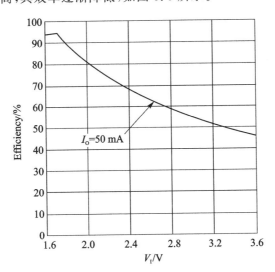

图 5.5 TPS60210 的效率与输入电压的关系

同样地,考虑到轻负载下的效率问题,多数 TPS60xxx 提供了节能模式(SNOOZE 模式),当输出电流小于 2mA 时,芯片将监视输出电压,只要输出电压维持在设定值以上,就会关断内部振荡器,从而节省功耗,此时 TPS60210 的静态电流仅为 2 μA。

综上所述,我们需根据 MSP 应用设计的具体要求合理选择并设计 MSP430 电源系统。表 5.1 所列为不同种类的电源及其特点。

表 5.1　不同种类的电源及其特点

种类	功能	输出电流	效率	静态功耗	外围电路
MOS 管型 LDO	仅降压	中等,低功耗型 LDO 输出电流常在 200 mA 以下	$\eta = \dfrac{P_{OUT}}{P_{IN}} = \dfrac{V_{OUT} \times \overline{I_{load}}}{V_{IN} \times (\overline{I_{load}} + I_q)}$,随着压差增大,效率降低	非常低,小于 10 μA	非常简单
电感型开关电源转换器	降压 升压 升降压 反向	大,常能提供大于 500 mA 的电流	重负载下效率极高;应选择带节能模式的芯片以提高轻负载下的效率	全速工作模式下可达数毫安;节能模式下可降至 20 μA	相对复杂
充电泵	升压 反向	小,通常小于 100 mA,少数可达 300 mA	$\eta = V_{OUT}/(n \cdot V_{IN})$,$n \cdot V_{IN}$ 增大时效率降低;同时应选择带节能模式的芯片以提高轻负载下的效率	工作模式下为 40 μA 左右;节能模式下可降至 2 μA	简单

5.1.2　设计 MSP 供电系统

MSP430 单片机系统电源的输入电压范围为 1.8～3.6 V。而对于片上 Flash 编程电压对不同的系列产品有不同的要求,对于传统的 x1xx、x21x 和 x4xx 系列的 MSP430 产品,其片上 Flash 编程电压范围为 2.7～3.6 V;对于 x20x 系列的 MSP430 产品,其片上 Flash 编程电压范围为 2.2～3.6 V;另外,在设计电源系统时,也要仔细考虑片上 ADC 的工作电压范围,部分产品的片上 ADC 工作电压为 2.2～3.6 V。在电源设计的过程中,选择合适的 MSP430 单片机后一定要根据应用系统要求以及片外外设工作电压要求来合理设计电源以满足整个应用系统的要求。

在进行 MSP430 单片机系统电源设计时,同时要综合考虑电源芯片的各种参数,如芯片的输入和输出电压范围,电流能力,电源转换效率,静态电流(IQ),封装尺寸和功耗,温度范围,成本等。选择 MSP430 电源芯片要充分平衡系统以及各种参数之间的关系,最后根据性能和功耗要求选择最优的方案。

MSP430 单片机以其超低功耗著称,其能满足电池直接供电的要求。其中,纽扣电池和碱性电池(干电池)是我们设计低功耗系统常见的选择。这两类电池有着不同的放电特性,其典型放电特性曲线分别如图 5.6 和图 5.7 所示。

图 5.6 所示为常用 CR2032 纽扣电池典型的放电特性曲线,由图可以看出,在一定负载(15 kΩ)下,其输出电压能够保持在相对稳定的电压范围内。纽扣电池容量一般在 220 mA·h 左右,因其体积较小,所以常用于对尺寸有限制的手持设备以及系统有实时时钟要求的应用中。

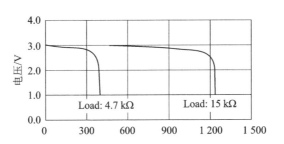

图 5.6　常用 CR2032 纽扣电池典型的放电特性曲线

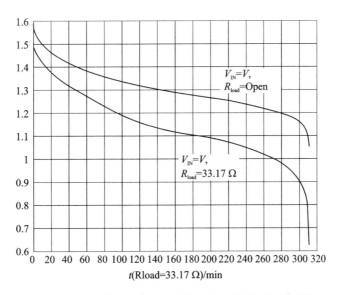

图 5.7　AA 碱性电池在不同负载条件下的放电特性曲线

碱性电池具有较高的电池容量,通常在 1 200 mA·h 左右。图 5.7 所示为 AA 碱性电池在不同负载条件下的放电特性曲线,可以看出,在不同负载条件下电压的变化情况以及电池有效持续时间。从图 5.7 中的两条曲线可以明显看出,负载电阻在 $R_{load}=33.17\ \Omega$ 的条件下,当端电压输出小于 0.9 V 时,电池几乎所有的可用能量都已被耗尽。然而,除了负载(即电池输出保持开路($R_{load}=$ Open))端子两端电压仍然能恢复到接近 1.2 V 之外,实际上电池能量几乎为空。

基于 MSP430 设计电池供电的低功耗应用,需根据系统运行的实际情况来合理设计电源供电部分。我们知道,MSP430 灵活的时钟系统具有能够启用和禁用各种时钟和振荡器的能力,从而能够允许微控制器进入各种低功耗模式(LPM)。如图 5.8 所示,单片机根据需要(on-demanding)启用较高频率进行运算,这时单片机进入激活模式(Active Mode),系统运行需要较大的电流。当单片机完成任务,进入待机模式(Standby Mode)时,单片机仅需要非常小的电流。这样在不同频率下通过灵活的时钟系统就可以实现较低的平均功耗。激活模式下系统运行时间与整个周期的

关系可以用占空比 D(Duty Cycle)来表示,所以系统平均功耗为
$$I_{average} = I_{active} \times D + I_{standby} \times (1-D)$$
其中:$I_{average}$ 为系统平均电流;I_{active} 为 MSP430 激活状态下的系统电流;$I_{standby}$ 为待机状态下的系统电流;D 为占空比。

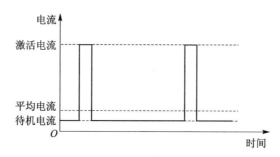

图 5.8 MSP430 低功耗实现机理

在设计 MSP430 低功耗系统时,通过计算以及实测获得系统平均电流,便能够基于电池容量评估计算电池寿命。

在 MSP430 低功耗系统电源实际设计的过程中,经常存在一些设计误区,例如,如图 5.9 所示的两种基于纽扣电池供电 MSP430 的电源系统设计方式。系统 A 是纽扣电池直接供电,系统 B 是纽扣电池经 LDO 降压为 2.2 V 后给 MSP430 系统供电。这样可能有些读者会直观地认为,系统 A 能够获得更长的电池寿命,但这种认识是片面的。

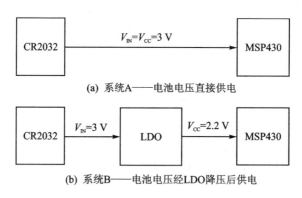

图 5.9 纽扣电池供电 MSP430 的电源系统设计方式

现在假定两个系统均是以 MSP430 为主的单片机最小系统,两个单片机最小系统的部分参数如表 5.2 所列。

表 5.2　MSP430 两种最小系统的部分参数对比(基于纽扣电池供电)

参　数	系统 A	系统 B
CR2032 电池容量/(mA·h)	220	220
MSP430 主频/MHz	3	3
MSP430 工作电压/V	3	2.2
电源效率/%	100	73
静态功耗/μA	0	1.2
MSP430 激活状态下电流/μA	1 260	840
低功耗模式(LPM3)电流/μA	1.6	0.9

通过计算以及仿真分析，我们可以得到如图 5.10 所示的计算结果，是在不同占空比条件下，电池的寿命变化曲线。显然，系统 B，也就是纽扣电池经 LDO 降压为 2.2 V 后给 MSP430 供电的系统在整个占空比变化范围内，其电池寿命相对于系统 A 更长。

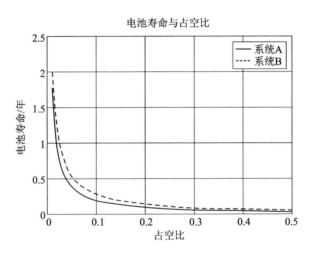

图 5.10　不同占空比条件下电池的寿命变化曲线

接下来，我们进一步评估在较高输入电压条件下采用不同的降压方案，结果会如何呢？首先假定输入电压为 10 V，系统 A 采用常见的电感型降压转换芯片 TPS62050，其具有较高的电源转换效率，效率值接近 90%；系统 B 采用 LDO 芯片 TPS71501，在较大压差条件下，其电源转换效率仅为 25%。除了图 5.11 所示电源系统以外，假定两个单片机系统均以 MSP430 为主的单片机最小系统，两个系统的部分参数如表 5.3 所列。

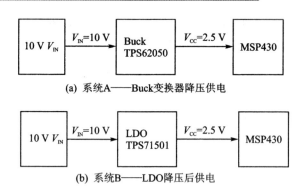

(a) 系统A——Buck变换器降压供电

(b) 系统B——LDO降压后供电

图 5.11　高输入电压供电 MSP430 的电源系统设计方式

表 5.3　MSP430 两种最小系统的部分参数对比(基于高输入电压供电)

参　数	系统 A	系统 B
假定电源容量/(mA·h)	220	220
MSP430 主频/MHz	1	1
MSP430 工作电压/V	2.5	2.5
电源效率/%	90	25
静态功耗/μA	12	3.2
MSP430 激活状态下电流/μA	332.5	332.5
低功耗模式(LPM3)电流/μA	1.162	1.162

通过计算以及仿真分析,可以得到如图 5.12 所示的结果。在假定 220 mA·h 和不同占空比条件下,两系统的系统运行时间有很大不同:在小于约 3.3% 的占空比

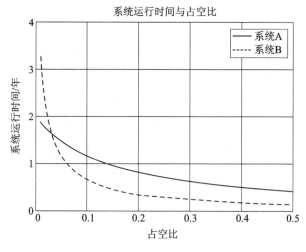

图 5.12　在高输入电压供电条件下不同电源系统运行时间的对比

条件下,采用 LDO 降压后供电的系统,也就是系统 B 有着更大的低功耗优势;在大于约 3.3%的占空比条件下,系统 A,也就是采用 Buck 变换器降压给 MSP430 供电的系统有着更好的低功耗优势。

综上所述,根据所设计低功耗系统的特点,如 MSP430 激活模式时间与待机模式时间的对比,以及基于性能要求,合理设置 MSP430 工作频率,在此基础上,进一步合理设计以及优化 MSP430 供电系统的设计才能实现更好更优的低功耗系统。

5.1.3 超低功耗单电池供电 LED 照明系统设计

基于上述电源分析,本小节将设计一个应用实例——超低功耗单电池供电 LED 照明系统。考虑到业界单电池供电的 LED 照明系统的实际应用要求,需满足以下设计要求:

- 工作电压范围:设备供电采用常用的单节碱性电池,为 0.6~1.5 V。
- 低电压启动:低至 0.6 V 系统也能启动。
- 待机电流:超低待机功耗,待机电流小于 1 μA。
- 恒流驱动:LED 采用恒流驱动,驱动电流为 (48 ± 2)mA。
- 按键控制:通过按键实现开关机、LED 照明状态和灯光闪烁示警信号状态切换等。
- 记忆功能:可记忆上次关机时的状态。

本设计中单电池供电的 LED 照明系统以 TI MSP430F2011 和 TI TPS61200 为主芯片。MSP430F2011 是 MSP430 系列单片机中的低引脚数单片机,其中集成了带捕获/比较功能的 16 位定时器、10 个 GPIO 口和一个多用途的比较器。TPS61200 是业界最低输入电压的 DC/DC 升压转换器,其可在低至 0.3 V 的输入电压下高效工作;芯片内部集成的 1.5 A 开关大大简化了外部电路设计;在升压转换模式下工作效率可达 90%,非常适合在便携式产品中应用。

单电池供电的 LED 照明系统框图如图 5.13 所示。为达到点亮 LED 所需的导通电压,采用 TPS61200 实现单节电池电压 0.6~1.5 V 到 3.6 V 的升压变换,并用于 LED 的恒流驱动。由于 MSP430 的工作电压是 1.8~3.6 V,所以单节干电池电压不能用于 MSP430 的直接供电,若再增加一升压电路专为 MSP430 供电,这将大大增加系统成本。考虑到系统的特点和成本,MSP430 的供电电压可取自 TPS61200 的输出。另外,由于 TPS61200 的静态电流的典型值为 50 μA,为满足整个系统待机功耗小于 1 μA 的技术要求,TPS61200 在系统待机时也不能工作(即不能为 MSP430 供电),否则很难达到系统的静态功耗要求。这样,系统待机时 MSP430 处于断电状态。因此,如何给 MSP430F2011 供电,并使其实现整个系统的控制,包括用比较器实现按键、按键开机自锁、关机状态记忆、LED 的开关控制以及节电控制等,也是系统的设计要点。

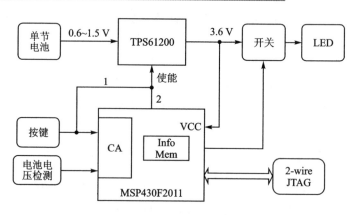

图 5.13 单电池供电的 LED 照明系统框图

LED 驱动电路设计

对于单节电池供电的 LED 照明设备,首先要选用升压芯片为 LED 提供电源以保证 LED 正常导通。这里选用了 TPS61200,其工作电压为 0.3～5.5 V,工作电流最大可承受 1800 mA,并且在升压转换中可达到 90% 的转化效率,完全能够满足该方案的设计要求。该照明设备选用白光 LED,其导通压降典型值为 3.2～3.5 V,所以升压电路的升压输出值设计为 3.6 V。另外,由于 LED 的温度特性,为保证 LED 的发光稳定性,必须实现 LED 的恒流驱动且流过 LED 的电流变化范围要小于 5 mA,即需要设计 $I_{LED}=(48\pm2)$ mA。

如图 5.14 所示的 TPS61200 典型应用电路,其是一种输出电压可设定的电路。输出电压 V_{OUT} 与外接电阻分压器 R_1 和 R_2 有关,其关系如下:

$$V_{OUT}=V_{FB}\left(\frac{R_1}{R_2}+1\right)$$

其中,$V_{FB}=500$ mV,R_2 可设定为 51 kΩ,根据设计要求,LED 的驱动电压 $V_{OUT}=3.6$ V,通过上式可求出 $R_1=316$ kΩ。但这种算法是基于实现恒压输出的。

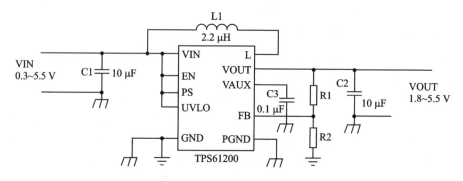

图 5.14 TPS61200 典型应用电路

为实现 LED 恒流驱动,即实现亮度恒定的设计要求,我们需设计电流反馈实现恒流控制,电路图如图 5.15 所示。

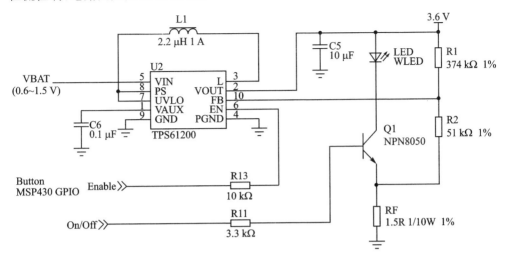

图 5.15 白光 LED 恒流驱动控制

LED 恒流控制计算公式如下

$$I_{LED} = \frac{V_{FB}}{R_F} - \frac{R_2}{R_F \times R_1} \times (V_{OUT} - V_{FB})$$

电流反馈电阻 R_F 的取值为 1.5 Ω。在设定 $R_F = 1.5$ Ω 和 $R_2 = 51$ kΩ 的条件下,计算出反馈电阻 $R_1 = 373$ kΩ。通过实测验证及调节并按标称电阻取值,$R_1 = 374$ kΩ。

在图 5.15 中,EN 端是芯片 TPS61200 的使能端,用以控制 TPS61200。在本设计中,EN 端接按键和 MSP430 的 GPIO 使能端,用以控制升压电路的开通或关闭。系统的进一步功耗控制,也是基于单片机 MSP430F2011 通过对 TPS61200 的使能控制来实现的。

另外,PS 端、UVLO 端接 V_{IN},PS 端高电平表示在重负载条件下工作(此时振荡器按固定频率工作);UVLO 接 V_{IN},表示在 $V_{IN} < 250$ mV 时,使电源关闭,$V_{OUT} = 0$ V,并锁存;TPS61200 引脚 VAUX 通过电容 C_6 接地。此电容器 C_6 在系统启动时,由于其充电到一定值(2.5 V)后 TPS61200 内置开关管才导通使 V_{OUT} 连接负载,这样的启动过程对内置开关管起缓冲作用,即软启动的作用,能够减小内置开关的开关应力以提高可靠性。

本小节设计的单电池便携式 LED 照明设备采用超低功耗单片机 MSP430F2011 为控制核心,用 TPS61200 实现 LED 功率变换电路。通过按键自锁、主回路供电等设计满足系统低成本以及恒定亮度等要求,并能够实现较低电池电压启动、低电池电压报警等功能。通过对 TPS61200 输出控制,既满足单片机 MSP430F2011 的供电要求,又能够实现对 LED 的恒流驱动。实测结果表明,系统在待机状态的功耗仅为 0.1 μA,实现了非常低的待机功耗。

5.2 MSP 低功耗系统的抗干扰以及可靠性设计

在 MCU 的系统设计过程中,可靠稳定的晶体振荡系统设计尤为关键。MSP430 系列 MCU 的主要特性之一是低功耗,其内置的振动器电路也针对低功耗进行了优化设计。本节在介绍 MSP430 的振荡器系统基础上,就晶振选型、晶振电路设计、PCB 的布局以及软件设计相关的考虑因素及设计技巧进行了阐述。

5.2.1 低频振荡器系统简介

每个 MPS430 内部都有一个晶体振荡器,用于配合外部低频晶振产生 32 768 Hz 低频时钟。图 5.16 所示为外部低频晶振的等效电路,其主要电气特性有:
- C_M 为动态电容;
- L_M 为动态电感;
- R_M 为振荡器件的机械能损失;
- C_0 是由封装及引脚产生的寄生电容。

其中,晶振的串联谐振频率 F_s 由 C_M 和 L_M 决定,为 $F_s = \dfrac{1}{2\pi\sqrt{L_M C_M}}$。

图 5.17 所示为晶体振荡电路的原理示意图。为了保证晶振能够稳定振荡,振荡系统必须满足两个条件:

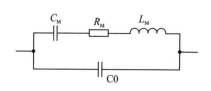

图 5.16 外部低频晶振的等效电路

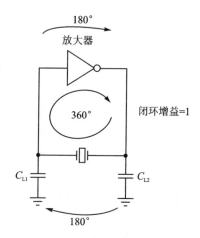

图 5.17 晶体振荡电路的原理示意图

- 晶振启动时的闭环增益大于或等于 1,振荡稳定后闭环增益等于 1;
- 闭环相位为 360°的整数倍。

从图 5.17 中可以看到,由于振荡器内置的反向器已经提供了 180°的相移,晶体以及匹配电容需要提供剩余的 180°相移。

5.2.2 振荡电路的设计技巧

在了解了振荡电路的基本原理后,我们就 MSP430 的晶振选型、设计的技巧进行深入探讨。

1. 晶振选型

TI 的 MSP 处理器的一大特点是应用资料很详细,在选型之前可先查看数据手册里推荐的晶振型号。我们以 MSP430F427 芯片为例,其采用的是 KDS 的 DT-38 晶振。从 DT-38 的手册中可以看到,该晶振的部分参数为:频率 32.768 kHz、负载电容 12.5 pF、驱动功率(Drive Level)为 1 μW 等,如表 5.4 所列。这些参数在选型时应该如何权衡,如何选择呢?

表 5.4 晶振技术数据摘要

参　数	符　号	条　件	最小值	典型值	最大值	单　位
频率范围	F_O		30	32.768	100	kHz
频率误差	$\Delta F/F_O$	25 ℃	±10	±20	±100	10^{-6}
温度系数	K	25 ℃			−0.042	$10^{-6}/(\Delta℃)^2$
工作温度范围	T_{OPR}		−10		60	℃
存储温度范围	T_{STG}		−20		70	℃
并联电容	C_O			0.85	2	pF
负载电容	C_L			12.5		pF
绝缘电阻	I_R	100 V_{DC}	500			MΩ
驱动功率	D_L				1	μW
串联等效电阻	R_S				35	kΩ

在上述晶振的指标中,我们先来看一下每个指标的主要影响:
- 频率范围及频率公差:这两个指标决定了系统的时钟及时钟精度。
- 负载电容:负载电容越小,越有利于起振。
- 串联电阻:串联电阻越小,越有利于起振及振荡系统的稳定性。

MSP430 晶振系统是低功耗的振荡系统,在选择晶振过程中,两个指标需要特别注意,负载电容应该尽量小(常用的为 12.5 pF 及 6 pF),等效串联电阻应该尽量小(等效最大串联电阻不建议大于 40 kΩ)。这里再提一下,由于贴片晶振的串联电阻一般较大,一般情况下不建议使用。

2. 匹配电容的计算

由图 5.17 可知,振荡器外部连接了 C_{L1} 和 C_{L2} 两个负载电容。很多工程师在设

第 5 章 基于 MSP 的系统设计应用实践

计时没有注意到 C_{L1}、C_{L2} 与数据手册中 C_L 的关系,这里用以下公式来描述:

$$C_L = \frac{C_{L1} + C_p}{2}$$

其中,C_L 为数据手册中的负载电容,C_{L1} 为外部的负载电容,其值与 C_{L2} 一致,C_p 为 PCB 及焊接引入的寄生电容。由于负载电容的大小关系到时钟的精度及起振的时间,从上述公式可以看出,在设计过程中应尽量减小寄生电容的大小,并在布线时确保 C_{L1} 和 C_{L2} 的对称性,进而保证 C_L 的精确。

3. 晶振的 PCB 设计

MSP430 的低频晶振振荡器设计针对超低功耗进行了优化,在其工作过程中,晶振部分流过的电流较小。比如早期的 MSP430 系列中的 MSP430F427 振荡器两端的电压峰值为 290 mV,新一代的 F5、F6 以及 FR 系列的晶振部分进行了提高,为 500 mV 左右。为了提高晶振系统的稳定性,在进行晶振部分的 PCB 设计时需要注意以下几点:

- PCB 布线首先考虑晶振部分的布线。晶振位置应离 MCU 尽量近,便于晶振部分走线。
- 确保 MSP430 与外部晶振的连线尽量短,这样可以减少由走线引入的寄生电容,提高系统的抗干扰能力。
- 保证晶振的 XIN 与 XOUT 中间及附近不走高频信号线,防止引入干扰。
- 如果有空间,则可在晶振周围设计一块小铺地用于保护振荡器电路不受外部的干扰。

图 5.18 所示为一个应用理想的 PCB 布线。

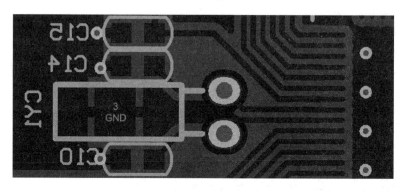

图 5.18 应用理想的 PCB 布线

图 5.19 所示是一个量产阶段出现晶振起振问题的设计,从图中可以看出,由于信号线较多,客户的晶体振荡器部分走线违反了最近和对称两个原则,且匹配电容的接地没有和 MCU 的接地很好地连接,这会导致环路过大,容易引入干扰。针对这种情况,我们按照上面的原则对布线进行了优化,如图 5.20 所示。进行优化后,很好地

解决了晶振起振问题。

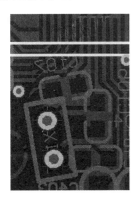

图 5.19　修改前的布板

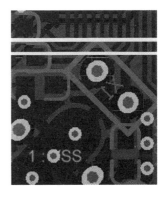

图 5.20　修改后的布板

5.2.3　振荡器软件设计的相关技巧

MSP430 新推出的 F5、F6 和 FR 系列针对低频振荡器部分进行了优化增强,在起振过程中可以使用高驱动的配置,起振结束后切换回低驱动配置,如下面的代码所示。读者应用设计时可参考德州仪器的实例代码开发。

```
//Setup LFXT1
UCSCTL6 &= ~(XT1OFF);               //XT1 On
UCSCTL6 |= XCAP_3;                  //Internal load cap

//Loop until XT1,XT2 & DCO stabilizes
do
{
    UCSCTL7 &= ~(XT2OFFG | XT1LFOFFG | DCOFFG);
    //Clear XT2,XT1,DCO fault flags
    SFRIFG1 &= ~OFIFG;
    //Clear fault flags
} while (SFRIFG1 & OFIFG);          //Test oscillator fault flag
UCSCTL6 &= ~(XT1DRIVE_3);           //XT1 stable,reduce drive strength
```

而针对之前的 MSPF4xx 系列单片机,为了减小起振的时间,可在时钟初始化前加入下面代码引入信号干扰,这样可以大幅提高晶振的起振特性。

```
unsigned int i;
unsigned int fllcnt = 400;
while(fllcnt>0)
{
    fllcnt--;
```

```
        FLL_CTL0 ^= XTS_FLL;
}
FLL_CTL0 &= ~XTS_FLL;
do
{
    IFG1 &= ~OFIFG;
    For(i=0xFFF;I>0;i--);
}while((IFG1 & OFIFG));
```

同时，配置软件时需要注意，MSP430 可以选择配置内部的匹配电容，这样可以简化外部晶振电路匹配电容的设计。如果已经选用外部匹配电容，则注意禁止或者选择最小的内部匹配电容，以避免影响时钟精度。这个软件技巧在很多 PCB 已经不能更改的情况下，很好地解决了量产过程中的起振问题。

参考文献

[1] Texas Instruments Incorporated. MSP430F677xA、MSP430F676xA、MSP430F674xA 多相仪表计量片上系统(SoC)[OL]. (2014-08-26)[2016-10-11]. http://www.ti.com.cn/cn/lit/ds/symlink/msp430f6779a.pdf.

[2] Texas Instruments Incorporated. MSP432P401R、MSP432P401M 混合信号微控制器[OL]. (2016-08-03)[2016-11-10]. http://www.ti.com.cn/cn/lit/ds/symlink/msp432p401r.pdf.

[3] Texas Instruments Incorporated. MSP432P4xx SimpleLink™ Microcontrollers Technical Reference Manual[OL]. (2016-08-03)[2016-11-10]. http://www.ti.com/lit/ug/slau356f/slau356f.pdf.

[4] Texas Instruments Incorporated. MSP430x2xx Family User's Guide[OL]. (2013-07-01)[2016-12-01]. http://www.ti.com.cn/cn/lit/ug/slau144j/slau144j.pdf.

[5] Texas Instruments Incorporated. msp430g2553[OL]. (2012-08-23)[2016-11-09]. http://www.ti.com.cn/cn/lit/ds/symlink/msp430g2553.pdf.

[6] Texas Instruments Incorporated. MSP430FR4xx and MSP430FR2xx Family User's Guide[OL]. (2016-08-10)[2016-11-09]. http://101.96.10.63/www.ti.com.cn/cn/lit/ug/slau445g/slau445g.pdf.

[7] Texas Instruments Incorporated. MSP430FR413x 混合信号微控制器[OL]. (2017-03-06)[2017-03-18]. http://www.ti.com.cn/cn/lit/ds/symlink/msp430fr4133.pdf.

[8] Texas Instruments Incorporated. MSP430X1XX Family User's Guide[OL]. (2004-06-03)[2016-11-09]. http://www.ti.com.cn/cn/lit/ug/slau049f/slau049f.pdf.

[9] Texas Instruments Incorporated. MSP430X4XX Family User's Guide[OL]. (2013-04-08)[2016-11-09]. http://www.ti.com.cn/cn/lit/ug/slau056l/slau056l.pdf.

[10] Texas Instruments Incorporated. MSP430FR4133 LaunchPad Development Kit (MSP-EXP430FR4133) User's Guide[OL]. (2017-01-17)[2017-02-09].

http://www.ti.com.cn/cn/lit/ug/slau595b/slau595b.pdf.

[11] Sitro-nix Technology Co. ST7565R[OL]. [2016-11-09]. http://www.sitronix.com.tw/sitronix/product.nsf/Doc/ST7565R.

[12] Texas Instruments Incorporated. drv8833. (2016-11-18)[2017-01-09]. http://www.ti.com.cn/cn/lit/ds/symlink/drv8833.pdf.

[13] Texas Instruments Incorporated. TMP275[OL]. (2016-05-24)[2016-11-09]. http://www.ti.com.cn/cn/lit/ds/symlink/tmp275.pdf.

[14] Texas Instruments Incorporated. 混合信号微控制器，MSP430F673x，MSP430F672x 数据表（Rev. C）. (2013-06-12)[2016-11-09]. http://www.ti.com.cn/cn/lit/ds/symlink/msp430f6736.pdf.

[15] Texas Instruments Incorporated. MSP430x5xx and MSP430x6xx Family User's Guide. (2016-11-03)[2017-01-09]. http://www.ti.com.cn/cn/lit/ug/slau208p/slau208p.pdf.

[16] Texas Instruments Incorporated. TPS62260[OL]. (2015-07-30)[2016-11-09]. http://www.ti.com.cn/cn/lit/ds/symlink/tps62260.pdf.

[17] Texas Instruments Incorporated. TPS61220[OL]. (2014-11-11)[2016-11-09]. http://www.ti.com.cn/cn/lit/ds/symlink/tps61220.pdf.

[18] Texas Instruments Incorporated. TPS63031[OL]. (2014-10-28)[2016-11-09]. http://www.ti.com.cn/cn/lit/ds/symlink/tps63031.pdf.

[19] Texas Instruments Incorporated. User's GuideDevelopment Kit（MSP-EXP432P401R)[OL]. (2017-04-25)[2017-05-09]. http://www.ti.com/lit/ug/slau597c/slau597c.pdf.